Springer-Lehrbuch

Jochen Hülsmann · Wolf Gamerith
Ulrike Leopold-Wildburger · Werner Steindl

Einführung in die Wirtschaftsmathematik

Vierte, überarbeitete und erweiterte Auflage

Mit 55 Abbildungen

 Springer

Professor Dr. Jochen Hülsmann
Dr. Wolf Gamerith
Professor Dr. Ulrike Leopold-Wildburger
Dr. Werner Steindl

Universität Graz
Institut für Statistik
und Operations Research
Universitätsstraße 15/E3
8010 Graz
Österreich

Bibliografische Information Der Deutschen Bibliothek
Die Deutsche Bibliothek verzeichnet diese Publikation in der Deutschen Nationalbibliografie; detaillierte bibliografische Daten sind im Internet über <http://dnb.ddb.de> abrufbar.

ISBN 3-540-24409-3 Springer Berlin Heidelberg New York
ISBN 3-540-42531-4 3. Auflage Springer Berlin Heidelberg New York

Dieses Werk ist urheberrechtlich geschützt. Die dadurch begründeten Rechte, insbesondere die der Übersetzung, des Nachdrucks, des Vortrags, der Entnahme von Abbildungen und Tabellen, der Funksendung, der Mikroverfilmung oder der Vervielfältigung auf anderen Wegen und der Speicherung in Datenverarbeitungsanlagen, bleiben, auch bei nur auszugsweiser Verwertung, vorbehalten. Eine Vervielfältigung dieses Werkes oder von Teilen dieses Werkes ist auch im Einzelfall nur in den Grenzen der gesetzlichen Bestimmungen des Urheberrechtsgesetzes der Bundesrepublik Deutschland vom 9. September 1965 in der jeweils geltenden Fassung zulässig. Sie ist grundsätzlich vergütungspflichtig. Zuwiderhandlungen unterliegen den Strafbestimmungen des Urheberrechtsgesetzes.

Springer ist ein Unternehmen von Springer Science+Business Media

springer.de

© Springer-Verlag Berlin Heidelberg 1998, 1999, 2002, 2005
Printed in Germany

Die Wiedergabe von Gebrauchsnamen, Handelsnamen, Warenbezeichnungen usw. in diesem Werk berechtigt auch ohne besondere Kennzeichnung nicht zu der Annahme, dass solche Namen im Sinne der Warenzeichen- und Markenschutz-Gesetzgebung als frei zu betrachten wären und daher von jedermann benutzt werden dürften.

Umschlaggestaltung: design & production GmbH, Heidelberg

SPIN 11378891   42/3153-5 4 3 2 1 0 – Gedruckt auf säurefreiem Papier

Vorwort zur vierten Auflage

Die vorliegende, verbesserte und ergänzte Neuauflage unterscheidet sich in zwei wesentlichen Aspekten von den vorhergegangenen Auflagen.
Zum einen haben wir dem von vielen Seiten an uns herangetragenen Wunsch nach einer größeren Anzahl von Übungsbeispielen entsprochen. Wir haben den Kapiteln jeweils einige charakteristische Beispiele angefügt, die die Breite des Stoffes und seine Anwendungsmöglichkeiten deutlich machen. Nach wie vor sind eine Reihe weiterer Beispiele im Internet auf unserer Homepage
          http://www.uni-graz.at/sor/Downloads/BuchBsp.pdf
an der Karl-Franzens-Universität Graz kostenlos zum herunterladen bereitgestellt, diese Sammlung wird laufend erweitert.
Zum anderen werden nun im neu hinzugekommenen siebenten Kapitel einige der Beispiele aus dem Text mit Hilfe eines mathematischen Softwarepaketes exemplarisch gelöst. Die Wahl fiel auf MAPLE 9.5, da dieses Programm weitgehend verfügbar ist, auf vielen Universitäten zum angebotenen Standard gehört und, auch dank ausführlicher Hilfe- und Tutor-Funktionen, überaus benutzerfreundlich ist.
Dieses Paket kann mit wenigen Hinweisen sofort benützt werden. Das Kapitel 7, Maple*) beschreibt auf klare Weise die notwendigen Schritte, die zur Lösung häufig gestellter Aufgaben notwendig sind; es soll dem Leser und Übenden keinesfalls das Strukturieren der vorliegenden Fragestellungen abnehmen, wohl aber den reinen Rechenaufwand im Grenzwert auf Null verringern.

Insgesamt sollte es mit dieser Auflage noch mehr als bisher gelingen, den angehenden Wirtschaftswissenschaftlern so viel an mathematischen Grundkenntnissen zu vermitteln, dass damit ein Verständnis quantitativer ökonomischer und betriebswirtschaftlicher Zusammenhänge bis hin zur selbständigen Problemformulierung und Problemlösung möglich wird.
Der Erfolg, den dieses Buch schon bisher hatte, lässt uns hoffen, dass es für viele Studierende im deutschen Sprachraum einen positiven Beitrag dazu leisten kann.

*) Die Autoren danken an dieser Stelle Herrn Mag. Martin Nussbaumer für die Berechnungen mit MAPLE und die Erstellung des 7. Kapitels.

Graz, im Jänner 2005
                                      J. Hülsmann
                                      W. Gamerith
                               U. Leopold-Wildburger
                                      W. Steindl

Vorwort zur ersten Auflage

Es gibt mittlerweile fast kein Teilgebiet der Mathematik, das nicht Eingang in die Wirtschaftswissenschaften gefunden hat, sei es in der Wirtschaftstheorie oder der computerunterstützten Anwendung in der Praxis. Dementsprechend wird den Studierenden einer wirtschaftswissenschaftlichen Studienrichtung bereits am Beginn ihres Studiums eine breit gefächerte Einführung in die benötigten mathematischen Methoden angeboten.

Das vorliegende Buch gibt im Wesentlichen die Inhalte der an der Karl-Franzens-Universität gehaltenen Mathematikvorlesungen für Studierende der Wirtschafts- und Sozialwissenschaften wieder und basiert auf mehrfach überarbeiteten Skripten zu diesen Lehrveranstaltungen. Die Inhalte wurden zunächst von J. Hülsmann abgesteckt, und in den letzten zwei Jahrzehnten von allen Autoren erweitert, ergänzt und an neuere Entwicklungen angepaßt. Bei der Abfassung eines solchen, die entsprechenden Vorlesungen begleitenden Lehrbuches, muß jeder Autor einen Kompromiß zwischen der Darstellung der abstrakten mathematischen Begriffe und Zusammenhänge einerseits, und der Formulierung real interpretierbarer, ökonomischer Anwendungen andererseits, eingehen. Hier wird das Ziel verfolgt, die mathematischen Aussagen zwar exakt zu formulieren, sie aber zugunsten pädagogischer und anwendungsorientierter Überlegungen eher anhand von Beispielen als durch Beweise verständlich zu machen. Der Leser mag entscheiden, wieweit dieser Kompromiß seinen Vorstellungen von Mathematik für Wirtschaftswissenschaften entspricht.

Für wertvolle Hinweise möchten wir insbesondere den Kollegen Prof. Dr. Lutz Beinsen und Doz. Dr. Hans Kellerer danken. Ebenso gilt unser Dank den Mitarbeitern des Institutes für Statistik, Ökonometrie und Operations Research, Frau Hildegunde Grabl sowie den Herren Dr. Ulrich Pferschy, Mag. Jürgen Kornthaler für intensives Korrekturlesen und Mag. Roland Peyrer darüberhinaus für die Erstellung eines Teils der Abbildungen. Nicht zuletzt danken wir Herrn Dr. Werner Müller und dem Springer-Verlag für die angenehme Zusammenarbeit und die schnelle Drucklegung des Buches.

Graz, im August 1997
J. Hülsmann
W. Gamerith
U. Leopold-Wildburger
W. Steindl

Inhaltsverzeichnis

1 Grundlagen   1
1.1 Einführung in die Aussagenlogik   1
1.2 Mengen und Elemente   9
1.3 Relationen, Ordnungen und Äquivalenzrelationen   18

2 Lineare Algebra   27
2.1 Matrizen, Vektoren und Determinanten   27
2.2 Linearkombinationen und Basis   49
2.3 Lineare Gleichungssysteme (LGS)   56
2.4 Lineare Produktionsmodelle   69
2.5 Übungsaufgaben   75

3 Folgen, Reihen und Finanzrechnung   77
3.1 Folgen und Konvergenz   77
3.2 Reihen   87
3.3 Finanzrechnung   94
3.4 Differenzengleichungen   109
3.5 Übungsaufgaben   117

4 Funktionen einer reellen Veränderlichen   119
4.1 Funktionen und deren Eigenschaften   119
4.2 Einige spezielle Funktionen   126
4.3 Differentialrechnung und Kurvendiskussion   131
4.4 Integralrechnung   144
4.5 Ökonomische Anwendungen   158
4.6 Differentialgleichungen   170
4.7 Übungsaufgaben   177

5 Funktionen von mehreren reellen Variablen   181
5.1 Eigenschaften von Funktionen von n Variablen   181
5.2 Partielle Ableitungen und Lokale Extremstellen   189
5.3 Ökonomische Anwendungen   209
5.4 Übungsaufgaben   221

6 Optimierung — 223
6.1 Lineare Optimierung — 223
6.2 Optimierung von Funktionen von mehreren reellen Variablen mit Nebenbedingungen — 237
6.3 Nichtlineare Programme — 243
6.4 Übungsaufgaben — 250

7 Das Programmpaket Maple 9.5 — 255
7.1 Grundlegendes über das Programmpaket — 255
7.2 Lineare Algebra — 256
7.3 Lineare Gleichungssysteme — 258
7.4 Lineare Optimierung — 259
7.5 Finanzmathematik — 261
7.6 Funktionen einer Variablen — 262
7.7 Funktionen mehrerer Variablen — 269

Mathematische Symbole — **273**
Literaturverzeichnis — **279**
Index — **281**

1 Grundlagen
1.1 Einführung in die Aussagenlogik

In der Sprache der Mathematik versteht man unter einer Aussage einen Satz, der entweder **wahr** oder **falsch** ist. Man benötigt Aussagen zur präzisen Darstellung von Sachverhalten. Betrachtet man beispielsweise folgende Sätze:
(a) $3 + 5 = 8$.
(b) 12 ist eine Primzahl.
(c) Sollen die Banken in Österreich verstaatlicht werden ?
(d) Im Jänner dieses Jahres stieg die Inflationsrate in Österreich um genau 1.5 % gegenüber dem Vergleichsmonat des Vorjahres an.
(e) Lösen Sie bitte das Beispiel.

Offensichtlich ist
(a) eine wahre Aussage;
(b) eine falsche Aussage;
(c) keine Aussage, da es grundsätzlich unmöglich ist zu entscheiden, ob diese Formulierung wahr oder falsch ist;
(d) eine Aussage, von der man erst feststellen muß, ob sie wahr oder falsch ist; dazu muß man in einer Zeitung die entsprechenden Werte nachlesen;
(e) eine Aufforderung, die weder wahr noch falsch ist, und daher handelt es sich um keine Aussage im Sinne der Logik.

Definition 1.1.1 Eine Formulierung A heißt **Aussage**, wenn ihr **eindeutig** entweder der **Wahrheitswert wahr (W)** oder der **Wahrheitswert falsch (F)** zugeordnet werden kann. Es gibt also keine Aussage, die sowohl wahr als auch falsch ist.
(Das ist der sogenannte Satz der Zweiwertigkeit bzw. das Prinzip des ausgeschlossenen Dritten.)

Beispiel 1: Folgende Sätze sind wahre Aussagen; sie erhalten den Wahrheitswert **wahr**:
(a) Rationale Zahlen sind Zahlen, die sich als Bruch zweier ganzer Zahlen darstellen lassen.
(b) Sparen ist ein Weg zur Vermögensbildung.
(c) Gilt für drei reelle Zahlen a, b und c, daß a < b und b < c, dann ist auch a < c .

Beispiel 2: Folgende Sätze sind falsche Aussagen; sie erhalten den Wahrheitswert **falsch**:

(a) Jedes Rechteck ist ein Quadrat.
(b) Der Preis sinkt mit steigenden Herstellungskosten. Kalkuliert man den Preis eines Gutes mit 150 % der Herstellungskosten, so sinkt der Preis bei steigenden Herstellungskosten.

Betrachtet man die Formulierungen
"x ist eine Primzahl" oder
"Frau ... ist am ... in ... geboren",
so kann davon offensichtlich weder Wahrheit noch Falschheit behauptet werden. Setzt man jedoch für x eine natürliche Zahl ein bzw. für die Punkte Namen, Datum und Ort, so wird aus den Formulierungen jeweils eine Aussage: Z.B. "4 ist eine Primzahl" führt zu einer falschen Aussage, aber "11 ist eine Primzahl" zu einer wahren Aussage.
x bzw. die Punkte sind Symbole für einzusetzende Objekte eines bestimmten Bereiches, **Grundbereich** oder **Grundmenge** genannt. Die beiden Formulierungen haben zwar die grammatikalische Form einer Aussage, solange sie aber sogenannte Platzhalter enthalten, nennt man sie Aussageformen. Da Platzhalter verschiedene Werte annehmen können, nennt man sie Variable oder Veränderliche. Das führt zur nächsten Definition.

Definition 1.1.2
(a) Eine **Variable** über einem Grundbereich ist ein Symbol, für das die speziellen Objekte des Grundbereichs eingesetzt werden können.
Variable werden üblicherweise mit Kleinbuchstaben, beispielsweise mit $x, y, z, \xi, \eta, ...$, bezeichnet.
(b) Eine mit Hilfe mindestens einer Variablen ausgedrückte Formulierung heißt **Aussageform**, wenn beim Einsetzen eines bestimmten Objektes oder Wertes für die Variable(n) eine Aussage entsteht.

Bezeichnung: Für Aussageformen mit einer Variablen schreibt man $A(x)$, für Aussageformen mit mehreren Variablen $A(x, y, ...)$.

Beispiel 3: Die Aussageform: "Die Vorlesung Mathematik 1 findet im Hörsaal x statt" bleibt solange eine Aussageform $A(x)$, bis das Symbol bzw. die Variable x durch eine entsprechende Bezeichnung ersetzt wird. Setzt man für x die Bezeichnung jenes Hörsaals ein, in dem die Vorlesung tatsächlich stattfindet, so wird $A(x)$ zu einer wahren Aussage, sonst zu einer falschen Aussage.

Beispiel 4: Die Aussageform $A(x)$: "x ist kleiner als 7" wird für ganz bestimmte x zu einer wahren, für andere x zu einer falschen Aussage. Man kann beispielsweise sagen, "$A(x)$ ist eine wahre Aussage für alle negativen

1.1 Einführung in die Aussagenlogik

Zahlen" oder "A(x) gilt für alle negativen Zahlen". In diesem Sinn können wir im folgenden den Geltungsbereich für verschiedene Aussagen untersuchen.

Mathematische Lehrsätze enthalten im Zusammenhang mit Aussageformen sehr oft Worte wie "für alle ...", oder "es gibt...". Z.B. lautet der Satz von Pythagoras: "Für alle Zahlen a, b und c, die Seitenlängen eines rechtwinkeligen Dreieckes sind, wobei c die Länge der Hypotenuse bezeichnet, gilt die Aussage $a^2 + b^2 = c^2$ ". D.h. über dem Grundbereich der Zahlen, die Seitenlängen rechtwinkeliger Dreiecke sind, ist $a^2 + b^2 = c^2$ immer eine wahre Aussage.
Fällt hingegen die Einschränkung von a, b und c als Seitenlängen rechtwinkeliger Dreiecke weg, und läßt man dafür alle reellen Zahlen zu, so ist die Aussage "Für alle Zahlen gilt $a^2 + b^2 = c^2$" falsch.

Je nachdem welche Werte man für die Variablen zuläßt, wird also die obige Aussage "Für alle Zahlen gilt $a^2 + b^2 = c^2$" eine wahre oder falsche Aussage.

Definition 1.1.3 Sei A(x) eine Aussageform über einem Grundbereich I. Dann ist
- **(a)** $\forall\, x \in I : A(x)$ oder bei bekanntem Grundbereich $\forall\, x : (A(x))$, gelesen: "Für alle x aus I gilt A(x)" oder "Für alle x gilt A(x)" - eine **Allaussage**. Diese Aussage ist wahr, wenn A(x) beim Einsetzen **jedes** beliebigen Objekts aus dem Grundbereich I zu einer wahren Aussage führt, sonst falsch.
- **(b)** $\exists\, x \in I : A(x)$ oder bei bekanntem Grundbereich $\exists\, x : (A(x))$, gelesen: "Es gibt ein x aus I, für das A(x) gilt" oder "Es gibt ein x, für das A(x) gilt" - eine **Existenzaussage**. Diese Aussage ist wahr, wenn A(x) beim Einsetzen **mindestens eines** Objekts aus dem Grundbereich I zu einer wahren Aussage führt, sonst falsch.

Beispiel 5: Der Grundbereich I sei die Menge der reellen Zahlen und die Aussageform A(x) sei "x ist positiv".
$\forall\, x\, (A(x))$ ist offensichtlich falsch! Es sind doch keineswegs alle Zahlen positiv.
$\exists\, x\, (A(x))$ ist offensichtlich wahr. Es gibt ja sogar unendlich viele positive Zahlen.

Im folgenden werden zwei Aussagen miteinander verbunden und ihre Wahrheitswerte für die grundlegenden Aussagenverbindungen angegeben.

Definition 1.1.4 Die klassischen Aussageverbindungen:
Seien A und B zwei Aussagen, so können daraus u.a. die folgenden Verbindungen gebildet werden:

(a) Die **Negation** ~A, gelesen "nicht A", ist wahr, wenn A falsch, und falsch, wenn A wahr ist. Die Negation ist die **Verneinung** einer Aussage. (Häufig auch ¬A geschrieben)

(b) Die **Konjunktion** A ∧ B, gelesen "A und B", ist wahr, wenn A wahr **und** B wahr ist, sonst falsch. Die Konjunktion ist die **sowohl-als-auch-Verbindung** zweier Aussagen.

(c) Die **Disjunktion** A ∨ B, gelesen "A oder B", ist falsch, wenn A falsch **und** B falsch ist, sonst wahr. Die Disjunktion ist also die **oder-Verbindung** zweier Aussagen.

(d) Die **Implikation** A ⇒ B, gelesen "wenn A, dann B", ist falsch, wenn A wahr, aber B falsch ist, sonst wahr. Die Implikation ist die **logische Schlußfolgerung von einer Aussage auf die andere**. A heißt **hinreichende** Bedingung für B, und B heißt **notwendige** Bedingung für A.

(e) Die **Äquivalenz** A ⇔ B, gelesen "genau dann B, wenn A", ist wahr, wenn A denselben Wahrheitswert besitzt wie B, sonst falsch. Die Äquivalenz ist die **logische Gleichwertigkeit zweier Aussagen.**

Zusammenfassung der Aussageverbindungen mit Hilfe der folgenden Wahrheitswerttabelle:

A	B	~A	A ∧ B	A ∨ B	A ⇒ B	A ⇔ B
W	W	F	W	W	W	W
W	F	F	F	W	F	F
F	W	W	F	W	W	F
F	F	W	F	F	W	W

Bemerkung: Sind mehrere Aussagen miteinander verknüpft, so müssen zunächst die Klammern beachtet werden. Bezüglich der Reihenfolge, in der die einzelnen logischen Operationen durchzuführen sind, falls keine Klammern vorhanden sind, unterscheidet man zwischen drei verschiedenen Stufen:

1.Stufe	~
2.Stufe	∨ , ∧
3.Stufe	⇒ , ⇔

Die logischen Operationen dieser drei Stufen müssen sukzessive aufgearbeitet werden: Demnach muß die Negation einer Aussage (1.Stufe) vor der

1.1 Einführung in die Aussagenlogik

Konjunktion und vor der Disjunktion (2.Stufe) Beachtung finden. Schließlich behandelt man zuletzt die Implikation und die Äquivalenz. (Gewissermaßen in Anlehnung an die Rechenregel: Punktrechnung vor Strichrechnung).

Beispiel 6: Interessiert etwa der Wahrheitsgehalt der Aussage:
A oder nicht A impliziert A, (A entspricht etwa der Aussage: "Der Kandidat hat bestanden"), so kann das folgendermaßen dargestellt werden:
$A \vee \sim A \Rightarrow A$

A	$\sim A$	$A \vee \sim A$	$(A \vee \sim A) \Rightarrow A$
W	F	W	W
F	W	W	F
1. Stufe	2. Stufe	3. Stufe

Die letzte Stufe hat unterschiedliche Wahrheitswerte; dieser Implikation läßt sich demnach nur ein Aussagewert in Abhängigkeit vom Wahrheitswert von A zuordnen.

Beispiel 7: Die Aussage A: "Huber hat Deutsch als Muttersprache" wird im folgenden als wahr (W) angenommen;
Die Aussage B: "MacIntosh hat Deutsch als Muttersprache" wird im folgenden als falsch (F) angenommen.

Damit ergeben sich für die untenstehenden Aussageverbi Wahrheitswerte:
$\sim A$: Huber hat eine andere Muttersprache als Deutsch.
$A \wedge B$: Huber und MacIntosh haben beide Deutsch als
$A \vee B$: (Mindest) einer von den beiden hat Deutsch als
$A \Rightarrow B$: Wenn Huber Deutsch als Muttersprache hat, d
   MacIntosh.
$B \Rightarrow A$: Wenn MacIntosh Deutsch als Muttersprache h
   Huber.
$A \Leftrightarrow B$: Wenn einer Deutsch als Muttersprache hat, dann
   andere.

Beispiel 8: Man sucht die Aussageverbindung, die der folg Formulierung entspricht:
"Weder A noch B."

Die Antwort ist: $\sim (A \vee B)$
Mit Worten: Keine von beiden Aussagen ist wahr.

A	B	(A ∨ B)	~(A ∨ B)	
W	W	W	F	
W	F	W	F	
F	W	W	F	
F	F	F	W	'weder A noch B' erhält nur hier den Wert wahr

Demnach kann der Wahrheitswerttabelle entnommen werden, daß die Aussageverbindung ~(A ∨ B) ausschließlich in der vierten Zeile den Wahrheitswert W erhält.
Man kann somit auch die gleichwertige Formulierung der Aussageverbindung: "Nicht A und nicht B"
wählen.

Definition 1.1.5 Eine Aussageverbindung, die unabhängig von den Wahrheitswerten der darin vorkommenden Aussagen, immer wahr ist, heißt eine **Tautologie**.
Eine Aussageverbindung, die unabhängig von den Wahrheitswerten der darin vorkommenden Aussagen, immer falsch ist, heißt eine **Kontradiktion**.

Satz 1.1.6 Folgende Aussageverbindungen sind Tautologien

~(~A) ⇔ A
~(A ∧ B) ⇔ ((~A) ∨ (~B))
~(A ∨ B) ⇔ ((~A) ∧ (~B))
(A ⇒ B) ⇔ ((~B) ⇒ (~A))
(A ⇔ B) ⇔ ((A ⇒ B) ∧ (B ⇒ A))
A ∨ ~A

el 9:
unter den folgenden Aussageverbindungen diejenigen, die immer lso Tautologien sind:
A ⇒ B) ⇔ (~B ⇒ A)
∧ (~A ⇒ B)) ⇒ B
⇒ B) ∧ (A ⇒ ~B) ⇒ ~A .

enden werden mit Hilfe von Wahrheitswerttabellen die Antworten se Fragen von Beispiel 9 jeweils zu den Punkten (a), (b) und (c) beitet.

1.1 Einführung in die Aussagenlogik

Antworten zu Beispiel 9:

(a) ist eine Tautologie

A	B	~A	~B	[(~A)⇒B]	[(~B)⇒A]	⇔
W	W	F	F	W	W	W
W	F	F	W	W	W	W
F	W	W	F	W	W	W
F	F	W	W	F	F	W

q.e.d.

(b) ist keine Tautologie

A	B	~A	~A⇒B	A∧(~A⇒B)	⇒	
W	W	F	W	W	W	
W	F	F	W	W	F	!
F	W	W	W	F	W	
F	F	W	F	F	W	

q.e.d.

(c) ist eine Tautologie

A	B	(A ⇒ B)	(A ⇒ ~B)	∧	⇒
W	W	W	F	F	W
W	F	F	W	F	W
F	W	W	W	W	W
F	F	W	W	W	W

q.e.d.

Satz 1.1.7 Die folgenden Implikationen sind immer wahr:
(a) $((A ⇒ B) ∧ (B ⇒ C)) ⇒ (A ⇒ C)$
(b) $(A ∧ (A ⇒ B)) ⇒ B$
(c) $((A ∨ B) ∧ (A ⇒ C) ∧ (B ⇒ C)) ⇒ C$
(d1) $((~A ⇒ B) ∧ (~A ⇒ ~B)) ⇒ A$
(d2) $(B ∧ (~A ⇒ ~B)) ⇒ A$

Dieser Satz ist die Formalisierung der folgenden **Schlußregeln**:
(a) Kettenschluß,
(b) Abtrennungsregel,
(c) Fallunterscheidung,
(d1) und (d2)   Indirekter Beweis .

Nun wird der Beweis zum Kettenschluß 1.1.7 (a)
$$((A \Rightarrow B) \wedge (B \Rightarrow C)) \Rightarrow (A \Rightarrow C)$$
durch sukzessives Aufstellen der Wahrheitswerttabelle gegeben, wobei der Einfachheit wegen folgende Kurzschreibweisen Verwendung finden:

$(A \Rightarrow B)$ als Teil I,
$(B \Rightarrow C)$ als Teil II,
$((A \Rightarrow B) \wedge (B \Rightarrow C))$ als Teil III
$(A \Rightarrow C)$ als Teil IV.

A	B	C	A$\Rightarrow$B	B$\Rightarrow$C	I $\wedge$ II	A$\Rightarrow$C	III$\Rightarrow$IV
W	W	W	W	W	W	W	W
W	W	F	W	F	F	F	W
W	F	W	F	W	F	W	W
W	F	F	F	W	F	F	W
F	W	W	W	W	W	W	W
F	W	F	W	F	F	W	W
F	F	W	W	W	W	W	W
F	F	F	W	W	W	W	W

q.e.d.

1.2 Mengen und Elemente

Wie in der Mathematik üblich, wird im weiteren die Sprechweise der Mengenlehre verwendet. Am Beginn steht daher der Begriff der "Menge", den Georg CANTOR (1845 - 1918), der Begründer der Mengenlehre, in dem Aufsatz "Beiträge zur Begründung der transfiniten Mengenlehre" 1895 folgendermaßen definiert hat.

Definition 1.2.1 Unter einer **Menge** versteht man eine Zusammenfassung bestimmter, wohlunterschiedener Objekte unserer Anschauung oder unseres Denkens zu einem Ganzen. Diese Objekte werden **Elemente** der Menge genannt.

Für jedes Element muß entscheidbar sein, ob es zur Menge gehört oder nicht. Die Elemente müssen klar voneinander trennbar sein; eine "Menge Arbeit" ist im Sinne obiger Definition 1.2.1 keine Menge.

Üblicherweise werden Mengen mit Großbuchstaben z.B. A, M, Ω, ... und ihre Elemente mit Kleinbuchstaben, z.B. a, m, ω, ... bezeichnet.
Gehört ein Element a einer Menge A an, so schreibt man a $\in$ A, andernfalls schreibt man a $\notin$ A.

Beispiel 1: Bezeichnet A die Menge der österreichischen Bundesländer und a das Burgenland, b die Steiermark, sowie c den Freistaat Bayern, so gilt:
$$a \in A, b \in A, \text{ aber offensichtlich } c \notin A.$$

Im folgenden werden zwei Arten zur **Festlegung von Mengen** angegeben:

(a) **Durch Aufzählen:** Man gibt sämtliche Elemente der Menge an und setzt diese in eine geschlungene Klammer. Dabei ist die Reihenfolge der Elemente unwesentlich.

Beispiel 2: $M_1 = \{2, 3, 5, 7\} = \{5, 2, 7, 3\}$
$M_2 = \{\text{Diesel, Super, Eurosuper, Normalbenzin, Heizöl}\}$

(b) **Durch Beschreiben:** Man gibt eine Eigenschaft der Menge an, die ausschließlich die Elemente der Menge, aber keine anderen Elemente besitzen. Dies ist vor allem bei Mengen mit sehr vielen Elementen sinnvoll.

Beispiel 3: P = {x | x ist eine Primzahl}
Z_7 = {x | x ist eine durch 7 teilbare ganze Zahl}
X = {x | x ist eine reelle Zahl und x ist kleiner als 5}
Ω = {ω | ω ist Augenzahl eines Würfels} .

Bezeichnung: Häufig auftretende **Zahlenmengen** werden mit eigenen Symbolen bezeichnet:

N = {1, 2, 3, ... }	Menge der natürlichen Zahlen
Z = {..., -2, -1, 0, 1, 2, 3, ...}	Menge der ganzen Zahlen
Q = {x | x = m/n, mit m∈ Z und n∈ N}	Menge der rationalen Zahlen
R = {x | x reell}	Menge der reellen Zahlen
R_+ = {x | x ∈ R und x ≥ 0}	Menge der nichtnegativen, reellen Zahlen
R_{++} = {x | x ∈ R und x > 0}	Menge der positiven, reellen Zahlen

Die Menge der ganzen Zahlen ist die Erweiterung der Menge der natürlichen Zahlen genau um die Menge der negativen Zahlen und um die Null. Erweitert man diese Menge um die (nicht ganzzahligen) Brüche, so erhält man die Menge der rationalen Zahlen. Die Menge der reellen Zahlen enthält darüber hinaus noch zusätzlich die irrationalen Zahlen, das sind die unendlichen, nicht periodischen Dezimalzahlen, wie z.B. Wurzeln usw.. Beispiele für irrationale Zahlen: Eulersche Zahl e = 2.71828... und die Kreiszahl π = 3.14159... .

Definition 1.2.2
(a) Zwei Mengen M_1, M_2 heißen **gleich**, man schreibt kurz $M_1 = M_2$, wenn jedes Element von M_1 auch Element von M_2 und jedes Element von M_2 auch Element von M_1 ist.
D.h. $M_1 = M_2 \Leftrightarrow \forall x (x \in M_1 \Leftrightarrow x \in M_2)$.
Andernfalls nennt man sie **ungleich** und schreibt $M_1 \neq M_2$.

(b) Eine Menge M_1 heißt **Teilmenge von M_2**, man schreibt kurz $M_1 \subseteq M_2$, wenn jedes Element von M_1 auch Element von M_2 ist.
D.h. $M_1 \subseteq M_2 \Leftrightarrow \forall x (x \in M_1 \Rightarrow x \in M_2)$.
Man nennt M_2 auch **Obermenge von M_1** und schreibt $M_2 \supseteq M_1$.

(c) Eine Menge M_1 heißt **echte Teilmenge von M_2**, man schreibt auch kurz $M_1 \subset M_2$, wenn jedes Element von M_1 auch Element von M_2 ist und wenn M_2 mindestens ein Element enthält, welches nicht Element von M_1 ist. D.h. $M_1 \subset M_2 \Leftrightarrow (M_1 \subseteq M_2$ und $M_1 \neq M_2)$.

1.2 Mengen und Elemente

Beispiel 4:
$\{x \mid x \in N \text{ und } x \leq 3\} \subseteq \{1, 2, 3\} \subset \{1, 2, 3, 4\} \subset N \subset Z \subset Q \subset R$.

Im folgenden werden spezielle Teilmengen aus R definiert, die häufig Verwendung finden:

Definition 1.2.3 Seien $r, s \in R$, dann nennt man die Menge
(a) $[r, s] = \{x \in R \mid r \leq x \leq s\}$ ein **abgeschlossenes Intervall** von r bis s,
(b) $\langle r, s \rangle = \{x \in R \mid r < x < s\}$ ein **offenes Intervall** von r bis s,
(c) $[r, s \rangle = \{x \in R \mid r \leq x < s\}$ sowie
$\langle r, s] = \{x \in R \mid r < x \leq s\}$ jeweils ein **halboffenes Intervall**.

Die spitzen Klammern deuten an, daß das Element selbst nicht mehr zur Menge gehört, während die eckigen Klammern sagen, daß das Intervallende noch der Menge angehört. In jedem Fall handelt es sich bei dieser Definition um beschränkte Intervalle, im Gegensatz dazu nun die folgende Definition.

Definition 1.2.4 Ist $r \in R$, so nennt man die Mengen
(a) $\langle r, \infty \rangle = \{x \in R \mid r < x\}$ und $[r, \infty \rangle = \{x \in R \mid r \leq x\}$
ein nach oben unbeschränktes Intervall,
(b) $\langle -\infty, r \rangle = \{x \in R \mid x < r\}$ und $\langle -\infty, r] = \{x \in R \mid x \leq r\}$
ein nach unten unbeschränktes Intervall.

Das nach oben und unten unbeschränkte Intervall $\langle -\infty, \infty \rangle$ ist gleich R und entspricht der reellen Zahlengeraden. Jedem Punkt dieser Geraden entspricht genau eine reelle Zahl und umgekehrt.
Alle genannten Intervalle lassen sich auf dieser Zahlengeraden darstellen.

Beispiel 5:

[0, 5⟩ läßt sich darstellen als

[-1, 4.7] läßt sich darstellen als

⟨ –∞, 2] läßt sich darstellen als

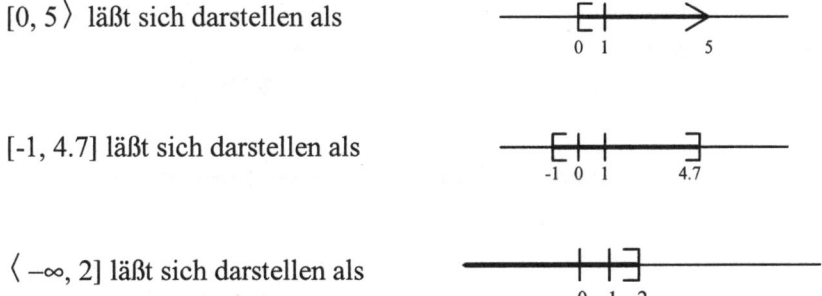

Definition 1.2.5 Mengenoperationen
Seien A und B zwei Mengen, dann heißen die Mengen
(a) $A \cap B = \{x \mid x \in A \wedge x \in B\}$
   Durchschnittsmenge oder **Durchschnitt von A und B**.
(b) $A \cup B = \{x \mid x \in A \vee x \in B\}$
   Vereinigungsmenge oder **Vereinigung von A und B**.
(c) $A \setminus B = \{x \mid x \in A \wedge x \notin B\}$
   Differenzmenge oder **Differenz von A und B**.
(d) Falls $A \subseteq B$ ist, so nennt man die Menge
   $C_B(A) = B \setminus A$
   Komplementärmenge oder **Komplement von A bezüglich B**.
   Ist klar, welche Menge mit B gemeint ist, so schreibt man für $C_B(A)$ vereinfacht $\overline{A}$.

Zur besseren Veranschaulichung von Mengen verwendet man häufig sogenannte **Euler-Venn-Diagramme**. Dazu werden Mengen als Teile der Ebene dargestellt, die durch Kreise oder andere geschlossene Kurven umrandet werden. Die Menge kann sowohl aus einzelnen gekennzeichneten Punkten, als auch aus allen Punkten des Flächenstückes bestehen. In den folgenden Euler-Venn-Diagrammen symbolisiert jeweils die schraffierte Fläche das Ergebnis der angeführten Mengenoperation.

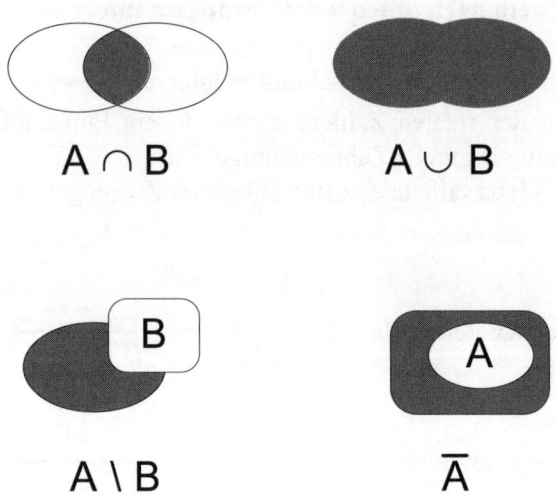

Abbildung 1: Graphische Darstellung mit Hilfe von Euler-Venn-Diagrammen

Beispiel 6: $\langle 1,7\rangle \cap [2,8] = [2,7\rangle$
$\langle 1,7\rangle \cup [2,8] = \langle 1,8]$
$\langle 1,7\rangle \setminus [2,8] = \langle 1,2\rangle$
$[2,8] \setminus \langle 1,7\rangle = [7,8]$

Beim Bilden des Durchschnitts zweier Mengen kann es vorkommen, daß diese kein gemeinsames Element besitzen, so enthält z.B. $[1,2] \cap [3,4]$ kein gemeinsames Element. Um auch in diesen Fällen den Durchschnitt bilden zu können, definiert man:

Definition 1.2.6 Eine Menge, die kein Element enthält, nennt man **leere Menge**, geschrieben $\{\}$ oder $\emptyset$.
Zwei Mengen M_1 und M_2, die keine gemeinsamen Elemente haben, nennt man **elementefremd** oder **disjunkt**, und man schreibt $M_1 \cap M_2 = \{\}$.

Die leere Menge ist offensichtlich Teilmenge einer jeden Menge.

Für die Vereinigung bzw. den Durchschnitt endlich vieler Mengen wird geschrieben:

(a) $\bigcup\limits_{i=1}^{n} A_i = A_1 \cup A_2 \cup \cdots \cup A_n$

$\bigcap\limits_{i=1}^{n} A_i = A_1 \cap A_2 \cap \cdots \cap A_n$

Für die Vereinigung bzw. den Durchschnitt unendlich vieler Mengen wird geschrieben:

(b) $\bigcup\limits_{i=1}^{\infty} A_i = A_1 \cup A_2 \cup \cdots \cup A_n \cup \cdots$

$\bigcap\limits_{i=1}^{\infty} A_i = A_1 \cap A_2 \cap \cdots \cap A_n \cap \cdots$

Beispiel 7: Gegeben sei: $A_n = \left[1 - \frac{1}{n}, \ 1 + \frac{1}{n}\right]$ mit $n \in N$

Dann ist die **Vereinigung** über alle Mengen A_n:
$\bigcup\limits_{n=1}^{\infty} A_n = [0,2] \cup \left[\frac{1}{2}, \frac{3}{2}\right] \cup \left[\frac{2}{3}, \frac{4}{3}\right] \cup \cdots = [0,2]$

Dann ist der **Durchschnitt** über alle Mengen A_n :

$$\bigcap_{n=1}^{\infty} A_n = [0,2] \cap \left[\frac{1}{2},\frac{3}{2}\right] \cap \left[\frac{2}{3},\frac{4}{3}\right] \cap \cdots = [1,1] = \{1\}$$

Definition 1.2.7 Eine Menge, die endlich viele Elemente besitzt, heißt **endliche** Menge, andernfalls nennt man sie eine **unendliche** Menge.

Beispiel 8:
$A = \{x \mid x \in Z \land x \in [0, 7]\}$ ist eine endliche Menge,
$B = \{x \mid x \in R \land 0 \leq x \leq 7\}$ eine unendliche Menge.

Definition 1.2.8 Mächtigkeit von Mengen
Zwei (endliche oder unendliche) Mengen M_1 und M_2 heißen von **gleicher Mächtigkeit** oder **gleichmächtig**, wenn jedem Element $a \in M_1$ genau ein Element $b \in M_2$ und jedem Element $b \in M_2$ genau ein Element $a \in M_1$ zugeordnet werden kann. Man sagt, M_1 und M_2 sind aufeinander **eindeutig abbildbar**.
M_2 heißt von höherer Mächtigkeit als M_1, wenn M_1 auf eine echte Teilmenge von M_2, nicht aber auf M_2 selbst eindeutig abbildbar ist.

Beispiel 9: Jede Menge ist zu sich selbst gleichmächtig. Endliche Mengen mit gleich viel Elementen sind gleichmächtig.
Die Menge der positiven, ungeraden Zahlen ist gleichmächtig zu N.

Definition 1.2.9 Ist die Anzahl der Elemente einer endlichen Menge M gleich n, so sagt man, die Menge M hat die **Mächtigkeit n,** und man schreibt $|M| = n$.

Definition 1.2.10 Eine zu der Menge der natürlichen Zahlen N gleichmächtige Menge M heißt **abzählbar unendlich**. Eine nicht abzählbare unendliche Menge nennt man **überabzählbar.**

Bemerkung: Q ist abzählbar, R ist überabzählbar.

Definition 1.2.11 Sei M eine beliebige Menge, dann heißt die Menge
$$P(M) = \{A \mid A \subseteq M\}$$
Potenzmenge von M. Die Elemente der Potenzmenge sind ebenfalls Mengen, und zwar alle Teilmengen von M.

Satz 1.2.12 Sei M eine endliche Menge mit Mächtigkeit n, d.h. $|M| = n$, dann ist die Mächtigkeit der Potenzmenge von M also $|P(M)| = 2^n$.

1.2 Mengen und Elemente

Definition 1.2.13 Eine Menge M*, die aus nichtleeren Teilmengen der Menge M besteht, heißt **Zerlegung oder Partition von M**, wenn für die Menge M* gilt, daß jedes m ∈ M in genau einer der Teilmengen liegt.
Die Elemente von M* heißen **Klassen** (vgl. Kapitel 1.3 Relationen).

Definition 1.2.14
(a) Seien M_1 und M_2 zwei beliebige nichtleere Mengen, dann heißt die Menge
$$M_1 \times M_2 = \{(x_1, x_2) \mid x_1 \in M_1 \wedge x_2 \in M_2\}$$
- gelesen: "M_1 kreuz M_2" - **Produktmenge** oder **kartesisches Produkt** von M_1 und M_2.
(x_1, x_2) heißt **2-Tupel** oder **geordnetes Paar**. (Damit wird zum Ausdruck gebracht, daß der Reihenfolge der Elemente Bedeutung zukommt.)
(b) Seien $M_1, ..., M_n$ beliebige nichtleere Mengen, dann heißt
$M_1 \times M_2 \times ... \times M_n = \{(x_1, x_2, ..., x_n) \mid x_i \in M_i, i = 1, ..., n\}$.
kartesisches Produkt von $M_1, M_2, ..., M_n$.
$(x_1,...,x_n)$ nennt man **n-Tupel**.

Man schreibt kürzer: $M_1 \times M_2 \times \cdots \times M_n = \underset{i=1}{\overset{n}{X}} M_i$.

Ist $M_1 = M_2 = ... = M_n = M$, dann wird für das kartesische Produkt $M_1 \times M_2 \times ... \times M_n = M \times M \times ... \times M$ kurz M^n geschrieben.
Im allgemeinen gilt: $M_1 \times M_2 \neq M_2 \times M_1$.

Beispiel 10:
A = {Kopf,Zahl} ⇒ A × A = {(Kopf,Kopf),(Kopf,Zahl),(Zahl,Kopf), (Zahl, Zahl)} .
M_1 = {a, b} ; M_2 = {1, 3} ⇒ $M_1 \times M_2$ = {(a,1), (a,3), (b,1), (b,3)}.
***R* × *R* = *R*²** ... Menge der Punkte der Ebene.
***R* × *R* × *R* = *R*³** ... Menge der Punkte des Raumes.
Die Verallgemeinerung führt zum ***R*ⁿ**.

Definition 1.2.15 Das n-fache kartesische Produkt von *R*, d.i. die Menge aller n-Tupel von reellen Zahlen, heißt **n-dimensionaler Raum**, kurz ***R*ⁿ**.
R*ⁿ = *R* × *R* × ... × *R = $\{(x_1, x_2, ..., x_n) \mid x_i \in R \; \forall \; i=1, ..., n\}$
    $x = (x_1, ..., x_n) \in R^n$ heißt **Punkt des *R*ⁿ**.
Häufig interessiert, inbesonders bei ökonomischen Beispielen (vgl. Kap. 6.1, Lineare Optimierung), eine besondere Eigenschaft von Mengen, die Konvexität genannt wird und die in der Abbildung demonstriert werden soll. Die Konvexität für Teilmengen des ***R*²** und auch ***R*³** bedeutet anschaulich, daß mit zwei beliebigen Punkten aus der Menge auch jeder Punkt auf

der Verbindungsstrecke zur Menge gehört. In der folgenden Definition wird dieser Zusammenhang für Mengen im R^n (mit n beliebig) formuliert.

Definition 1.2.16 Eine Menge $\mathbf{M} \subseteq R^n$ heißt **konvex**, wenn für zwei beliebige Punkte x ∈ M und y ∈ M auch alle Punkte von
$\lambda x + (1-\lambda)y \in M$ Elemente von M sind, mit $\lambda \in [0,1]$.

Die Definition für konvexe Mengen ist allgemein gültig im R^n, veranschaulichbar aber höchstens im R^3 oder noch einfacher im R^2, wie die folgenden Beispiele zeigen.

Beispiel 11: Wie man leicht zeigen kann, ist die Menge
$$M_1 = \{(x_1, x_2) | x_1 \leq 2 \wedge x_2 \leq 3\}$$
eine konvexe Menge. Dagegen ist die Menge
$$M_2 = \{(x_1, x_2) | (x_1 \in [0,1] \text{ und } x_2 \text{ beliebig}) \text{oder} (x_2 \in [0,1] \wedge x_1 \geq 0)\}$$
nicht konvex. Denn es gilt beispielsweise, daß etwa die zwei Punkte x und y die Eigenschaft haben, aus der Menge M₂ zu sein, also
$$x = (3,1) \in M_2 \quad \text{und} \quad y = \left(\frac{1}{2}, 3\right) \in M_2 \quad ,$$
aber die Verbindungsstrecke verläßt die Menge M₂!

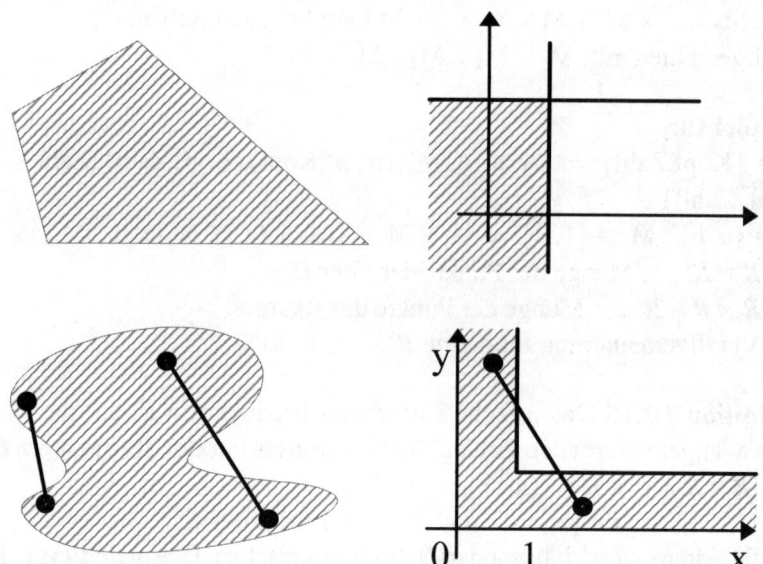

Abbildung 2: Zwei konvexe und zwei nicht konvexe Mengen im R^2

1.2 Mengen und Elemente

Beispiel 12: Strecke, Halbgerade und Gerade sind eindimensionale, konvexe Punktmengen. Hingegen sind die Kreislinie und der Dreiecksrand nicht konvex. Die Kreisfläche, die Dreiecksfläche, sowie Halbebenen sind zweidimensionale, konvexe Punktmengen.

Bemerkung: Die konvexen Teilmengen des R sind die Intervalle.

Satz 1.2.17 Der Durchschnitt zweier nicht elementefremder, konvexer Mengen M_1 und M_2 ist wieder konvex.

Beweisskizze: Seien M_1, M_2 konvexe Punktmengen, $M_1 \neq M_2$ und P_1, P_2 zwei beliebige Punkte aus $M_1 \cap M_2$.
Da M_1 konvex ist, liegt auch die Verbindungsstrecke in M_1, also $P_1P_2 \subset M_1$ da ferner M_2 konvex ist, liegt die Verbindungsstrecke P_1P_2 in M_2, also $P_1P_2 \subset M_2$. Somit ist $P_1P_2 \subset M_1 \cap M_2$, also der Durchschnitt $M_1 \cap M_2$ ist wieder konvex. □

Satz 1.2.18 Der **Durchschnitt** beliebig vieler nicht disjunkter, konvexer Mengen M_i (für i=1, ..., n)

$$\bigcap_{i=1}^{n} M_i$$

ist wieder konvex.

(Hingegen ist die **Vereinigung** $\bigcup_{i=1}^{n} M_i$ im allgemeinen **nicht konvex** !)

Bemerkung: Die n-dimensionalen Intervalle sind konvexe Teilmengen des R^n; der n-dimensionale Raum R^n und die leere Menge $\emptyset$ sind konvex.

1.3 Relationen, Ordnungen und Äquivalenzrelationen

Ein in der Wirtschaft Entscheidender steht häufig vor dem Problem, unter endlich vielen möglichen Entscheidungen eine "beste" auszuwählen. Selbst wenn er für je zwei dieser Entscheidungen eindeutig sagen kann, welche davon er bevorzugt, ist damit noch nicht gewährleistet, daß es eine insgesamt "beste" Entscheidung gibt. Erst wenn die Menge aller dieser paarweisen Vergleiche zwischen den Möglichkeiten eine bestimmte Struktur besitzt, ist dies gesichert. Die Angabe solcher Beziehungen zwischen den Paaren von Elementen einer Menge, und die Feststellung, ob die damit bestimmte Struktur innerhalb der Menge der gestellten Aufgabe gerecht wird, sind mathematisch sehr einfach mit dem Begriff der Relation durchführbar.

Definition 1.3.1 Sei $M \neq \{\}$ eine beliebige Menge, dann heißt eine Teilmenge $R \subseteq M \times M$ eine **Relation** oder **Beziehung in M**. Ist ein Paar $(m_1, m_2) \in R$, so schreibt man auch $\mathbf{m_1 R m_2}$ und sagt m_1 steht zu m_2 in Relation.

Beispiel 1: Für die Elemente der Menge $M = \{10, 11, 20, 21\}$ gelte $xRy \Leftrightarrow$ "x und y haben dieselbe Ziffernsumme". Die formale Angabe dieser Relation ist $R=\{(10,10), (11,11), (11,20), (20,11), (20,20), (21,21)\}$. Es gilt also 10R10, 11R11, 11R20 u.s.w..

Relationen in endlichen Mengen kann man sehr anschaulich in der Ebene durch einen **Graphen darstellen**, indem man jedes Element von M durch einen bestimmten Punkt in der Ebene, einen sogenannten **Knoten** markiert, und für jedes Paar $(m_1, m_2) \in R$ einen **Pfeil** von m_1 nach m_2 einzeichnet.

Beispiel 2:

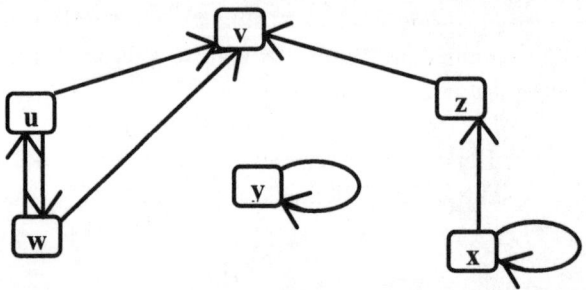

Abbildung 1: Graph einer Relation

Die formale Angabe der Relation, die in diesem Graphen dargestellt wird, ist:

M = {u,v,w,x,y,z} und R={(x,x),(y,y),(u,w),(w,u),(u,v),(w,v),(z,v),(x,z)}.

Durch eine Relation wird einer Menge eine bestimmte Struktur verliehen, wie beispielsweise eine Ordnung nach der Größe der Elemente, eine hierarchische Struktur oder anderes. Solche Relationen müssen jeweils bestimmte derjenigen Eigenschaften, die im Folgenden definiert werden, besitzen, da sie nur dann die mit diesem Namen verbundenen Vorstellungen erfüllen. So erwartet man von einer Relation, bei der ein Element x in Relation zu dem Element y steht, wenn "x besser als y" ist, daß, falls "a besser als b" und "b besser als c" ist, dann auch "a besser als c" ist.

Definition 1.3.2 Eigenschaften von Relationen
Eine Relation R in M ist
- (a) **reflexiv**, wenn $\forall(a \in M)(aRa)$.
  Jedes Element von M steht in Relation R zu sich selbst.
- (b) **irreflexiv**, wenn $\forall(a \in M)(\sim aRa)$.
  Kein Element von M darf zu sich selbst in Relation R stehen.
- (c) **symmetrisch**, wenn $\forall(a,b \in M)(aRb \Rightarrow bRa)$.
  Zwei Elemente von M, die "in der einen Richtung (aRb)" in Relation R stehen, müssen auch "in der anderen Richtung (bRa)" in Relation R stehen.
- (d) **antisymmetrisch**, wenn $\forall(a,b \in M \wedge a \neq b)(aRb \Rightarrow \sim(bRa))$.
  Je zwei verschiedene Elemente von M, die "in der einen Richtung" in Relation R stehen, dürfen "in der anderen Richtung" nicht in Relation R stehen.
- (e) **transitiv**, wenn $\forall(a,b,c \in M)(aRb \wedge bRc \Rightarrow aRc)$.
  Wenn ein Element von M zu einem zweiten und dieses zu einem dritten in Relation R steht, dann muß das erste auch zum dritten in Relation R stehen.
- (f) **vollständig (konnex)**, wenn $\forall(a,b \in M \wedge a \neq b)(aRb \vee bRa)$.
  Je zwei verschiedene Elemente von M müssen "in mindestens einer der beiden Richtungen (aRb oder bRa)" in Relation R stehen.

Die Relation in Beispiel 1 ist reflexiv, symmetrisch und transitiv. Die Relation in Beispiel 2 erfüllt offensichtlich keine einzige der obigen Eigenschaften.

Beispiel 3: Die Relation "kleiner", d.h. mRn $\Leftrightarrow$ m < n in der Menge N der natürlichen Zahlen ist offensichtlich irreflexiv, antisymmetrisch, transitiv und vollständig, da von je zwei verschiedenen natürlichen Zahlen jeweils eine kleiner als die andere ist.

Beispiel 4: Sei M=$R_+ \times R_+$ als Menge der Güterbündel mit 2 Gütern mit der folgenden Relation versehen: Ein Güterbündel x = (x_1, x_2) ist mindestens so gut wie ein Güterbündel y = (y_1, y_2), falls $x_1+x_2 \geq y_1+y_2$ gilt. Diese Relation besitzt nur die Eigenschaften reflexiv, transitiv und vollständig.

Beispiel 5:

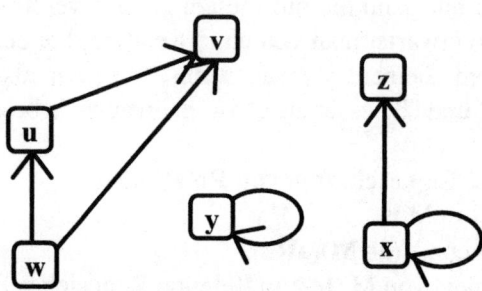

Abbildung 2: Graph einer Relation

Diese Relation ist offensichtlich antisymmetrisch und transitiv, aber nicht reflexiv, nicht irreflexiv, nicht symmetrisch und nicht vollständig. Wie man sieht, sind die Elemente dieser Menge durch diese Relation teilweise geordnet, denn z.B. innerhalb der drei Elemente u,v,w ist v das "oberste" Element, w das "unterste" und u liegt dazwischen, aber nicht alle Elemente sind paarweise vergleichbar. Eine solche teilweise Ordnung nennt man eine Halbordnung.

Definition 1.3.3 Eine Relation R in einer Menge M heißt
(a) **Halbordnung**, wenn sie **antisymmetrisch** und **transitiv** ist.
    Bei Halbordnungen schreibt man statt aRb häufig auch **a ≺ b** und sagt, a vor b.
(b) **Präordnung** oder **Quasiordnung**, wenn sie **reflexiv** und **transitiv** ist.
(c) **Ordnung** oder **strikte Ordnung**, wenn sie **irreflexiv, transitiv** und **vollständig** ist.
    Bei einer Ordnung schreibt man häufig statt aRb auch **a < b** und sagt, a ist kleiner als b.
(d) **Reflexive Ordnung**, wenn sie **reflexiv, transitiv, antisymmetrisch** und **vollständig** ist.
    Bei einer reflexiven Ordnung schreibt man häufig statt aRb auch **a ≤ b** und sagt, a ist kleiner oder gleich b.

1.3 Relationen, Ordnungen und Äquivalenzrelationen

(e) **Äquivalenzrelation**, wenn sie **reflexiv, symmetrisch** und **transitiv** ist.

Man schreibt bei Äquivalenzrelationen statt aRb häufig auch **a ≅ b** und sagt, a ist äquivalent zu b.

Alle diese speziellen Relationen sind transitiv und unterscheiden sich durch die zusätzlich erfüllten Eigenschaften. Eine Übersicht über den Zusammenhang zwischen diesen Relationen kann man Abb. 3 entnehmen. Beispielsweise ist eine Präordnung, die zusätzlich symmetrisch ist, eine Äquivalenzrelation, und eine Halbordnung, die zusätzlich irreflexiv und vollständig ist, eine strikte Ordnung. Die Antisymmetrie wird für die strikte Ordnung in Def. 1.3.3 (c) nicht explizit gefordert, weil sie sich aus der Transitivität und Irreflexivität ergibt.

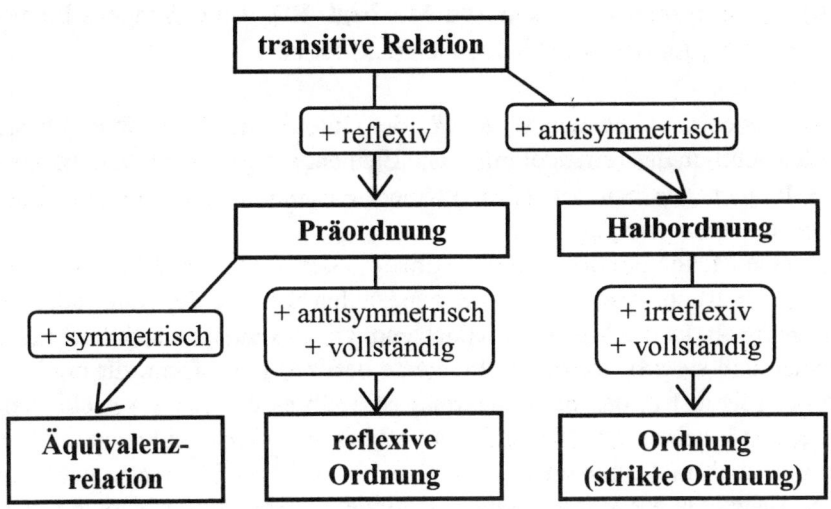

Abbildung 3: Darstellung der Relationen und ihrer Eigenschaften

Die Relationen in den bisherigen Beispielen sind in Beispiel 1 eine Äquivalenzrelation, in Beispiel 3 eine strikte Ordnung, in Beispiel 4 eine Präordnung, die vollständig ist, und in Beispiel 5 eine Halbordnung.

Beispiel 6: Die Menge der reellen Zahlen ist in natürlicher Weise durch den Größenvergleich mit Ordnungsstrukturen versehen, denn die Relation $x \leq y$ ist eine reflexive Ordnung, und die Relation $x < y$ ist eine strikte Ordnung. Benutzt man diese Größenvergleiche analog für n-Tupel von reellen Zahlen, also als Relation im R^n für n>1, d.h. $x \leq y$ falls $x_i \leq y_i$ für alle i = 1,..., n, so ist diese Relation nur eine Präordnung, die zusätzlich antisymmetrisch ist, und damit ist sie auch eine Halbordnung, die zusätzlich reflexiv ist. Sie ist nicht vollständig, da beispielsweise die beiden

Punkte (2, 3, 1) und (3, 2, 1) nicht vergleichbar sind. Ebenso gilt für das strikte Ungleichheitszeichen im R^n, d.h. $x < y$, falls $x \le y$ und $x \ne y$, daß diese Relation für n>1 nur eine Halbordnung ist. Man nennt sie auch die **natürliche Halbordnung** im R^n.
Bei geordneten oder (bzgl. einer Halb- oder Präordnung) teilweise geordneten Mengen interessiert man sich häufig für größte oder kleinste, bzw. beste oder schlechteste Elemente in dieser Menge oder in Teilmengen dieser Menge.

Definition 1.3.4 Sei R eine Halbordnung oder Präordnung in der Menge M, dann heißt ein Element **a** ∈ **M**
(a) ein **maximales Element von M** (bzgl. R), wenn für jedes Element x ∈ M, für das (a,x)∈ R ist, auch (x,a)∈ R ist,
(b) ein **minimales Element von M** (bzgl. R), wenn für jedes Element x ∈ M, für das (x,a)∈ R ist, auch (a,x)∈ R ist.

Die prägeordnete Menge M=$R_+ \times R_+$ der Güterbündel in Beispiel 4 besitzt offensichtlich das (einzige) minimale Element a = (0, 0) und kein maximales Element, da man zu jedem Element ein anderes finden kann, dessen Koordinatensumme größer ist.
Ob eine Menge überhaupt ein maximales oder minimales Element besitzt, hängt natürlich wesentlich von der speziellen Struktur der Halb- oder Präordnung ab. Ist die Menge M jedoch endlich, so kann man sich leicht überlegen, daß sie z.B. maximale Elemente besitzen muß. Denn für ein beliebiges Element a, das nicht maximal ist, muß es ein von a verschiedenes Element b geben, mit aRb und nicht bRa (sonst wären beide maximal). Ist b nun auch nicht maximal, so muß es ein weiteres Element c geben mit bRc, usw.. Da die Menge endlich ist, findet man bei dieser Vorgangsweise nach endlich vielen Schritten ein maximales Element. Analoges gilt für minimale Elemente.

Folgerung 1.3.5 Ist M eine endliche, halb- oder prägeordnete Menge, so besitzt M mindestens ein minimales und mindestens ein maximales Element.

Das durch den Graph in Abb. 2 dargestellte Beispiel besitzt die maximalen Elemente v,y,z, weil kein Pfeil von diesen Elementen zu einem anderen Element existiert, sowie die minimalen Elemente w,y,x. Das Element y ist sowohl maximales als auch minimales Element, da es nur zu sich selbst in Relation steht.
Die Frage nach maximalen oder minimalen Elementen kann man natürlich auch für vollständig geordnete Mengen stellen, da eine strikte Ordnung

1.3 Relationen, Ordnungen und Äquivalenzrelationen

auch eine Halbordnung bzw. eine reflexive Ordnung auch eine Präordnung ist. Die "kleiner" Relation aus Beispiel 6 in der Menge R der reellen Zahlen wurde schon in Beispiel 3 benutzt, um die Menge N der natürlichen Zahlen mit einer strikten Ordnung zu versehen. In N ist die 1 das einzige minimale Element, maximale Elemente gibt es keine. Diese Eigenschaft, daß es in geordneten Mengen bzw. in Teilmengen von solchen wenn überhaupt nur ein einziges maximales oder minimales Element gibt, gilt allgemein. Deshalb spricht man dort statt von minimalem bzw. maximalem Element von dem Minimum bzw. dem Maximum.

Definition 1.3.6 Sei M eine bezüglich R geordnete Menge und L⊆M eine Teilmenge von M, dann heißt **a** ∈ **M**
(a) eine **obere Schranke von L**, wenn $\forall (x \in L)$ (a nicht kleiner als x),
(b) eine **untere Schranke von L**, wenn $\forall (x \in L)$ (x nicht kleiner als a).

Beispiel 7: Sei die Menge M = R^2 mit der **lexikographischen Ordnung** versehen, d.h. für je zwei Punkte $x^1, x^2 \in R^2$ gilt:
$$x^1 <_{lex} x^2 \Leftrightarrow (x_1^1 < x_1^2) \vee ((x_1^1 = x_1^2) \wedge (x_2^1 < x_2^2)),$$
man vergleicht also zunächst die ersten Komponenten der beiden Punkte und falls diese gleich sind, die zweiten Komponenten. Als Teilmenge von M wird die Menge L = { $x \in R^2$ | |x| < 1 }, die Menge der inneren Punkte des Einheitskreises betrachtet.. Wie man in der Skizze in Abb. 4 sieht, ist jeder Punkt a = (a_1, a_2) mit $a_1 \le -1$ eine untere Schranke von L und jeder Punkt mit $a_1 \ge 1$ eine obere Schranke von L. Es gibt jedoch keine untere oder obere Schranke, die auch ein Element von L ist. Wäre L um die Punkte auf dem Rand des Einheitskreises erweitert, so wäre der Punkt (1, 0) die einzige obere Schranke, die auch ein Element von L ist. Ebenso wäre (−1, 0) die einzige untere Schranke, die auch ein Element von L ist.

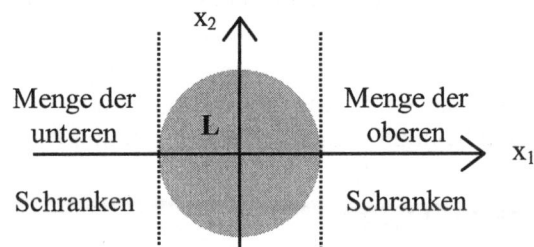

Abbildung 4: Skizze zu Beispiel 7

Satz 1.3.7 Eine Teilmenge L einer geordneten Menge M enthält höchstens eine ihrer oberen, sowie höchstens eine ihrer unteren Schranken.

Definition 1.3.8 Es sei L eine Teilmenge einer geordneten Menge M.
(a) Ist die Menge der oberen Schranken von L nicht leer, so heißt eine obere Schranke a∈ M das **Supremum von L**, falls a ein **minimales Element in der Menge der oberen Schranken**, also die kleinste obere Schranke ist. Ist a auch Element vom L, so heißt a **Maximum von L**.
(b) Ist die Menge der unteren Schranken von L nicht leer, so heißt eine untere Schranke a∈ M das **Infimum von L**, falls a ein **maximales Element in der Menge der unteren Schranken**, also die größte untere Schranke ist. Ist a auch Element vom L, so heißt a **Minimum von L**.

In Beispiel 7 gibt es kein Maximum und kein Minimum. Es existiert aber auch weder das Supremum noch das Infimum, denn z.B. ist jeder Punkt $(1,y)$ für bliebig kleine y eine obere Schranke von L. Somit existiert keine kleinste obere Schranke. Hätte man die Menge M z.B. auf die Menge der Punkte (x_1, x_2) mit $-2 \leq x_2 \leq 2$ eingeschränkt, dann wäre $(1, -2)$ das Supremum und $(-1, 2)$ das Infimum von L gewesen.

Beispiel 8: Es sei M = R mit der natürlichen Ordnung versehen, d.h. xRy, wenn x<y ist, und L = $(0, 1]$ das halboffene Intervall. Dann sind alle x ≥ 1 obere Schranken, und x = 1 ist die kleinste obere Schranke und somit das Supremum, aber auch das Maximum von L, da 1 ∈ L ist. Analog sind alle x ≤ 0 untere Schranken, somit ist x = 0 als größte untere Schranke das Infimum von L, aber das Minimum existiert nicht, da 0 ∉ L ist.

Bemerkung: Wenn das Maximum oder das Mimimum einer Teilmenge einer geordneten Menge existiert, dann ist dieses Element jeweils auch das Supremum bzw. Infimum dieser Teilmenge. Existiert das Maximum bzw. Minimum nicht, dann kann das Supremum bzw. Infimum trotzdem existieren.

Definition 1.3.9 Sei R eine Äquivalenzrelation in M und a ein Element von M, dann heißt die folgende Teilmenge von M
$$[a]_R = \{x \in M \mid x \cong a \quad \text{bzgl. R}\}$$
eine **Äquivalenzklasse**.

Beispiel 9: Die in Abb. 5 durch den Graphen angegebene Relation ist eine Äquivalenzrelation. Die drei Äquivalenzklassen sind $[x]_R = \{x, z\} = [z]_R$ $[y]_R = \{y\}$, und $[u]_R = \{u, v, w\} = [v]_R = [w]_R$. Wie man sieht, bilden die

1.3 Relationen, Ordnungen und Äquivalenzrelationen

drei Äquivalenzklassen eine Zerlegung der Menge M. Diese Eigenschaft hat jede Äquivalenzrelation.

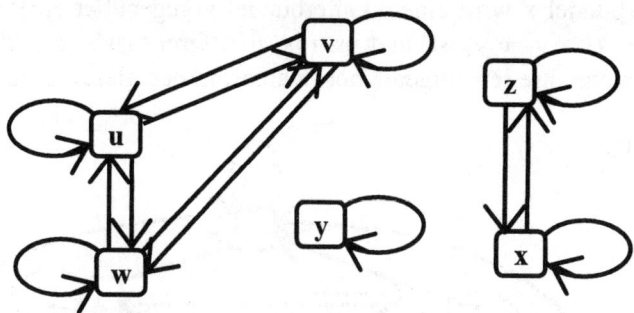

Abbildung 5: Graph einer Äquivalenzrelation

Bemerkung: Die Menge aller Äquivalenzklassen ist eine Zerlegung der Menge M. Ebenso ist umgekehrt durch eine gegebene Zerlegung von einer Menge M eindeutig eine solche Äquivalenzrelation in M bestimmt, die genau die Zerlegungsmengen als Äquivalenzklassen besitzt, indem man festlegt, daß je zwei Elemente a,b∈ M genau dann äquivalent sind, wenn sie beide ein Element derselben Zerlegungsmenge sind.

In der Konsumtheorie bzw. der Entscheidungstheorie werden Präferenzvorstellungen zwischen den Elementen von Mengen betrachtet. Für die mathematische Formulierung solcher Präferenzen benutzt man die folgenden Relationen:

Definition 1.3.10 Präferenz- und Indifferenzrelation in M
Eine **Präferenzrelation** $P \subseteq M \times M$ **ist eine vollständige Präordnung**. Sie heißt **Präferenzordnung**, wenn sie **eine reflexive Ordnung ist**. Man schreibt $a \preceq b$ für $(a,b) \in P$ und sagt, "b wird gegenüber a präferiert oder als gleichwertig betrachtet". Durch eine Präferenzrelation sind die beiden folgenden, damit zusammenhängenden Relationen erklärt.

(a) **Indifferenzrelation** $\quad I = \{(a,b) \in P \,|\, (a,b) \in P \wedge (b,a) \in P\} \subseteq P$.

Die Indifferenzrelation ist eine Äquivalenzrelation. Man bezeichnet hier die Äquivalenzklassen als **Indifferenzklassen.**

(b) **Strikte Präferenzrelation** $\quad SP = P \setminus I \subseteq M \times M$.

Diese hat offensichtlich die Eigenschaften transitiv und antisymmetrisch, und ist somit eine Halbordnung in M. Zwischen den Indifferenzklassen ist durch diese strikte Präferenzrelation eine strikte Ordnung gegeben.

Die Relation in Beispiel 4 war eine vollständige Präordnung in der Menge der Güterbündel und kann somit als Präferenzrelation interpretiert werden. Ein Güterbündel x wird einem Güterbündel y gegenüber strikt präferiert, wenn $x_1 + x_2 > y_1 + y_2$ ist, und man ist indifferent zwischen zwei Güterbündeln, wenn ihre jeweiligen Koordinatensummen gleich sind.

Beispiel 10:

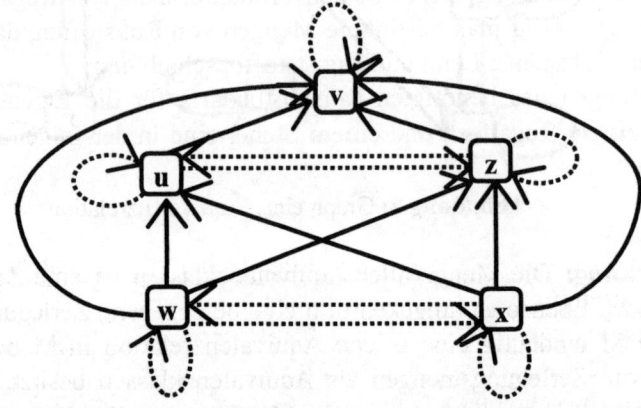

Abbildung 6: Graph eine Präferenzrelation

Die strichlierten Pfeile geben die Indifferenzrelation I an, diese besitzt die drei Indifferenzklassen $[w]_I = \{w,x\}$, $[u]_I = \{u,z\}$ und $[v]_I = \{v\}$. Die strikte Präferenzrelation ist hier mit den durchgezogenen Pfeilen angegeben und ordnet die drei Indifferenzklassen wie folgt: $[w]_I < [u]_I < [v]_I$. In der Menge M gibt es bzgl. dieser Präferenzrelation genau ein maximales Element, das Element v, und die zwei minimalen Elemente w und x.

Bemerkung: Nach Satz 1.3.5 besitzt eine Präferenzrelation in einer endlichen Menge mindestens ein maximales Element, sowie mindestens ein minimales Element. Ist die Präferenzrelation eine Präferenzordnung, so gibt es sogar genau ein minimales und genau ein maximales Element in M.

Die dieses Kapitel einleitende Frage, auf welcher Basis ein in der Wirtschaft Entscheidender unter endlich vielen Möglichkeiten eine "beste" Entscheidung treffen kann, ist also damit zu beantworten, daß in der Menge aller möglichen Entscheidungen zumindest eine Präferenzrelation gegeben sein muß. Dann gibt es mindestes eine "beste" Entscheidung, u.U. mehrere, unter denen er indifferent ist. Besser wäre natürlich eine Präferenzordnung, denn dann gäbe es genau eine "beste" Entscheidung.

2 Lineare Algebra
2.1 Matrizen, Vektoren und Determinanten

Beispiel 1: Im folgenden untersuchen wir die Produktion von Bücher-Regalen, die aus zwei Teilen, aus Regalfächern und aus Stehern bestehen. Für die Herstellung dieser beiden Produkte, also von Regalfächern und Stehern, benötigt man bestimmte Mengen von Rohstoffen, das sind Holzplatten, Holzspäne, Leim und Kunststoffbeschichtung.
Die Mengen des benötigten Rohstoffbedarfs für die Erzeugung von jeweils **einem** Regalfach und **einem** Steher sind in der folgenden Tabelle 1 angegeben:

	Regalfach	Steher
Holzplatten (m^2)	0.4	1.2
Holzspäne (m^3)	0.1	0.2
Leim (Liter)	1.5	1.0
Kunststoffbeschichtung (Liter)	2.5	2.5

Tabelle 1: Datenmatrix für die Produktion von Regalfächern und Stehern

Das Zahlenschema von Tabelle 1 wird **Datenmatrix**, beziehungsweise hier **Produktionsmatrix** genannt. Diese verwendet man in den Wirtschaftswissenschaften oft zur übersichtlichen Darstellung von Daten samt ihren Zusammenhängen. Die Zahlen der Datenmatrix sind üblicherweise von runden Klammern umgeben. Damit läßt sich nun für beliebige Mengen der beiden Produkte der Bedarf an Holzplatten in Quadratmetern, der Bedarf an Holzspänen in Kubikmetern, der Bedarf an Leim und an Kunststoffbeschichtung jeweils in Literangaben bestimmen.

Hat man laut Produktionsplan etwa b_1 Stück Regalfächer und b_2 Stück Steher herzustellen, so braucht man entsprechend viele Rohstoffe:

$(b_1 \cdot 0.4 + b_2 \cdot 1.2) m^2$ Holzplatten,

$(b_1 \cdot 0.1 + b_2 \cdot 0.2) m^3$ Holzspäne,

$(b_1 \cdot 1.5 + b_2) l$ Leim und

$(b_1 \cdot 2.5 + b_2 \cdot 2.5) l$ Kunststoffbeschichtung.

Ist b_1 etwa 100, so hat man einen Rohstoffbedarf von 40 m^2 Holzplatten, 10 m^3 Späne, 150 Liter Leim und 250 Liter Kunststoffbeschichtung für die Regalfächer.

Definition 2.1.1 Ein rechteckig angeordnetes Schema A von reellen Zahlen a_{ij}

$$A = (a_{ij}) = \begin{pmatrix} a_{11} & a_{12} & \cdots & a_{1n} \\ a_{21} & a_{22} & \cdots & \\ \vdots & \vdots & \vdots & \vdots \\ a_{m1} & a_{m2} & \cdots & a_{mn} \end{pmatrix} \quad \text{mit} \quad m, n \in N$$

nennt man **Matrix mit m Zeilen und n Spalten** oder kurz **m × n-Matrix**, wobei m × n die **Dimension** der Matrix heißt.

Matrizen werden gewöhnlich mit Großbuchstaben A, B, ... abgekürzt und die Zahlen bzw. Elemente mit runden Klammern umfaßt. Für A schreibt man auch $A_{m,n}$ oder $A_{m \times n}$.
So ist beispielsweise

$$A_{4,2} = \begin{pmatrix} 0.4 & 1.2 \\ 0.1 & 0.2 \\ 1.5 & 1.0 \\ 2.5 & 2.5 \end{pmatrix}$$

eine 4x2-Matrix mit 4 Zeilen und 2 Spalten, die in knapper Form den Rohstoffbedarf für Beispiel 1 angibt.

Die Zahlen a_{ij} heißen **Elemente** oder **Komponenten** der Matrix A, wobei der Index i die Zeile und der Index j die Spalte angibt, in der das Element a_{ij} im obigen Schema steht.
Demnach gilt:
i ist der **Zeilenindex (i =1,2, ... , m)**, und
j ist der **Spaltenindex (j =1,2, ... , n)** des Elements a_{ij}.
Üblicherweise sind alle Elemente a_{ij} der Matrix reelle Zahlen.

Das Element a_{32} der Matrix von Beispiel 1 gibt demnach die Menge Leim an (dritter Rohstoff steht in dritter Zeile), die zur Produktion eines Stehers (zweites Produkt steht in zweiter Spalte) in den angegebenen Mengeneinheiten - nämlich 1 Liter - benötigt wird.

Matrizen verwendet man häufig zur tabellarischen Darstellung von Lieferströmen zwischen den Sektoren in einem Unternehmen; ebenso werden auch bei Wählerstrom- oder Käuferstromanalysen häufig Matrizen angewandt.

2.1 Matrizen, Vektoren und Determinanten

Definition 2.1.2 Besteht eine Matrix aus nur einer Spalte oder einer Zeile, so verwendet man folgende Begriffe:

Ist n = 1, so ist die m × 1- Matrix ein geordnetes Tupel der Dimension m, und es heißt $A_{m,n} = A_{m,1}$ ein **m-dimensionaler Spaltenvektor,** man schreibt:

$$A_{m,1} = a = \begin{pmatrix} a_1 \\ \vdots \\ a_m \end{pmatrix}$$

Ist m = 1, so ist die 1 × n- Matrix ein geordnetes Tupel der Dimension n, und man nennt $A_{m,n} = A_{1,n}$ einen **n-dimensionalen Zeilenvektor,** man schreibt also:

$$A_{1,n} = a^T = (a_1, ..., a_n) \quad .$$

Ist m = n = 1, so heißt die 1 × 1-Matrix A ein **Skalar.**

Vektoren und Skalare werden mit Kleinbuchstaben a,b, . . . , x, . . . abgekürzt.

Bei einer Produktionsmatrix beschreibt der k-te Spaltenvektor die nötigen Inputmengen zur Erzeugung einer Einheit des k-ten Produktes. In dem obigen Beispiel 1 gibt der 2. Spaltenvektor beispielsweise die notwendigen Mengen von Rohstoffen zur Erzeugung eines Stehers an. Der l-te Zeilenvektor beschreibt die Inputmenge des l-ten Rohstoffes zur Erzeugung je einer Einheit der jeweiligen Produkte.

Ein Zeilenvektor $(x_1, ..., x_k)$ bzw. ein Spaltenvektor $\begin{pmatrix} x_1 \\ \vdots \\ x_k \end{pmatrix}$ kann geometrisch gesehen als **Punkt des R^k** aufgefaßt werden.

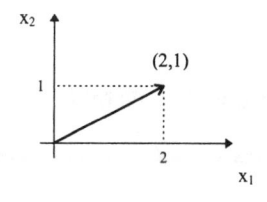

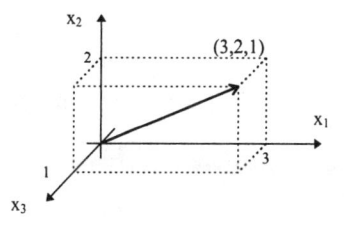

Abbildung 1: Graphische Darstellung von Vektoren im R^2 und R^3

Definition 2.1.3 Sei A eine m × n - Matrix, so heißt
(a) die n × m - Matrix
$$A^T = \left(a^T_{kl} \right) \quad \text{mit } a^T_{kl} = a_{lk} \quad k = 1,..., n\,;\, l = 1,..., m$$
die **Transponierte von A**.
Das Transponieren ändert nichts am **Informationsgehalt** der Matrix. Allerdings ist auf die vertauschte Bedeutung von Zeilen und Spalten zu achten !
A^T erhält man aus A, indem man Zeilen als Spalten schreibt und umgekehrt.
(b) Ist die Anzahl der Zeilen und Spalten gleich, also m = n, dann heißt die Matrix **quadratisch**. Die Elemente $a_{11}, ..., a_{nn}$ bilden die **Hauptdiagonale**.
Eine quadratische Matrix A heißt **symmetrisch**, wenn $A = A^T$. In diesem Fall verändert das Transponieren die Matrix nicht.

Beispiel 2:

Für die Matrix $A = \begin{pmatrix} 1 & 2 & 0 \\ 0 & 3 & 1 \end{pmatrix}$ ergibt sich $A^T = \begin{pmatrix} 1 & 0 \\ 2 & 3 \\ 0 & 1 \end{pmatrix}$.

Für die quadratische Matrix $B = \begin{pmatrix} 1 & 2 \\ 2 & 4 \end{pmatrix}$ ergibt sich $B^T = \begin{pmatrix} 1 & 2 \\ 2 & 4 \end{pmatrix}$.

B ist also symmetrisch.

Offensichtlich gilt immer : $(A^T)^T = A$.

Bemerkung: Die Definition 2.1.3 über das Transponieren von Matrizen gilt analog auch für Vektoren. Durch Transponieren eines Spaltenvektors entsteht ein Zeilenvektor und umgekehrt.

Sei

$$x = \begin{pmatrix} x_1 \\ \vdots \\ x_n \end{pmatrix} \text{ ein Spaltenvektor der Dimension n,}$$

so ist

$$x^T = (x_1, ..., x_n) \text{ der zugehörige Zeilenvektor der Dimension n.}$$

2.1 Matrizen, Vektoren und Determinanten

Definition 2.1.4 Seien A, B zwei m × n - Matrizen, dann heißt
(a) **A kleiner oder gleich B,** in Zeichen **A ≤ B,**
    wenn $a_{ij} \leq b_{ij}$,
(b) **A kleiner als B,** in Zeichen **A < B,**
    wenn $a_{ij} < b_{ij}$,
(c) **A gleich B,** in Zeichen **A = B,**
    wenn $a_{ij} = b_{ij}$,
    für alle i = 1,2, ...,m und j = 1,2, ...,n .

Für Matrizen mit übereinstimmender Dimension kann also ein paarweiser Größenvergleich durchgeführt werden.

Bemerkung: Für Vektoren x, y gleicher Dimension k bedeutet dann
$$x \leq y \ ,$$
daß jede Komponente y_i des Vektors y mindestens gleich groß ist wie die entsprechende Komponente x_i des Vektors x ist (i = 1,2,...,k).
Die Beziehung x ≤ y nennt man die **natürliche Halbordnung** auf der Menge der k-dimensionalen Vektoren.

Besteht für vergleichbare Vektoren die "kleiner"- oder "kleiner/gleich"-Beziehung, so gilt die Transitivität (vgl. Kapitel 1.3 Relationen).

Beispiel 3: Folgende zwei Vektoren lassen sich leicht miteinander vergleichen; offensichtlich gilt die kleiner/gleich-Beziehung:

$$\begin{pmatrix} 1 \\ 3 \end{pmatrix} \leq \begin{pmatrix} 4 \\ 3 \end{pmatrix}$$

Werden diese beiden Vektoren als Güterbündel aufgefaßt, so kann man sagen, daß das zweite Güterbündel "besser" ist als das erste, weil es in keiner Komponente weniger, aber in einer Komponente mehr enthält.

Definition 2.1.5
Eine quadratische n × n - Matrix $A = (a_{ij})$ mit $i,j \in \{1,2,...,n\}$

$$A = \begin{pmatrix} a_{11} & \cdots & a_{1n} \\ \cdot & & \cdot \\ \cdot & & \cdot \\ \cdot & & \cdot \\ a_{n1} & \cdots & a_{nn} \end{pmatrix}$$

heißt

(a) **obere Dreiecksmatrix,** falls $a_{ij} = 0$ für $i > j$, das heißt, daß (mindestens) alle Elemente **unterhalb** der Hauptdiagonale Null sind, bzw.
untere Dreiecksmatrix, falls $a_{ij} = 0$ für $i < j$, das heißt, daß (mindestens) alle Elemente **oberhalb** der Hauptdiagonale Null sind;

(b) **Diagonalmatrix,** falls $a_{ij} = 0$ für $i \neq j$; das heißt, daß alle Elemente **außer** jenen der Haupdiagonale Null sind;

(c) **Einheitsmatrix E der Dimension n**, falls A Diagonalmatrix ist und $a_{ij} = 1$ für $i = j = 1,...,n$. Das heißt, daß alle Elemente der Hauptdiagonale gleich **Eins** und alle anderen Elemente der Matrix genau **Null** sind.

Schreibweise:

$$(a_{ij}) = (e_{ij}) = E = \begin{pmatrix} 1 & 0 & . & . & 0 \\ 0 & . & & & . \\ . & & . & & . \\ . & & & . & 0 \\ 0 & . & . & 0 & 1 \end{pmatrix}$$

(d) **Nullmatrix,** falls $a_{ij} = 0$ für alle a_{ij}. Die gesamte Matrix besteht aus Nullen. Man schreibt dafür auch einfach O.

Definition 2.1.6 Ein n-dimensionaler Vektor $x = (x_1,...,x_n)$ heißt

(a) **i-ter Einheitsvektor,** wenn $x_i = 1$ und $x_j = 0$ für $j \neq i$ und $j = 1,2,...,n$. Das heißt, daß an der i-ten Stelle eine Eins steht, sonst lauter Nullen. Man bezeichnet diesen Einheitsvektor mit $e_i = (0,...,0, 1, 0,...,0)$, wobei 1 genau an der i-ten Stelle steht.

(b) **Nullvektor,** wenn $x_i = 0 \quad \forall\, i \in \{1,2,...,n\}$.
Man schreibt dafür auch einfach o.

Bemerkung: Die Bezeichnungen i-ter Einheitsvektor und Nullvektor, die hier oben auf Grund der effizenteren Ausnutzung des Platzes für Zeilenvektoren eingeführt worden sind, gelten offensichtlich analog auch für Spaltenvektoren. (Wir erinnern, dass prinzipiell unter einem Vektor ein Spaltenvektor zu verstehen ist.)

Bemerkung: Die Einheitsvektoren sind genau die Spalten bzw. Zeilen der Einheitsmatrix.

Beispiel 4:

obere Dreiecksmatrix $\quad$ Diagonalmatrix $\quad$ Einheitsvektor

$$\begin{pmatrix} 1 & 3 & 0 \\ 0 & 0 & 2 \\ 0 & 0 & 1 \end{pmatrix} \qquad \begin{pmatrix} 2 & 0 & 0 \\ 0 & 1 & 0 \\ 0 & 0 & 4 \end{pmatrix} \qquad \begin{pmatrix} 0 \\ 1 \\ 0 \\ 0 \end{pmatrix}$$

Ähnlich zu dem eben erwähnten Größenvergleich zwischen Vektoren oder auch Matrizen gleicher Dimension kann es notwendig sein, Matrizen zusammenzuzählen oder Differenzen zwischen Matrizen zu bilden.

Auch das Berechnen des Vielfachen einer Matrix ist für verschiedene Anwendungen in der Praxis eine wichtige Überlegung.

Für Matrizen derselben Dimension können
- **Addition**
- **Subtraktion und**
- **Multiplikation mit einer reellen Zahl (Vervielfachen)**

durchgeführt werden, indem man alle Operationen **elementweise** vornimmt.

Definition 2.1.7:
(a) Ist $A = (a_{ij})$ eine m×n Matrix und $d \in R$, so erhält man das **Produkt der reellen Zahl d mit der Matrix A**, indem man d mit jedem Element a_{ij} von A multipliziert, und man schreibt: $d \cdot A = (d \cdot a_{ij})$.
(b) Sind $A = (a_{ij})$ und $B = (b_{ij})$ zwei m×n Matrizen, so bezeichnet man die m×n Matrix $C = (a_{ij} + b_{ij})$ als **Summe zweier Matrizen** und man schreibt: $A + B = (a_{ij} + b_{ij})$.
(c) Entsprechend wird die **Differenz D zweier Matrizen** definiert durch $D = A + (-1)B = A - B = (a_{ij} - b_{ij})$.

Beispiel 5: Gegeben seien

$$A = \begin{pmatrix} 1 & 3 \\ 2 & 0 \end{pmatrix} \text{ und } B = \begin{pmatrix} 3 & 2 \\ 1 & 1 \end{pmatrix},$$

dann erhält man:

$$A + B = \begin{pmatrix} 4 & 5 \\ 3 & 1 \end{pmatrix} \qquad A - B = \begin{pmatrix} -2 & 1 \\ 1 & -1 \end{pmatrix} \qquad 3 \cdot A = \begin{pmatrix} 3 & 9 \\ 6 & 0 \end{pmatrix}.$$

Weiters ist:

$$3(A+B) = 3\begin{pmatrix} 4 & 5 \\ 3 & 1 \end{pmatrix} = \begin{pmatrix} 12 & 15 \\ 9 & 3 \end{pmatrix} = 3A + 3B = \begin{pmatrix} 3 & 9 \\ 6 & 0 \end{pmatrix} + \begin{pmatrix} 9 & 6 \\ 3 & 3 \end{pmatrix}.$$

Bemerkung: Da die Bildung von Summe und Differenz von Matrizen auf genau dieselben Operationen mit reellen Zahlen zurückgeführt wird, gelten für Matrizen dieselben Rechenregeln wie für die Grundrechenarten überhaupt. Für Matrizen derselben Dimension gilt also:

$A + B = B + A$ (Kommutativität der Addition)
$A + (B + C) = (A + B) + C$ (Assoziativität der Addition)
$k \cdot (r\,A) = (k \cdot r) \cdot A$ (Assoziativität der Multiplikation)
$k \cdot (A + B) = k \cdot A + k \cdot B$ (Distributivität)
$(k + r) \cdot A = k \cdot A + r \cdot A$ (Distributivität)

Beispiel 6: Gegeben seien die Produktionsmatrizen A und B sowie die Faktoren k und r

$$A = \begin{pmatrix} 1 & 2 \\ 3 & 4 \end{pmatrix} \quad B = \begin{pmatrix} 5 & 6 \\ 7 & 8 \end{pmatrix} \quad \text{und } k = 3,\, r = 2$$

Überprüfen Sie die Gültigkeit der Distributivität.

Beispiel 7: Fortsetzung von Beispiel 1
Betrachtet man den ersten Spaltenvektor der obigen Produktionsmatrix, so läßt sich das Ergebnis der Multiplikation dieses Vektors mit einer beliebigen Zahl $d \in \mathbf{R}$, etwa $d = 1000$, einfach errechnen:

$$1000 \begin{pmatrix} 0.4 \\ 0.1 \\ 1.5 \\ 2.5 \end{pmatrix} = \begin{pmatrix} 400 \\ 100 \\ 1500 \\ 2500 \end{pmatrix}.$$

Dieses Ergebnis interpretieren wir als Vektor des Materialbedarfs für die Herstellung von 1000 Regalbrettern.

Die Multiplikation des zweiten Spaltenvektors der Produktionsmatrix mit der Zahl $c = 200$

$$200 \begin{pmatrix} 1.2 \\ 0.2 \\ 1 \\ 2.5 \end{pmatrix} = \begin{pmatrix} 240 \\ 40 \\ 200 \\ 500 \end{pmatrix}$$

2.1 Matrizen, Vektoren und Determinanten

ergibt den Vektor des Materialbedarfs für die Erzeugung von 200 Stehern für Bücherregale.

Die Summe der beiden Vektoren liefert dann den Bedarfsvektor zur Erfüllung des Produktionsplans von 1000 Regalbrettern und 200 Stehern zusammen:

$$\begin{pmatrix} 640 \\ 140 \\ 1700 \\ 3000 \end{pmatrix};$$

diese Werte beziehen sich auf die zur Herstellung von 1000 Regalbrettern und 200 Stehern benötigten Rohstoffe; also sind
    640 m^2 Holzplatten,
    140 m^3 Holzspäne,
    1700 Liter Leim und
    3000 Liter Kunststoffbeschichtung
notwendig, um diesen Produktionsplan für 1000 Regalbretter und 200 Steher zu erfüllen.

Definition 2.1.8: Seien x und y zwei n-dimensionale Vektoren, so heißt die folgendermaßen erklärte Multiplikation des Zeilenvektors x^T mit dem Spaltenvektor y

$$x^T y = (x_1, \ldots, x_n) \cdot \begin{pmatrix} y_1 \\ \vdots \\ y_n \end{pmatrix} = \sum_{i=1}^n x_i y_i = x_1 y_1 + x_2 y_2 + \ldots + x_n y_n$$

das **Skalarprodukt der beiden Vektoren**.

Beispiel 8: Wird ein Preisvektor (in S /Einheit) $p^T = (10, 9, 6, 5)$ für die vier notwendigen Rohstoffe angenommen (also S 10.- für die Holzplatten pro m^2 und S 9.- für die Holzspäne pro m^3, weiters S 6.- pro Liter Leim, sowie S 5.- pro Liter Kunststoffbeschichtung) ergeben sich für den Produktionsplan $x^T = (1000, 200)$ von obigem Beispiel die Materialkosten

$$K = p^T \cdot x = (10, 9, 6, 5) \cdot \begin{pmatrix} 640 \\ 140 \\ 1700 \\ 3000 \end{pmatrix} = 10 \cdot 640 + 9 \cdot 140 + 6 \cdot 1700 + 5 \cdot 3000$$

= S 32.860.- .
Dieser Betrag ist demnach notwendig, um 1000 Bretter und 200 Steher für Bücherregale herstellen zu können.

Definition 2.1.9: Sei A eine m × n - Matrix und B eine n × r-Matrix, so ist
$$C = A \cdot B$$
das **Produkt der beiden Matrizen** A und B wie folgt erklärt:
C = (c_{ij}) ist eine m × r - Matrix, deren einzelne Elemente folgendermaßen berechnet werden:

$$c_{ij} = a_i \, b^j = \sum_{k=1}^{n} a_{ik} b_{kj} \qquad \forall \, i, j$$

Das Element c_{ij} ist das Skalarprodukt des i-ten Zeilenvektors a_i von A mit dem j-ten Spaltenvektor b^j von B.

Um die Multiplikation durchführen zu können, muß die Anzahl der Spalten von A mit der Anzahl der Zeilen von B übereinstimmen. Die Ergebnismatrix C hat die Dimension m × r.

Es gilt also:
$$A_{m \times n} \cdot B_{n \times r} = C_{m \times r} \; .$$

Beispiel 9: Fortsetzung von Beispiel 1:
Aus den Regalfächern und den Regalstehern werden in der Montageabteilung drei verschiedene Typen von Bücherregalen hergestellt: einfache (UNO), doppelte (DUE) und dreifache (TRE).
Der Bedarf an Fächern und Stehern kann folgender Produktionsmatrix B entnommen werden:

$$\begin{array}{c} \text{Regaltyp} \\ \begin{array}{ccc} \text{UNO} & \text{DUE} & \text{TRE} \end{array} \\ \begin{array}{c} \text{Regalfächer} \\ \text{Steher} \end{array} \begin{pmatrix} 5 & 10 & 14 \\ 2 & 3 & 4 \end{pmatrix} = B \end{array}$$

Um den Rohstoffbedarf für jeden Regaltyp zu berechnen, bedarf es der multiplikativen Verknüpfung der beiden Matrizen A und B:

$$A \cdot B = \begin{pmatrix} 0.4 & 1.2 \\ 0.1 & 0.2 \\ 1.5 & 1.0 \\ 2.5 & 2.5 \end{pmatrix} \cdot \begin{pmatrix} 5 & 10 & 14 \\ 2 & 3 & 4 \end{pmatrix} = \begin{pmatrix} 2 + 2.4 & 4 + 3.6 & 5.6 + 4.8 \\ 0.5 + 0.4 & 1 + 0.6 & 1.4 + 0.8 \\ 7.5 + 2 & 15 + 3 & 21 + 4 \\ 12.5 + 5 & 25 + 7.5 & 35 + 10 \end{pmatrix} =$$

2.1 Matrizen, Vektoren und Determinanten

$$\begin{matrix} & \text{UNO} & \text{DUE} & \text{TRE} & \\ & \begin{pmatrix} 4.4 & 7.6 & 10.4 \\ 0.9 & 1.6 & 2.2 \\ 9.5 & 18 & 25 \\ 17.5 & 32.5 & 45 \end{pmatrix} & & & \begin{matrix} \text{Holzplatten} \, (m^2) \\ \text{Holzspäne} \, (m^3) \\ \text{Leim} \, (l) \\ \text{Kunststoffbeschichtung} \, (l) \end{matrix} \end{matrix}$$

Das Endergebnis dieser Matrizenmultiplikation gibt an, wie groß der Rohstoffbedarf für jeden Regaltyp ist.

Beispiel 10:

$$A = \begin{pmatrix} 1 & 0 & 2 \\ 4 & -1 & 0 \end{pmatrix} \qquad B = \begin{pmatrix} 3 & 1 \\ -2 & 0 \\ 0 & 5 \end{pmatrix}$$

$$A_{2 \times 3} \cdot B_{3 \times 2} = C_{22} = \begin{pmatrix} 3 & 11 \\ 14 & 4 \end{pmatrix}$$

$$\text{wobei etwa } c_{2 \times 1} = (4, -1, 0) \begin{pmatrix} 3 \\ -2 \\ 0 \end{pmatrix} = 14 \quad .$$

Bemerkung: Man kann Produkte einer m × n - Matrix mit Vektoren bestimmter Dimension bilden:
(a) Man kann die Matrix von rechts mit einem n-dimensionalen Spaltenvektor multiplizieren. Das Ergebnis ist ein Spaltenvektor !
(b) Man kann die Matrix von links mit einem m-dimensionalen Zeilenvektor multiplizieren. Das Ergebnis ist ein Zeilenvektor !

Beispiel 11:
(a) Die Multiplikation einer Matrix mit einem (Spalten)Vektor :

$$A_{2 \times 3} \cdot x_{3 \times 1} = \begin{pmatrix} 1 & 2 & 0 \\ 0 & 1 & 1 \end{pmatrix} \begin{pmatrix} 2 \\ 4 \\ 1 \end{pmatrix} = \begin{pmatrix} 10 \\ 5 \end{pmatrix}_{2 \times 1} \quad .$$

(b) Die Multiplikation eines Zeilenvektors mit einer Matrix:

$$z^T{}_{1 \times 2} \cdot A_{2 \times 3} = (3,1) \begin{pmatrix} 1 & 2 & 0 \\ 0 & 1 & 1 \end{pmatrix} = (3,7,1)_{1 \times 3} \quad .$$

Bemerkung: Man kann auch das Produkt eines m-dimensionalen Spaltenvektors mit einem n-dimensionalen Zeilenvektor bilden.
Das Produkt ist eine m × n - Matrix ! (Achtung: Kreuzprodukt zweier Vektoren)

$$x_{m \times 1} \cdot z^T_{1 \times n} = A_{m \times n} \ .$$

Beispiel 12: Multiplikation der Produktionsmatrix mit dem Vektor der Endproduktmengen:

$$\begin{pmatrix} 4 \\ 0 \\ -1 \end{pmatrix}_{3 \times 1} \cdot (2,7)_{1 \times 2} = \begin{pmatrix} 8 & 28 \\ 0 & 0 \\ -2 & -7 \end{pmatrix}_{3 \times 2}$$

Liegt ein Produktionsplan mit Zwischenprodukten in Form von zwei Produktionsmatrizen A, B vor, so erhält man die Produktionsmatrix des Rohstoffbedarfs für das Endprodukt als $A \cdot B$.

Beispiel 13: Gegeben sei ein Produktionsprozeß, in dem aus zwei Rohstoffen R1 und R2 drei Zwischenprodukte Z1, Z2 und Z3 hergestellt werden, die wiederum zu zwei Endprodukten E1 und E2 weiterverarbeitet werden.
Uns interessiert die Endproduktionsmatrix, die angibt, wieviel Rohstoffe für die Endprodukte notwendig sind. Das kann durch Multiplikation der beiden Produktionsmatrizen erreicht werden.

Rohstoffe	Zwischenprodukte			
	Z1	Z2	Z3
R1	3	1	2
R2	1	1	4

$$A = \begin{pmatrix} 3 & 1 & 2 \\ 1 & 1 & 4 \end{pmatrix}$$

Zwischen-produkte	Endprodukte	
	E1	E2
Z1	2	4
Z2	1	9
Z3	3	1

$$B = \begin{pmatrix} 2 & 4 \\ 1 & 9 \\ 3 & 1 \end{pmatrix}$$

2.1 Matrizen, Vektoren und Determinanten

Die multiplikative Verknüpfung der beiden Matrizen A und B liefert die Anzahl der Rohstoffe, die zur Herstellung je einer Einheit der Endprodukte notwendig sind:

$$C = A \cdot B = \begin{pmatrix} 13 & 23 \\ 15 & 17 \end{pmatrix} .$$

Demnach sind für die Erzeugung des ersten Endproduktes genau
13 Einheiten von Rohstoff R1 und
15 Einheiten von Rohstoff R2 notwendig,
für das zweite Endprodukt
23 Einheiten von Rohstoff R1 und
17 Einheiten von R2.

Satz 2.1.10 Für Matrizen gelten, soferne die Multiplikationen ausführbar sind, folgende Rechenregeln:
(a) $A(BC) = (AB)C$ Assoziativgesetz
(b) $A(B + C) = AB + AC$ Distributivgesetz
(c) $(A + B)C = AC + BC$ Distributivgesetz
(d) $d(AB) = (dA)B = A(dB)$ für $d \in \mathbf{R}$
(e) $(AB)^T = B^T A^T$
(f) $EA = AE = A$

Beachte:
Die Multiplikation von Matrizen ist nicht kommutativ!
Es kommt also genau auf die Reihenfolge an, in der die Matrizen angeschrieben werden!

Beweis zu 2.1.10(a)

$$A \cdot (B \cdot C) = (a_{ij})[(b_{jk})(c_{kl})] = (a_{ij}) \cdot \left(\sum_k b_{jk} c_{kl} \right) = \left(\sum_j \sum_k a_{ij} b_{jk} c_{kl} \right) =$$

$$\left(\sum_j a_{ij} b_{jk} \right) (c_{kl}) = [(a_{ij})(b_{jk})] \cdot (c_{kl}) = (A \cdot B) \cdot C$$

Beweis zu 2.1.10(b)

$$A(B+C) = (a_{ij})[(b_{jk}) + (c_{jk})] = \left(\sum_k a_{ij}(b_{jk} + c_{jk}) \right) = \left(\sum_j a_{ij} b_{jk} + \sum_j a_{ij} c_{jk} \right) =$$

$$\left(\sum_j a_{ij} b_{jk} \right) + \left(\sum_j a_{ij} c_{jk} \right) = AB + AC \quad .$$

Eine m × n - Matrix $A_{m,n}$ läßt sich interpretieren als eine Abbildung vom R^n in den R^m, denn durch das Produkt Ax wird jedem n-dimensionalen (Spalten-)Vektor x der m-dimensionale Vektor y = Ax zugeordnet. D.h. A beschreibt eine Abbildung

$$A: \quad R^n \to R^m \quad .$$

Beispiel 14: Mittels der gegebenen Matrix A

$$A = \begin{pmatrix} 1 & 3 & 2 \\ 2 & 1 & 4 \end{pmatrix}$$

ist das **Bild des Vektors** $x = \begin{pmatrix} 3 \\ 5 \\ 2 \end{pmatrix}$

durch $y = A \cdot x = \begin{pmatrix} 22 \\ 19 \end{pmatrix}$ eindeutig bestimmt.

Folgerung aus Satz 2.1.10
Die durch die Matrix $A_{m,n}$ definierte Abbildung
$$A: \quad R^n \to R^m \, , \, x \to y = A \cdot x$$
ist **linear**.

D.h. für beliebige $x_1, x_2 \in R^n$ gilt
$$A(\lambda x_1 + \mu x_2) = \lambda A x_1 + \mu A x_2 \quad \forall \, \lambda, \mu \in R .$$

Beispiel 15 : Gegeben sei die Matrix

$$A = \begin{pmatrix} 2 & 5 \\ 1 & 3 \end{pmatrix}$$

Diese beschreibt eine Abbildung vom R^2 in den R^2. Durch A wird also jedem **Urbild** $x^T = (x_1, x_2) \in R^2$ ein **Bild** $y \in R^2$ zugeordnet.

$$y = Ax = \begin{pmatrix} 2 & 5 \\ 1 & 3 \end{pmatrix} \begin{pmatrix} x_1 \\ x_2 \end{pmatrix} = \begin{pmatrix} 2x_1 + 5x_2 \\ 1x_1 + 3x_2 \end{pmatrix} .$$

Dem Vektor $x = \begin{pmatrix} 1 \\ 1 \end{pmatrix}$ wird also demnach das Bild $y = \begin{pmatrix} 7 \\ 4 \end{pmatrix}$ zugeordnet.

Die Berechnung des Vektors y ist jetzt offensichtlich die nächste Aufgabe. Darüber hinaus laufen wirtschaftliche Probleme häufig auf die umgekehrte

2.1 Matrizen, Vektoren und Determinanten

Fragestellung hinaus: Zu einem gegebenen Vektor y ist für eine bekannte Matrix A ein Vektor x zu suchen, derart, daß
$$y = Ax$$
gilt. Dafür ist es naheliegend, dieses Gleichungssystem nach Lösungen zu untersuchen.

Beispiel 16: Für die Matrix A aus obigem Beispiel ist das Urbild von
$$y = \begin{pmatrix} 12 \\ 7 \end{pmatrix}$$
gesucht.

Aus $y = Ax$ ergibt sich
$$\begin{pmatrix} 12 \\ 7 \end{pmatrix} = \begin{pmatrix} 2x_1 + 5x_2 \\ 1x_1 + 3x_2 \end{pmatrix}$$
und daraus die beiden Gleichungen
$$2x_1 + 5x_2 = 12$$
$$x_1 + 3x_2 = 7 \ .$$

Sie haben die Lösung $x_1 = 1$ und $x_2 = 2$ bzw. vektoriell geschrieben
$$\begin{pmatrix} x_1 \\ x_2 \end{pmatrix} = \begin{pmatrix} 1 \\ 2 \end{pmatrix} \ .$$

Nach dieser einfachen Berechnung stellt sich die Frage, ob es eine Matrix A^{-1} gibt, die jedem Vektor y durch $x = A^{-1}y$ den entsprechenden Vektor x zuordnet.

Gibt es so eine Matrix A^{-1}, so folgt aus $y = A \cdot x$ durch Einsetzen die Gleichung $y = A \cdot A^{-1}y$, diese ist wiederum genau dann lösbar, wenn
$$A \cdot A^{-1} = \mathbf{E}$$
ist.

D.h. die Frage nach der **Umkehrbarkeit** der vorigen Problemstellung reduziert sich auf die Aufgabe, zu einer gegebenen Matrix A eine Matrix A^{-1} zu finden, sodaß
$$A \cdot A^{-1} = E$$
ist.

Im folgenden Beispiel werden wir versuchen, noch ohne einen Algorithmus für ein diesbezügliches Verfahren zu kennen, exemplarisch eine derartige Fragestellung zu lösen.

Beispiel 17:

Für $A^{-1} = \begin{pmatrix} a & b \\ c & d \end{pmatrix}$ folgt aus $A\,A^{-1} = E$ durch Auflösen der Gleichungen

die Matrix $A^{-1} = \begin{pmatrix} 3 & -5 \\ -1 & 2 \end{pmatrix}$. Als Probe berechnet man:

$$A \cdot A^{-1} = \begin{pmatrix} 2 & 5 \\ 1 & 3 \end{pmatrix} \cdot \begin{pmatrix} 3 & -5 \\ -1 & 2 \end{pmatrix} = \begin{pmatrix} 1 & 0 \\ 0 & 1 \end{pmatrix} = E$$

Das benützt man für die Definition 2.1.11. Zuvor sei aber noch darauf hingewiesen, daß diese Eindeutigkeit der Lösung keineswegs immer gegeben sein muß. Das wird in dem folgenden Beispiel 18 gezeigt werden.

Beispiel 18: Modifiziert man die in Beispiel 17 gegebene Matrix A in ihrem Element a_{12} folgendermaßen und bezeichnet die neue Matrix mit $B = \begin{pmatrix} 2 & 6 \\ 1 & 3 \end{pmatrix}$, so läßt sich für diese Matrix B keine eindeutige Lösung finden, unabhängig welchen Vektor y wir als Bild zuordnen. Genau diese Fragestellung werden wir im Kapitel 2.3 bei den Linearen Gleichungssystemen ausführlich behandeln.

Definition 2.1.11 Eine quadratische Matrix $A_{n,n}$ heißt **invertierbar (regulär bzw. nichtsingulär)**, wenn eine n×n - Matrix A^{-1} existiert, sodaß gilt:

$$A \cdot A^{-1} = A^{-1} \cdot A = E_{n \times n} \;.$$

A^{-1} heißt **inverse Matrix**. Eine Matrix, die nicht invertierbar ist, heißt **singuläre Matrix**.

Bemerkung: Die Inverse der Einheitsmatrix bleibt die Einheitsmatrix. Demnach gilt: $E^{-1} = E$.

Satz 2.1.12: Sind die jeweiligen Produkte definiert (Dimensionen beachten !) und existieren die Inversen, dann gelten die folgenden Rechenregeln:
(a) $(A^{-1})^{-1} = A$
(b) $(AB)^{-1} = B^{-1} \cdot A^{-1}$
(c) $(A^T)^{-1} = (A^{-1})^T$
(d) $(k \cdot A)^{-1} = \frac{1}{k} A^{-1}$

2.1 Matrizen, Vektoren und Determinanten

Ob die Inverse einer Matrix existiert, läßt sich mit Hilfe einer aus der Matrix zu berechnenden Zahl, der sogenannten Determinante, bestimmen.

Definition 2.1.13: Sei A eine $n \times n$ - Matrix, so ist die **Determinante von A** - Schreibweise det(A) oder $|A|$ - eine reelle Zahl, die wie folgt berechnet wird:
1. Ist $A = (a)$ eine 1×1 - Matrix, so ist $\det(A) = a$.
2. Ist $n \geq 2$, so wird die Determinante von A mit Hilfe der Determinanten bestimmter $(n-1) \times (n-1)$ - Teilmatrizen von A berechnet:

Bezeichnet D_{ij} diejenige $(n-1) \times (n-1)$ - Teilmatrix von A, die durch Streichen der i-ten Zeile und j-ten Spalte von A entsteht, so heißt die Determinante dieser Teilmatrix $\det(D_{ij})$ eine **(n-1)-reihige Unterdeterminante von A** und

$$d_{ij} = (-1)^{i+j} \det(D_{ij})$$

die **Adjunkte zum Element a_{ij}**, für $i = 1,\ldots,n$ und $j = 1,\ldots,n$.

Zu jedem Element der Matrix besteht demnach eine dazugehörige Teilmatrix, die durch Streichen der jeweiligen Zeile und Spalte entsteht, also eine Dimension kleiner ist als die Ausgangsmatrix.

Berechnet man davon die Determinante und versieht diese mit dem entsprechenden Vorzeichen, so erhält man die dazugehörige Adjunkte. Die Adjunkten finden zur Berechnung der inversen Matrizen Verwendung.

Die Determinante ist auf jede der folgenden Möglichkeiten zu berechnen:
(a)   Entwicklung nach der j-ten Spalte:

$$\det(A) = \sum_{k=1}^{n} a_{kj} d_{kj} \qquad \text{für beliebiges } j$$

(b)   Entwicklung nach der i-ten Zeile:

$$\det(A) = \sum_{k=1}^{n} a_{ik} d_{ik} \qquad \text{für beliebiges } i$$

Folgerung: Wann gibt es zu einer Zahl a (also auch zu einer 1×1 - Matrix) eine Zahl a^{-1}, sodaß

$$a^{-1} \cdot a = 1 \quad ?$$

Offensichtlich ist $a^{-1} = \dfrac{1}{a}$, was nur möglich ist, wenn $a \neq 0$, also wenn

$$\det(a) \neq 0.$$

Beispiel 19: Für die Dimension n = 2:

Geben sei die Matrix $A = \begin{pmatrix} a_{11} & a_{12} \\ a_{21} & a_{22} \end{pmatrix}$. Allgemein erhält man D_{11} durch Streichen der ersten Zeile und der ersten Spalte, also ist die Adjunkte zu a_{11} genau

$$(-1)^{1+1} \cdot a_{22} = a_{22}.$$

D_{12} entsteht durch Streichen der 1. Zeile und 2. Spalte.

$D_{12} = a_{21}$, also die Adjunkte ist $d_{12} = (-1)^{1+2} a_{21} = -a_{21}$.

Ebenso werden die übrigen Adjunkten $d_{21} = (-1)^{2+1} a_{12} = -a_{21}$

und $d_{22} = (-1)^{2+2} a_{11} = a_{11}$ berechnet.

Somit ergibt sich die Determinante nach der 1.Zeile entwickelt:

$$\det(A) = a_{11} d_{11} + a_{12} d_{12}$$

$$= a_{11} a_{22} - a_{12} a_{21}.$$

Entwickelt man nach der 2. Zeile oder nach einer Spalte, erhält man dasselbe Ergebnis.

Beispiel 20: Für $A = \begin{pmatrix} 2 & 1 \\ 3 & -1 \end{pmatrix}$ ergibt $\det(A) = 2 \cdot (-1) - 3 \cdot 1 = -5$.

Die Determinante von A ist (-5).

Beispiel 21: Wählen wir eine Matrix von der Dimension n=3.

Gegeben sei $A = \begin{pmatrix} a_{11} & a_{12} & a_{13} \\ a_{21} & a_{22} & a_{23} \\ a_{31} & a_{32} & a_{33} \end{pmatrix}$

Die Entwicklung nach der 1. Zeile beispielsweise führt zu:

$$\det(A) = a_{11} \begin{vmatrix} a_{22} & a_{23} \\ a_{32} & a_{33} \end{vmatrix} - a_{12} \begin{vmatrix} a_{21} & a_{23} \\ a_{31} & a_{33} \end{vmatrix} + a_{13} \begin{vmatrix} a_{21} & a_{22} \\ a_{31} & a_{32} \end{vmatrix} =$$

$a_{11}a_{22}a_{33} + a_{12} a_{23} a_{31} + a_{13} a_{21} a_{32} - a_{13} a_{22} a_{31} - a_{12} a_{21} a_{33} - a_{11} a_{23} a_{32}$.

2.1 Matrizen, Vektoren und Determinanten

Beispiel 22:

Für $A = \begin{pmatrix} 1 & 4 & 0 \\ 2 & 0 & 3 \\ 1 & 2 & 1 \end{pmatrix}$ ist $\det(A) = 1 \begin{vmatrix} 0 & 3 \\ 2 & 1 \end{vmatrix} - 4 \begin{vmatrix} 2 & 3 \\ 1 & 1 \end{vmatrix} + 0 \begin{vmatrix} 2 & 0 \\ 1 & 2 \end{vmatrix}$

$= -6 + 4 = -2$.

Für größere Determinanten ist demzufolge sukzessive nach Zeilen oder Spalten zu entwickeln, bis man schließlich zu Determinanten von 3×3 - Matrizen gelangt und diese nach obigem Schema berechnet.

Der Rechenaufwand wird verkleinert, wenn man die Entwicklung nach jener Zeile oder Spalte vornimmt, die möglichst viele Nullen enthält.

Bemerkung: Wie man sich leicht überlegen kann, gilt für eine Dreiecksmatrix und für Diagonal-Matrizen, daß die Determinante von A

$$\det(A) = a_{11} \cdot a_{22} \cdot \ldots \cdot a_{nn}$$

ist.

Entwickelt man beispielsweise eine untere Dreiecksmatrix A

$$A = \begin{pmatrix} a_{11} & 0 & \cdots & & 0 \\ a_{21} & a_{22} & & & \\ & & \ddots & & \vdots \\ & & & & 0 \\ a_{n1} & & & a_{n,n-1} & a_{nn} \end{pmatrix}$$

nach der 1.Zeile, so erhält man

$$\det(A) = a_{11} \begin{vmatrix} a_{22} & 0 & \cdots & 0 & 0 \\ a_{32} & a_{33} & & & \vdots \\ \vdots & & \ddots & & 0 \\ \vdots & & & & 0 \\ a_{n?} & & & a_{n,n-1} & a_{nn} \end{vmatrix} + 0 \begin{vmatrix} a_{21} & & & \\ & \ddots & & \\ & & & a_{nn} \end{vmatrix} + 0 \cdots =$$

$$= a_{11} \, a_{22} \ldots a_{nn} \, .$$

Mit den folgenden Eigenschaften kann man die Berechnung der Determinanten auf die Bestimmung der Determinanten von Dreiecksmatrizen zurückführen.

Satz 2.1.14 Wert der Determinante für bestimmte Arten von Matrizen

(a) Sind in einer Zeile oder einer Spalte von A alle Elemente gleich Null, so ist die Determinante dieser Matrix
$$\det(A) = 0.$$

(b) Sind zwei Zeilen oder Spalten der Matrix A gleich, so ist
$$\det(A) = 0.$$

(c) Ist A eine Dreiecksmatrix, so gilt
$$\det(A) = a_{11} \cdot a_{22} \cdots a_{nn} = \prod_{i=1}^{n} a_{ii}.$$

Satz 2.1.15 Eigenschaften der Determinante det(A)

Bestimmte Operationen können an der Matrix durchgeführt werden, **ohne** daß sich der Wert der Determinante ändert:

(a) Addiert man zur k-ten Zeile (Spalte) ein Vielfaches einer anderen Zeile (Spalte), so bleibt die Determinante der neuen Matrix A' unverändert, also
$$\det(A') = \det(A).$$

Werden jedoch bestimmte Operationen an der Matrix durchgeführt, die die Matrix verändern, so **verändert** sich auch der Wert der Determinante:

(b) Multipliziert man eine Zeile oder Spalte von A mit einer reellen Zahl k, so gilt für die neue Matrix A', daß der Wert der Determinante der neuen Matrix A'
$$\det(A') = k \cdot \det(A).$$

(c) Vertauscht man zwei Zeilen oder zwei Spalten, so ändert die Determinante ihr Vorzeichen.

Dieser Satz bietet die Möglichkeit, auch die Determinanten von Matrizen großer Dimension leicht zu berechnen:
Man formt die Matrix A, **ohne** den Wert der Determinante zu ändern, derart um, daß man auf eine Dreiecksmatrix gelangt.
Ihre Determinante ist gerade das Produkt der Diagonalelemente.

Beispiel 23:
Determinantenberechnung durch Umformen auf eine Dreiecksmatrix:

$\begin{vmatrix} -1 & 1 & 2 \\ -3 & 4 & 9 \\ 1 & -1 & 5 \end{vmatrix}$ = (zur dritten Zeile die erste addieren) =

$\begin{vmatrix} -1 & 1 & 2 \\ -3 & 4 & 9 \\ 0 & 0 & 7 \end{vmatrix}$ = (von der zweiten Zeile das Dreifache der ersten abziehen) =

$\begin{vmatrix} -1 & 1 & 2 \\ 0 & 1 & 3 \\ 0 & 0 & 7 \end{vmatrix}$ = $(-1) \cdot (1) \cdot (7) = -7$.

Auf der Basis der Sätze 2.1.14 und 2.1.15 beruht eine Berechnungsvorschrift für die Inverse Matrix A^{-1}.
Jede Matrix mit einer Determinante ungleich Null ist invertierbar.

Die Berechnung mit Hilfe der Adjunkten wird aber an dieser Stelle nicht weiter verfolgt, weil der Rechen- bzw. Schreibaufwand relativ groß ist.

Wir werden im Kapitel 2.2. die mehrfach verwendbare elementar Basistransformation (BT) einführen und danach im Kapitel 2.3 die Inverse einer Matrix damit berechnen.

Satz 2.1.16: Für die Determinante des Produktes zweier Matrizen - falls dieses erklärt ist - gilt:

$$\det(AB) = \det(A) \cdot \det(B) .$$

Für bestimmte Funktionen von n Veränderlichen benötigt man die folgende Definition (vgl. Kapitel 5.1).

Definition 2.1.17: Sei C eine n × n - Matrix. Dann heißt

$$D_m(C) = \det \begin{bmatrix} c_{11}, & \cdots & c_{1m} \\ \vdots & & \vdots \\ c_{m1}, & \cdots & c_{mm} \end{bmatrix}$$

m-te Hauptabschnittsdeterminante von C. (Für $1 \leq m \leq n$)

Beispiel 24:
Gegeben sei die Matrix C

$$C = \begin{bmatrix} 1 & 3 & 2 \\ 1 & 0 & 0 \\ 0 & 0 & 2 \end{bmatrix} ;$$

die dazugehörigen Hauptabschnittsdeterminanten sind :

$$D_1 = 1 ;$$

$$D_2 = \begin{vmatrix} 1 & 3 \\ 1 & 0 \end{vmatrix} = -3 ;$$

$$D_3 = |C| = -6 .$$

Die Berechnung von Hauptabschnittsdeterminanten wird im Kapitel über Funktionen mehrerer Veränderlicher (Kapitel 5), insbesonders bei der Untersuchung der jeweiligen Eigenschaften (Kap. 5.1) wieder aufgegriffen werden.

2.2 Linearkombinationen und Basis

Häufig ist es bei ökonomischen Fragestellungen notwendig, eine Summe von reellen Vielfachen verschiedener Vektoren zu bilden. Das Ergebnis einer solchen Rechenoperation nennt man eine Linearkombination dieser Vektoren. Interessiert uns beispielsweise der gesamte Rohstoffbedarf für 100 Bücherregale von Beispiel 1 aus Kapitel 2.1, so erhält man ihn als die Summe des hundertfachen Rohstoffbedarfs für Regalfächer und Steher. Dies nennt man eine Linearkombination der Rohstoffbedarfsvektoren.

Definition 2.2.1 Gegeben seien die m-dimensionalen Vektoren b_1, b_2, ..., b_n des R^m und weiters beliebige reelle Zahlen λ_1, λ_2, ..., λ_n, dann heißt der Vektor

$$b = \sum_{i=1}^{n} \lambda_i b_i = \lambda_1 b_1 + \lambda_2 b_2 + \cdots + \lambda_n b_n$$

eine **Linearkombination der Vektoren** b_1, b_2,..., b_n. Diese Linearkombination ist wieder ein Vektor des R^m.
Falls sämtliche $\lambda_i \geq 0$ sind, spricht man von einer **nichtnegativen Linearkombination**.

Gilt zusätzlich $\sum_{i=1}^{n} \lambda_i = 1$, so nennt man dies eine **konvexe Linearkombination**.

Beispiel 1: Für die Vektoren $b_1 = \begin{pmatrix} 3 \\ 2 \end{pmatrix}$, $b_2 = \begin{pmatrix} 4 \\ 1 \end{pmatrix}$, $b_3 = \begin{pmatrix} 2 \\ -1 \end{pmatrix}$

ist $2b_1 - b_2 + 7b_3 = 2\begin{pmatrix} 3 \\ 2 \end{pmatrix} - 1\begin{pmatrix} 4 \\ 1 \end{pmatrix} + 7\begin{pmatrix} 2 \\ -1 \end{pmatrix} = \begin{pmatrix} 2\cdot 3 - 1\cdot 4 + 7\cdot 2 \\ 2\cdot 2 - 1\cdot 1 + 7\cdot(-1) \end{pmatrix} = \begin{pmatrix} 16 \\ -4 \end{pmatrix}$

die Linearkombination mit $\lambda_1 = 2$, $\lambda_2 = -1$, $\lambda_3 = 7$.

Weiters ist beispielsweise $0.2 b_1 + 0.5 b_2 + 0.3 b_3 = \begin{pmatrix} 3.2 \\ 0.6 \end{pmatrix}$ eine nichtnegative Linearkombination, und darüberhinaus - wegen $0.2 + 0.5 + 0.3 = 1$ - eine konvexe Linearkombination.

Linearkombinationen, die man aus zweidimensionalen Vektoren erhält, lassen sich graphisch in der Ebene darstellen. Wählt man beispielsweise die Linearkombination $1/2\, b_1 + 3\, b_3$, so kommt man zu folgender Skizze aus Abbildung 1. Die Punkte der Geraden entsprechen der Linearkombination $\lambda_1 b_1 + \lambda_2 b_3$ für $\lambda_1 = 1/2$ und $\lambda_2 = 3$.

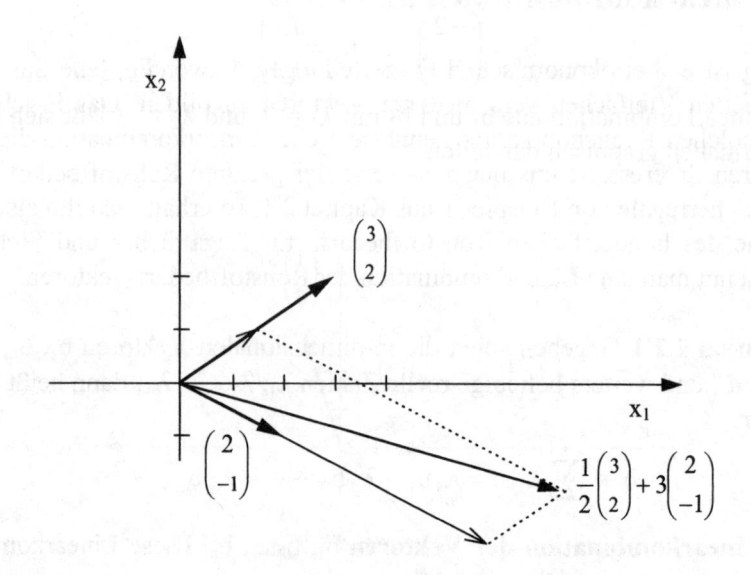

Abbildung 1: Graphische Darstellung einer Linearkombination im R^2

Jeder Punkt der Ebene ist durch je zwei der drei Vektoren des Beispiels 1 als Linearkombination eindeutig darstellbar. Dazu sagt man, daß der dem Punkt entsprechende Vektor linear abhängig ist von den beiden anderen Vektoren. In diesem Sinn ist **jeder** beliebige Vektor des R^2 von den beiden gegebenen Vektoren b_1 und b_3 linear abhängig, ebenso von b_1 und b_2 oder von b_2 und b_3.

Beispiel 2: Gegeben seien die beiden Einheitsvektoren e_1 und e_2 des R^2. Dann ergibt deren Linearkombination mit $\lambda_1 = 2$, und $\lambda_2 = -3$ den Vektor

$$c = 2\begin{pmatrix}1\\0\end{pmatrix} - 3\begin{pmatrix}0\\1\end{pmatrix} = \begin{pmatrix}2\\-3\end{pmatrix} .$$

Offensichtlich sind die λ_i genau die Komponenten des Vektors c. Jeder Punkt des R^2 läßt sich als Linearkombination der beiden Vektoren e_1 und e_2 darstellen.

Man sagt, diese beiden Vektoren "spannen die ganze Ebene R^2 auf" oder "sie bilden eine Basis des R^2 " (vgl. Definition 2.2.3).

2.2 Linearkombinationen und Basis

Beispiel 3: Betrachtet man zwei Vektoren des R^2:

$$b_1 = \begin{pmatrix} -2 \\ 1 \end{pmatrix}, \quad b_2 = \begin{pmatrix} 1 \\ 3 \end{pmatrix}.$$

Die Linearkombination aus b_1 und b_2 mit $\lambda_1 = 2$, und $\lambda_2 = -3$ läßt sich folgendermaßen graphisch darstellen:

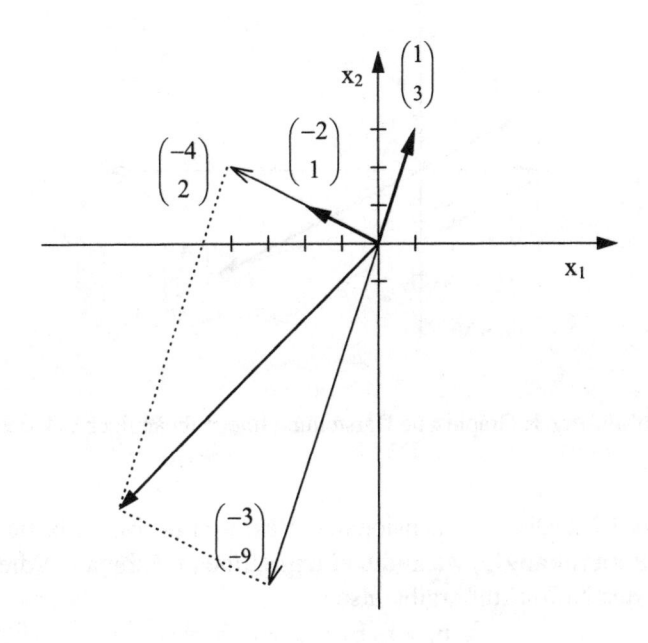

Abbildung 2: Graphische Darstellung einer Linearkombination im R^2

Offensichtlich läßt sich in Beispiel 3 jeder beliebige Vektor der Ebene R^2 eindeutig als Linearkombination von b_1 und b_2 darstellen. Man muß dazu die Vektoren b_1 und b_2 bzw. deren Trägergeraden als Achsen eines - hier schiefwinkeligen - Koordinatensystems betrachten. In diesem Sinn spannen auch b_1 und b_2 den ganzen R^2 auf.

Beispiel 4: Betrachtet man nun die beiden Vektoren

$$b_1 = \begin{pmatrix} 4 \\ -2 \end{pmatrix} \quad \text{und} \quad b_2 = \begin{pmatrix} 2 \\ 1 \end{pmatrix}, \quad \text{so ist } b_1 = -2b_2.$$

Aus der Graphik ist leicht ersichtlich, daß jede Linearkombination dieser Vektoren immer nur einen Vektor ergibt, der ein Vielfaches von b_1 (bzw. von b_2) ist. Diese Vektoren "spannen **nicht** die ganze Ebene auf."

Nicht jeder Punkt des R^2 ist als Linearkombination der beiden Vektoren darstellbar. Man sagt auch, die beiden Vektoren sind voneinander "linear abhängig".

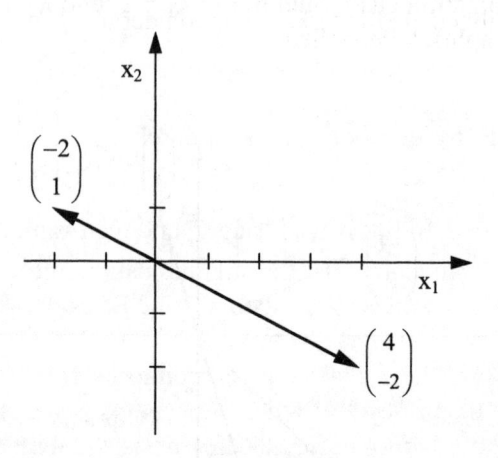

Abbildung 3: Graphische Darstellung linear abhängiger Vektoren

Definition 2.2.2 Die m-dimensionalen Vektoren b_1, b_2, ..., b_n des R^m heißen **linear unabhängig**, wenn die **einzige** Linearkombination dieser Vektoren, die den Nullvektor ergibt, also
$$\lambda_1 b_1 + \lambda_2 b_2 + ... + \lambda_n b_n = 0$$
genau diejenige (triviale) ist, bei der alle $\lambda_i = 0$ sind. Andernfalls heißen die Vektoren b_1, b_2,...,b_n **linear abhängig**.

Beispiel 5: Gegeben seien drei 3-dimensionale Vektoren
$$b_1 = \begin{pmatrix} 1 \\ 3 \\ 1 \end{pmatrix} \quad b_2 = \begin{pmatrix} 0 \\ 1 \\ 1 \end{pmatrix} \quad b_3 = \begin{pmatrix} 1 \\ 5 \\ 3 \end{pmatrix}$$
Hier ist offensichtlich folgende Gleichung gültig:
$$1 \cdot \begin{pmatrix} 1 \\ 3 \\ 1 \end{pmatrix} + 2 \cdot \begin{pmatrix} 0 \\ 1 \\ 1 \end{pmatrix} - 1 \cdot \begin{pmatrix} 1 \\ 5 \\ 3 \end{pmatrix} = \begin{pmatrix} 0 \\ 0 \\ 0 \end{pmatrix},$$
d.h. diese Vektoren sind voneinander linear abhängig. Jeder dieser Vektoren kann als Linearkombination der beiden anderen geschrieben werden. Aus $b_1 + 2b_2 - b_3 = 0$ ergibt sich nämlich:

2.2 Linearkombinationen und Basis

$b_1 = b_3 - 2b_2$ bzw. $b_2 = \frac{1}{2}b_3 - \frac{1}{2}b_1$ bzw. $b_3 = b_1 + 2b_2$.

Bemerkung: Die Vektoren $b_1,\ldots, b_n$ sind linear abhängig, wenn sich (irgend)einer von ihnen als Linearkombination der übrigen darstellen läßt.

Ändert man in Beispiel 5 den Vektor b_3 durch $\overline{b}_3 = \begin{pmatrix} 1 \\ 2 \\ 3 \end{pmatrix}$, so sind die drei Vektoren b_1, b_2 und $\overline{b}_3$ linear unabhängig, und man kann jeden dreidimensionalen Vektor eindeutig als Linearkombination dieser drei Vektoren darstellen. Man nennt diese drei Vektoren eine Basis des R^3.

Definition 2.2.3 m linear unabhängige m-dimensionale Vektoren b_1, b_2,..., b_m heißen eine **Basis des R^m**. Jeder dieser Vektoren heißt **Basisvektor**, jeder andere Vektor heißt - bezüglich dieser Basis - **Nichtbasisvektor**.

Folgerung 2.2.4: Die m verschiedenen m-dimensionalen Einheitsvektoren $e_1, e_2, \ldots, e_m$ bilden eine Basis des R^m.

Beispiel 6: Für die drei 3-dimensionalen Einheitsvektoren

$$e_1 = \begin{pmatrix} 1 \\ 0 \\ 0 \end{pmatrix} \qquad e_2 = \begin{pmatrix} 0 \\ 1 \\ 0 \end{pmatrix} \qquad e_3 = \begin{pmatrix} 0 \\ 0 \\ 1 \end{pmatrix}$$

läßt sich leicht die lineare Unabhängigkeit zeigen, indem man nachweist, daß sich **keiner** der drei Einheitsvektoren durch eine Linearkombination der beiden anderen Einheitsvektoren darstellen läßt.

Beispiel 7: Auch die folgenden drei Vektoren b_1, b_2, b_3 des R^3 bilden eine Basis des R^3:

$$b_1 = \begin{pmatrix} 1 \\ 0 \\ 0 \end{pmatrix} \quad , \quad b_2 = \begin{pmatrix} 0 \\ 1 \\ 2 \end{pmatrix} \quad , \quad b_3 = \begin{pmatrix} 1 \\ 0 \\ 1 \end{pmatrix} \quad .$$

Eine Zeichnung könnte deutlich machen, daß diese Vektoren "nicht in einer Ebene liegen".

Rechnerisch zeigt man die Unabhängigkeit, indem man die Gleichung löst:

$$\lambda_1 \begin{pmatrix} 1 \\ 0 \\ 0 \end{pmatrix} + \lambda_2 \begin{pmatrix} 0 \\ 1 \\ 2 \end{pmatrix} + \lambda_3 \begin{pmatrix} 1 \\ 0 \\ 1 \end{pmatrix} = \begin{pmatrix} 0 \\ 0 \\ 0 \end{pmatrix} \Leftrightarrow$$

$$1\lambda_1 + 0\lambda_2 + 1\lambda_3 = 0$$
$$0\lambda_1 + 1\lambda_2 + 0\lambda_3 = 0$$
$$0\lambda_1 + 2\lambda_2 + 1\lambda_3 = 0$$

Die einzige Lösung lautet $\lambda_1 = \lambda_2 = \lambda_3 = 0$, womit die Unabhängigkeit gezeigt ist.

Zur Bestimmung der Koordinaten $\bar{c}_1, \bar{c}_2, \bar{c}_3$ des Vektors $c^T = (1, 2, 4)$ bezüglich der Basis b_1, b_2, b_3 ist folgende Gleichung

$$\bar{c}_1 \begin{pmatrix} 1 \\ 0 \\ 0 \end{pmatrix} + \bar{c}_2 \begin{pmatrix} 0 \\ 1 \\ 2 \end{pmatrix} + \bar{c}_3 \begin{pmatrix} 1 \\ 0 \\ 1 \end{pmatrix} = \begin{pmatrix} 1 \\ 2 \\ 4 \end{pmatrix}$$

nach den Variablen $\bar{c}_j$ zu lösen.

Man erhält als Lösung $\bar{c}_1 = 1$, $\bar{c}_2 = 2$, $\bar{c}_3 = 0$ die drei Koordinaten des Vektors c bezüglich der Basis b_1, b_2, b_3.

Bemerkung: Jeder Vektor $c \in R^m$ ist durch seine Koordinaten $c_1, \ldots, c_m$ eindeutig als Linearkombination der speziellen Basis der Einheitsvektoren $e_1, \ldots, e_m$ gegeben:

$$c = c_1 e_1 + c_2 e_2 + \ldots + c_m e_m .$$

Man nennt die Zahlen $c_1, \ldots, c_m$ Koordinaten von c und meint damit genauer gesagt, die **Koordinaten von c bezüglich der Basis der Einheitsvektoren** $e_1, \ldots, e_m$. Der Vektor c kann aber auch durch seine Koordinaten bezüglich einer anderen Basis eindeutig angegeben werden.

Beispiel 8: Der Vektor $c^T = (1, 2, 4)$ ist durch $c = 1e_1 + 2e_2 + 4e_3$ d.h. durch die Linearkombination

$$c = \begin{pmatrix} 1 \\ 0 \\ 0 \end{pmatrix} + 2 \begin{pmatrix} 0 \\ 1 \\ 0 \end{pmatrix} + 4 \begin{pmatrix} 0 \\ 0 \\ 1 \end{pmatrix}$$

gegeben. Die Koordinaten von c bezüglich der Basis b_1, b_2, b_3 von Bsp.7 sind dann gegeben durch: $c = \bar{c}_1 b_1 + \bar{c}_2 b_2 + \bar{c}_3 b_3$ oder

2.2 Linearkombinationen und Basis

$$c = +1 \begin{pmatrix} 1 \\ 0 \\ 0 \end{pmatrix} + 2 \begin{pmatrix} 0 \\ 1 \\ 2 \end{pmatrix} + 0 \begin{pmatrix} 1 \\ 0 \\ 1 \end{pmatrix} = \begin{pmatrix} 1 \\ 2 \\ 4 \end{pmatrix} \quad .$$

Allgemein gilt:

Satz 2.2.5 Ist $b_1, \ldots, b_m$ eine Basis des R^m, so ist jeder Vektor $c \in R^m$ eindeutig als Linearkombination

$$c = \sum_{i=1}^{m} \overline{c}_i b_i$$

der Basisvektoren $b_1, \ldots, b_m$ darstellbar. Die $\overline{c}_i$ heißen Koordinaten von c bezüglich dieser Basis.

Bemerkung: Die Berechnung der Koordinaten eines Vektors bezüglich einer neuen Basis nennt man **Basistransformation**.
Unterscheidet sich die neue Basis von der alten nur in **einem** Vektor, so spricht man von **elementarer Basistransformation**.
Unser Ziel wird darin bestehen, den Übergang von einer Basis zur anderen zu berechnen.

Satz 2.2.6 Sei $b_1, \ldots, b_m$ eine Basis des R^m und sei a ein m-dimensionaler Vektor, gegeben durch

$$a = \sum_{i=1}^{m} \overline{a}_i b_i \quad .$$

Ist $\overline{a}_j \neq 0$, so ist auch $b_1, \ldots, b_{j-1}, a, b_{j+1}, \ldots, b_m$ eine Basis des R^m.

Wieder enthält die neue Basis genau m linear unabhängige Vektoren. Die neue Basis unterscheidet sich von der alten Basis durch den Austausch von b_j mit dem Vektor a. (Bedingung: a kann mit jedem Vektor der Basis ausgetauscht werden, sofern die notwendige Bedingung für den Austausch erfüllt ist, daß nämlich die ausgewählte Koordinate $\overline{a}_j$ von a (bzgl. b_j) ungleich Null ist.

2.3 Lineare Gleichungssysteme (LGS)

In ökonomischen Fragestellungen ergibt sich häufig die Notwendigkeit, ein System linearer Gleichungen zu lösen. So stellt sich etwa die Frage, ob beispielsweise die vorhandenen Rohstoffmengen an Holzspänen im Umfang von 30 m^3 und von 250 l Leim von Beispiel 1 und Beispiel 9 aus Kapitel 2.1 für die Erzeugung von 100 Bücherregalen ausreichen. Die Gleichungen können folgendermaßen aufgestellt werden:

$$0.1 \, x_1 + 0.2 \, x_2 = 30$$
$$1.5 \, x_1 + 1.0 \, x_2 = 250$$

wobei x_1 für die Anzahl der Regalfächer und x_2 für die Anzahl der Steher verwendet werden. Wie man leicht nachrechnet, lassen sich diese beiden Gleichungen mit den Variablen x_1 und x_2 eindeutig lösen.

$$\begin{pmatrix} x_1 \\ x_2 \end{pmatrix} = \begin{pmatrix} 100 \\ 100 \end{pmatrix}.$$

Im folgenden werden nun mit Hilfe von Matrizen und Vektoren lineare Gleichungssysteme allgemein charakterisiert, und das Lösungsverfahren wird mit Hilfe der Basistransformation angegeben.

Definition 2.3.1 Sei A eine m × n - Matrix, und b ein m-dimensionaler Vektor, so heißt die Gleichung

$$\mathbf{Ax = b}$$

ein **lineares Gleichungssystem (LGS)** mit n Variablen $x_1, x_2, \ldots, x_n$ und mit m Gleichungen. Ein Vektor $\overline{x}^T = (\overline{x}_1, \overline{x}_2, \ldots, \overline{x}_n)$ heißt Lösung dieses Gleichungssystems, wenn

$$\mathbf{A\overline{x} = b}$$

gilt.

Unterschiedliche Schreibweisen für LGS:

(a) Die **übliche Schreibweise** eines LGS ist folgende:

$$a_{11}x_1 + a_{12}x_2 + \ldots + a_{1n}x_n = b_1$$
$$a_{21}x_1 + a_{22}x_2 + \ldots + a_{2n}x_n = b_2$$
$$\vdots \quad\quad \vdots \quad\quad\quad\quad \vdots \quad\quad \vdots$$
$$a_{m1}x_1 + a_{m2}x_2 + \ldots + a_{mn}x_n = b_m \ .$$

(b) Das LGS in **Vektorenschreibweise** mit den Spaltenvektoren a^i von A (mit i =1,...,n)

$$a^1 x_1 + a^2 x_2 + \ldots + a^n x_n = b \ .$$

bzw. dieses ausführlicher:

2.3 Lineare Gleichungssysteme

(c)
$$\begin{pmatrix} a_{11} \\ a_{21} \\ \vdots \\ a_{m1} \end{pmatrix} x_1 + \begin{pmatrix} a_{12} \\ a_{22} \\ \vdots \\ a_{m2} \end{pmatrix} x_2 + \cdots + \begin{pmatrix} a_{1n} \\ a_{2n} \\ \vdots \\ a_{mn} \end{pmatrix} x_n = b.$$

(d) Die in Definition 2.3.1 gegebene Form heißt **Matrizenschreibweise**.

An den Schreibweisen (b) und (c) für LGS erkennt man deutlich, daß die Suche nach der Lösung eines LGS gleichbedeutend damit ist, daß man eine derartige Linearkombination (vgl. Def. 2.2.1) der Spaltenvektoren a^i der Matrix A findet, die genau den Vektor b ergibt. Offensichtlich sind LGS dann lösbar, wenn der Vektor b von den Spaltenvektoren a^i linear abhängig ist (mit i =1,...,n).

Daher interessiert bei einer Matrix die Anzahl ihrer linear unabhängigen Vektoren. Das führt zur nächsten Definition.

Definition 2.3.2 Sei A eine m × n - Matrix. Dann heißt die größte Anzahl linear unabhängiger Spaltenvektoren von A der **Rang von A**, geschrieben r(A).

Beispiel 1: Gegeben sei die Matrix A
$$A = \begin{pmatrix} 1 & 0 & 1 \\ 3 & 1 & 4 \\ 2 & 1 & 3 \end{pmatrix}$$

Ihr Rang r(A) = 2, denn die dritte Spalte ist offensichtlich die Summe der beiden anderen, was man in diesem Fall leicht sehen kann. Die ersten beiden Spalten von A sind voneinander linear unabhängig.

Ein allgemeines Verfahren zur Rangbestimmung mit Hilfe der Basistransformation wird in Satz 2.3.4 vorgestellt werden.

Bemerkung: r(A) ist zugleich die größte Anzahl linear unabhängiger Zeilenvektoren von A. Es gilt r(A) ≤ min{m, n}.

Bemerkung: Falls **r(A) = r** gilt, und der Rang der Matrix (A, b), das ist die Matrix A, die um die rechte Seite b erweitert wurde, also r(A,b) auch wiederum genau r ist, dann ist offensichtlich, daß der Vektor b von den Spaltenvektoren a^i der Matrix A **linear abhängig** ist, und somit das **LGS lösbar** ist.

Beispiel 2: Gegeben seien die Koeffizientenmatrix A und der Vektor b

$$A = \begin{pmatrix} 1 & 3 \\ 2 & 0 \end{pmatrix} \quad b = \begin{pmatrix} 5 \\ 4 \end{pmatrix},$$

dann kann das Gleichungssystem folgendermaßen geschrieben werden:

(1) $x_1 + 3x_2 = 5$
(2) $2x_1 + 0x_2 = 4$ oder $\begin{pmatrix} 1 \\ 2 \end{pmatrix} x_1 + \begin{pmatrix} 3 \\ 0 \end{pmatrix} x_2 = \begin{pmatrix} 5 \\ 4 \end{pmatrix}$.

Die **einzige Lösung** ist $x_1 = 2$ und $x_2 = 1$, oder $\overline{x} = \begin{pmatrix} 2 \\ 1 \end{pmatrix}$.

Der Vektor b der rechten Seite ist linear abhängig von a^1 und a^2. Diese sind jedoch von einander linear unabhängig: r(A) = 2, und der Rang der um die b-Spalte erweiterten Matrix r(A,b) ist ebenfalls zwei.

Beispiel 3: Ersetzt man in Beispiel 2 die Matrix A durch die folgende Matrix $A = \begin{pmatrix} 1 & 3 \\ 2 & 6 \end{pmatrix}$

so ergibt sich das LGS: $\begin{pmatrix} 1 \\ 2 \end{pmatrix} x_1 + \begin{pmatrix} 3 \\ 6 \end{pmatrix} x_2 = \begin{pmatrix} 5 \\ 4 \end{pmatrix}$

oder anders geschrieben $\begin{matrix} 1x_1 + 3x_2 = 5 \\ 2x_1 + 6x_2 = 4 \end{matrix} \Leftrightarrow \begin{matrix} x_1 + 3x_2 = 5 \\ x_1 + 3x_2 = 2 \end{matrix}$

In diesem Fall widersprechen die beiden Gleichungen einander. Demnach existiert hier **keine Lösung**, weil b nicht von a^1 und a^2 linear abhängig ist. Es ist aber a^2 linear abhängig (ein Vielfaches) von a^1.
D.h. für den Rang der Matrix A gilt: r(A) = 1; aber für den Rang der erweiterten Matrix hingegen gilt: r(A,b) = 2.

Beispiel 4: Gegeben seien die Matrix A aus Beispiel 3 und der Vektor der rechten Seite nun folgendermaßen: $b = \begin{pmatrix} 2 \\ 4 \end{pmatrix}$,

dann lautet das LGS folgendermaßen:

$$\begin{pmatrix} 1 \\ 2 \end{pmatrix} x_1 + \begin{pmatrix} 3 \\ 6 \end{pmatrix} x_2 = \begin{pmatrix} 2 \\ 4 \end{pmatrix} \quad \text{oder} \quad \begin{matrix} x_1 + 3x_2 = 2 \\ 2x_1 + 6x_2 = 4 \end{matrix}.$$

Offensichtlich gibt es hier **unendlich viele Lösungen**, man setzt beispielsweise die Variable $x_2 = y$ und $x_1 = 2 - 3y$ für beliebiges $y \in \mathbf{R}$.

2.3 Lineare Gleichungssysteme

Der Vektor $\begin{pmatrix} 2-3y \\ y \end{pmatrix}$ mit beliebigem $y \in \mathbf{R}$ ist Lösung des Gleichungssystems. Hier ist $r(A) = r(A,b) = 1$. Die zweite Gleichung des LGS ist nur eine Umformung (nämlich das Doppelte) der ersten Gleichung !

Satz 2.3.3 Sei A eine $m \times n$ -Matrix und b der m-dimensionale Vektor der rechten Seite. Das LGS $Ax = b$ ist genau dann lösbar, wenn
$$r(A) = r(A,b) \,.$$

Gilt außerdem:
(a) $r(A) = n$.
  Dann ist die Lösung **eindeutig**, d.h. es gibt genau **eine** Lösung.
(b) $r(A) < n$.
  Dann gibt es **unendlich viele** Lösungen.

Um lineare Gleichungssysteme zu lösen, aber auch zur Bestimmung des Ranges einer Matrix und zur Berechnung der inversen Matrix brauchen wir das Rechenschema der elementaren Basistransformation, auf das im folgenden eingegangen wird.

Satz 2.3.4 Elementare Basistransformation
Gegeben sei A eine $m \times n$ - Matrix und b ein m-dimensionaler Vektor. Dann können die folgenden drei Probleme

A **Bestimmung des Rangs der Matrix A,**
B **Berechnung der Inversen der Matrix A und**
C **Lösung des LGS $Ax = b$**

mit dem im folgenden beschriebenen Verfahren der elementaren Basistransformation gelöst werden. Dieses Verfahren beruht auf dem nach C.F.Gauß benannten Algorithmus.

Die Spaltenvektoren werden hier (sowie in Kapitel 6) **oben** indiziert, für die Einheitsvektoren bleibt überall die einheitliche Indizierung **unten** erhalten, unabhängig davon, ob es sich um Spalten- oder Zeilenvektoren handelt.

Im **Anfangstableau** werden die Koordinaten der Spaltenvektoren a^j von A und die Koordinaten der Einheitsvektoren e_j sowie des Vektors b bezüglich der Einheitsvektoren $e_1, \ldots, e_m$ folgendermaßen dargestellt:

Basis	a^1	$\cdots$	a^j	$\cdots$	a^n	e_1	$\cdots$	e_i	$\cdots$	e_m	b
e_1	a_{11}	$\cdots$	a_{1j}	$\cdots$	a_{1n}	1	0	0	$\cdots$	0	b_1
e_2	a_{21}	$\ddots$	a_{2j}	$\ddots$	a_{2n}	0	1	0	$\ddots$	$\vdots$	b_2
$\vdots$	$\vdots$		$\vdots$		$\vdots$	$\vdots$	$\cdots$	0	$\cdots$	$\vdots$	$\vdots$
e_i	a_{i1}	$\cdots$	a_{ij}	$\cdots$	a_{in}	0	$\cdots$	1	$\cdots$	$\vdots$	b_i
$\vdots$	$\vdots$	$\ddots$	$\vdots$	$\ddots$	$\vdots$	$\vdots$	$\ddots$	0	$\ddots$	0	$\vdots$
e_m	a_{m1}	$\cdots$	a_{mj}	$\cdots$	a_{mn}	0	$\cdots$	0	0	1	b_m

D.h. in einer Spalte stehen die Koordinaten des über der Spalte angegebenen Vektors bezüglich der Basisvektoren, die in der ersten Spalte (Basis) angegeben sind.

Nun wird als elementarer Basisaustausch a^j an Stelle von e_i in der Basis aufgenommen, wobei der Tausch offensichtlich nur möglich ist, wenn das ausgewählte Element $a_{ij} \neq 0$.

Das zweite Tableau lautet:

Basis	a^1	$\cdots$	a^j	$\cdots$	a^n	e_1	$\cdots$	e_i	$\cdots$	e_m	b
e_1	$\bar{a}_{11}$	$\cdots$	$\bar{a}_{1j}$	$\cdots$	$\bar{a}_{1n}$	1	0	$\bar{e}_{1i}$	$\cdots$	0	$\bar{b}_1$
e_2	$\bar{a}_{21}$	$\ddots$	$\bar{a}_{2j}$	$\ddots$	$\bar{a}_{2n}$	0	1	$\bar{e}_{2i}$	$\ddots$	$\vdots$	$\bar{b}_2$
$\vdots$	$\vdots$		$\vdots$		$\vdots$	$\vdots$	$\cdots$		$\cdots$	$\vdots$	$\vdots$
a^j	$\bar{a}_{i1}$	$\cdots$	1	$\cdots$	$\bar{a}_{in}$	0	$\cdots$	$\dfrac{1}{a_{ij}}$	$\cdots$	$\vdots$	$\bar{b}_i$
$\vdots$	$\vdots$	$\ddots$	$\vdots$	$\ddots$	$\vdots$	$\vdots$	$\ddots$		$\ddots$	0	$\vdots$
e_m	$\bar{a}_{m1}$	$\cdots$	$\bar{a}_{mj}$	$\cdots$	$\bar{a}_{mn}$	0	$\cdots$	$\bar{e}_{mi}$	0	1	$\bar{b}_m$

Die Berechnung des neuen Schemas wird nun im Detail vorgestellt, wobei i und j fix sind, während k der Laufindex für die übrigen Zeilen und l der Laufindex für die übrigen Spalten ist. (Der Buchstabe l ist oft nur durch genaues Hinsehen von der Zahl 1 unterscheidbar.)

Die neuen Elemente der (beliebig) **ausgewählten Zeile** einschließlich der Einheitsmatrix und der b-Spalte sind: $\bar{a}_{il} = \dfrac{a_{il}}{a_{ij}}$,

also die neue i-te Zeile ist das $\dfrac{1}{a_{ij}}$ -fache der **alten** i-ten Zeile.

2.3 Lineare Gleichungssysteme

Die neuen Elemente der **übrigen Zeilen** einschließlich der Einheitsmatrix und des b-Vektors sind:

$$\bar{a}_{kl} = a_{kl} - a_{kj} \cdot \bar{a}_{il},$$

also eine neue k-te Zeile ist der Wert der **alten** k-ten Zeile minus dem a_{kj}-fachen der **neuen** i-ten Zeile. Damit ist die B.T. durchgeführt.
Dadurch ergeben sich in allen übrigen Zeilen in der j-ten Spalte Nullen.

Je nach Fragestellung benötigt man jedoch nur **Teile dieses Schemas**.

Zur Rechenvereinfachung suche man vorerst für die Basistransformation (B.T.) jene Elemente a_{ij}, die **Eins** sind, dann ist die ausgewählte Zeile des neuen Tableaus ident mit der Zeile des alten Tableaus. Falls keine Eins vorhanden ist, wähle man ein möglichst kleines, **ganzzahliges** Element.

Beispiel 5: Übergang von einem Tableau der Basistransformation zum nächsten:

Basis	a^1	a^2	a^3
e_1	6	2	0	←ausgewählte Zeile für 1.B.T.
e_2	3	7	0
a^3	9	0	1

ausgewählte Spalte für 1.B.T.

Berechnungen des ersten Austausch-Schrittes in der B.T.:
Das ausgewählte Element $a_{ij} = a_{12} = 2$.

Die neue erste Zeile ist das $\dfrac{1}{2}$-fache der alten ersten Zeile:

also: $\bar{a}_{1l} = \dfrac{a_{1l}}{2}$ für l = 1,2,3.

Die übrigen Zeilen werden folgendermaßen neu berechnet:
Neue k-te Zeile = alte k-te Zeile minus a_{kj}-faches der neuen 1-ten Zeile:
also: $\bar{a}_{kl} = a_{kl} - a_{kj} \cdot \bar{a}_{1l}$.

Für die zweite Zeile gilt: k = 2.
Für das erste Element l = 1 also: $\bar{a}_{21} = a_{21} - a_{22} \cdot \bar{a}_{11}$ = 3 - 7·3 = -18
Für das zweite Element l = 2 also: $\bar{a}_{22} = a_{22} - a_{22} \cdot \bar{a}_{12}$ = 7 - 7·1 = 0.

Für die dritte Zeile gilt: k = 3.
Für das erste Element l = 1 also: $\bar{a}_{31} = a_{31} - a_{32} \cdot \bar{a}_{11}$ = 9 - 0·3 = 9
Für das zweite Element l = 2 also: $\bar{a}_{32} = a_{32} - a_{32} \cdot \bar{a}_{12}$ = 0 - 0·1 = 0

Somit sieht das Tableau nach dem ersten Schritt der Basistransformation folgendermaßen aus:

Basis	a^1	a^2	a^3
a^2	3	1	0
e_2	-18	0	0
a^3	9	0	1

Ein neuerlicher Basistausch würde das erste Element der zweiten Zeile betreffen, d.h. e_2 soll mit a^1 ausgetauscht werden. Dazu muß die gesamte zweite Zeile durch das Element a_{21} dividiert werden, ohne eine Änderung der zweiten und dritten Spalte der Matrix.

A Bestimmung des Rangs einer Matrix:

Satz 2.3.5 Rangbestimmung
Ist r die **Maximalzahl** der Spaltenvektoren von A, die in die Basis gebracht werden können, dann ist diese Zahl der Rang der Matrix:

$$r = r(A) .$$

Beispiel 6: Gegeben sei die Matrix A, deren Rang berechnet werden soll,

$$A = \begin{pmatrix} 5 & 1 & 3 \\ 3 & 1 & -1 \\ 1 & 0 & 2 \end{pmatrix} .$$

Ausgangstableau :

Basis	a^1	a^2	a^3	
e_1	5	1	3	←ausgewählte Zeile für 1.B.T.
e_2	3	1	-1	
e_3	1	0	2	

↑
ausgewählte Spalte für 1.B.T.

Berechnungen der ersten B.T.:

Die 1.Zeile bleibt wegen $a_{12} = 1$ gleich.

Die 2.Zeile entsteht folgendermaßen: alte 2.Zeile minus einmal neue 1.Zeile, also:

$$\begin{aligned}(\bar{a}_{21}, \bar{a}_{22}, \bar{a}_{23}) &= (3, \ 1, \ -1) - (1)(5, \ 1, \ 3) \\ &= (-2, \ 0, \ -4) .\end{aligned}$$

2.3 Lineare Gleichungssysteme

Die 3.Zeile entsteht folgendermaßen: alte 3.Zeile minus nullmal neue 1.Zeile, also:
$$(\bar{a}_{31}, \bar{a}_{32}, \bar{a}_{33}) = (1, 0, 2) - (0)(5, 1, 3)$$
$$= (1, 0, 2)\ .$$

2.Tableau:

Basis	a^1	a^2	a^3
a^2	5	1	3
e_2	-2	0	-4
e_3	1	0	2

e_3 ←ausgewählte Zeile

↑ ausgewählte Spalte für 2.B.T.

Die Berechnungen der 2.B.T. erfolgen analog zur ersten:
Die neue dritte Zeile ist gleich der alten dritten Zeile, weil das Pivotelement 1 ist. Wegen der Null in der ausgewählten 3. Zeile gibt es in der zweiten Spalte keine Veränderung.
Die zwei restlichen Elemente des dritten Spaltenvektors werden folgendermaßen neu berechnet:
$$a_{13} = 3 - 2 \cdot 5 = -7$$
$$a_{23} = -4 - 2 \cdot (-2) = 0$$

Somit ergibt sich nach der zweiten Tranformation das folgende Schema:

Basis	a^1	a^2	a^3
a^2	0	1	-7
e_2	0	0	0
a^1	1	0	2

Aufgrund der Nullzeile kann a^3 nicht mehr in die Basis gebracht werden; das Ergebnis lautet, daß maximal zwei Spalten in die Basis gebracht werden können, also der Rang der Matrix zwei ist,
es gilt also $\qquad r(A) = 2$.

Man entnimmt dem Endtableau den Zusammenhang zwischen den Vektoren in folgender Weise:
Für a^3 als Vektor der dritten Spalte gilt:
$$a^3 = 2 \cdot a^1 - 7 \cdot a^2.$$

Das kann leicht auch an der gegebenen Matrix A erkannt werden.

B Bestimmung der Inversen der Matrix A:

Satz 2.3.6 Berechnung der inversen Matrix:
Lassen sich bei einer quadratischen Matrix A alle Spaltenvektoren in die Basis bringen, so steht - eventuell nach Umordnung der Zeilen zur Herstellung der richtigen Reihenfolge - dort, wo sich im Ausgangstableau die Einheitsvektoren befunden haben, nun die inverse Matrix A^{-1}.

Beispiel 7: Gegeben sei die Matrix A, deren Inverse gesucht wird.

$$A = \begin{pmatrix} 1 & -1 & 1 \\ 0 & 2 & 1 \\ 1 & 1 & 1 \end{pmatrix}$$

Anfangstableau:

Basis	a^1	a^2	a^3	e_1	e_2	e_3
e_1	1	-1	1	1	0	0
e_2	0	2	1	0	1	0
e_3	1	1	1	0	0	1

Tausch:
1. $a^1 \leftrightarrow e_1$
2. $a^3 \leftrightarrow e_2$
3. $a^2 \leftrightarrow e_3$

Nach drei Austausch-Schritten kommt man zu folgendem Endtableau:

Endtableau:

Basis	a^1	a^2	a^3	e_1	e_2	e_3
a^1	1	0	0	-1/2	-1	3/2
a^3	0	0	1	1	1	-1
a^2	0	1	0	-1/2	0	1/2

bzw. nach entsprechendem Zeilentausch, der die Basisvektoren in die natürliche Reihenfolge bringt:

	a^1	a^2	a^3	e_1	e_2	e_3
a^1	1	0	0	-1/2	-1	3/2
a^2	0	1	0	-1/2	0	1/2
a^3	0	0	1	1	1	-1

Demnach ist die Inverse $A^{-1} = \begin{pmatrix} -1/2 & -1 & 3/2 \\ -1/2 & 0 & 1/2 \\ 1 & 1 & -1 \end{pmatrix}$.

C Lösen von Linearen Gleichungssystemen (LGS):

Zur Lösung von LGS mit Hilfe der B.T. versucht man, eine möglichst große Zahl von Spaltenvektoren der Matrix A in die Basis zu bringen. Dem Endtableau ist dann zu entnehmen, ob das LGS lösbar ist bzw. welche Lösung(en) es besitzt.
Im Endtableau steht b als Linearkombination der in die Basis gebrachten Spaltenvektoren.

Beispiel 8:
Gegeben sei folgendes LGS mit drei Gleichungen und drei Variablen:

$$3x_1 + x_2 + 2x_3 = 9$$
$$4x_1 - x_2 - 3x_3 = 4$$
$$x_1 + 2x_2 + x_3 = 5$$

Anfangstableau:

	a^1	a^2	a^3	b
e_1	3	1	2	9
e_2	4	-1	-3	4
e_3	1	2	1	5

1. Austauschschritt: $a^3 \leftrightarrow e_3$
2. Austauschschritt: $a^1 \leftrightarrow e_1$
3. Austauschschritt: $a^2 \leftrightarrow e_2$

Endtableau:

	a^1	a^2	a^3	b
a^1	1	0	0	2
a^2	0	1	0	1
a^3	0	0	1	1

Die (eindeutige) Lösung $\bar{x}$ ist zu entnehmen aus dem Endtableau

$$b = 2e_1 + 1e_2 + 1e_3 \quad \text{also} \quad \begin{pmatrix} \bar{x}_1 \\ \bar{x}_2 \\ \bar{x}_3 \end{pmatrix} = \begin{pmatrix} 2 \\ 1 \\ 1 \end{pmatrix}.$$

Beispiel 9:
Gegeben sei die Matrix A und der Vektor b der rechten Seite

$$A = \begin{pmatrix} 1 & 2 \\ 2 & 4 \end{pmatrix} \quad ; \quad b = \begin{pmatrix} 4 \\ 6 \end{pmatrix},$$

als Gleichungssystem ergibt sich

$$x_1 + 2x_2 = 4$$
$$2x_1 + 4x_2 = 6$$

Anfangstableau:

Basis	a^1	a^2	b
e_1	1	2	4
e_2	2	4	6

Tausch: $a^1 \leftrightarrow e_1$
Endtableau:

	a^1	a^2	b
a^1	1	2	4
e_2	0	0	-2

Tausch b gegen e_2 wäre noch möglich, also ist r(A,b) = 2.
Aber r(A) = 1, daraus folgt demnach ein Widerspruch! Das Gleichungssystem ist unlösbar.

Beispiel 10: Gegeben sei folgendes LGS mit drei Variablen und zwei Gleichungen:

$$3x_1 + x_2 + 2x_3 = 9$$
$$4x_1 - x_2 - 3x_3 = 4$$

Offensichtlich gibt es hier mehr Variable als Gleichungen. Führen Sie zwei Basisaustausch-Schritte beispielsweise von $a^2 \leftrightarrow e_1$ und $a^3 \leftrightarrow e_2$ durch und versuchen Sie, das Ergebnis zu interpretieren.

Um derart allgemeine Situationen beschreiben zu können, brauchen wir den folgenden Satz.

Satz 2.3.7 Sei A eine m×n-Matrix und Ax = b ein lineares Gleichungssystem mit dem Rang r(A) = r(A,b) = m.
Ferner sei A_1 diejenige Teilmatrix von A, die im Endtableau der Basistransformation die Basisvektoren bildet, sowie A_2 die Restmatrix, dann lautet - eventuell nach Umordnen der Spalten - das LGS wie folgt:

$$(A_1, A_2) \cdot \begin{pmatrix} x^1 \\ x^2 \end{pmatrix} = A_1 x^1 + A_2 x^2 = b.$$

(a)   Eine **spezielle Lösung** des LGS ist gegeben durch

$$\begin{pmatrix} \overline{x}^1 \\ \overline{x}^2 \end{pmatrix} \quad \text{mit} \quad \overline{x}^1 = A_1^{-1} \cdot b \quad \text{und} \quad \overline{x}^2 = 0$$

2.3 Lineare Gleichungssysteme

(b) Die **allgemeine Lösung** des LGS ist

$$\begin{pmatrix} \bar{x}^1 \\ \bar{x}^2 \end{pmatrix} = \begin{pmatrix} A_1^{-1}b - A_1^{-1}A_2\bar{x}^2 \\ \bar{x}^2 \end{pmatrix}$$

mit beliebigem $\bar{x}^2 \in \mathbb{R}^{n-m}$.

Beispiel 11: Gegeben sei folgendes LGS mit vier Gleichungen und fünf Variablen:

$$x_2 + x_3 + x_4 + 3x_5 = 1$$
$$-x_1 + x_2 + x_3 + 3x_4 + 5x_5 = -1$$
$$x_1 + 2x_2 + 3x_3 + x_4 + 7x_5 = 5$$
$$2x_1 + x_2 + 3x_3 - x_4 + 5x_5 = 7$$

Anfangstableau:

Basis	a^1	a^2	a^3	a^4	a^5	b
e_1	0	1	1	1	3	1
e_2	-1	1	1	3	5	-1
e_3	1	2	3	1	7	5
e_4	2	1	3	-1	5	7

Tausch:
1. $a^1 \leftrightarrow e_3$
2. $a^3 \leftrightarrow e_1$

Endtableau nach zwei Austausch-Schritten:

	a^1	a^2	a^3	a^4	a^5	b
a^3	0	1	1	1	3	1
e_2	0	0	0	0	0	0
a^1	1	-1	0	-2	-2	2
e_4	0	0	0	0	0	0

Eine spezielle Lösung kann folgendermaßen angegeben werden:

$$\begin{pmatrix} \bar{x}_1 \\ \bar{x}_2 \\ \bar{x}_3 \\ \bar{x}_4 \\ \bar{x}_5 \end{pmatrix} = \begin{pmatrix} 2 \\ 0 \\ 1 \\ 0 \\ 0 \end{pmatrix}$$

Der Rang der Koeffizientenmatrix ist zwei: $r(A) = 2$.
Der Rang der erweiterten Matrix ist ebenfalls zwei: $r(A,b) = 2$

Die 2. und 4.Gleichung sind von der 1. und 3. linear abhängig.

Bestimmung der allgemeinen Lösung aus dem Endtableau durch sinnvolles Austauschen:
a. 0-Zeilen weglassen
b. Basis in natürlicher Reihenfolge, d.h. Zeilen vertauschen
Neues Endtableau:

Basis	a^1	a^2	a^3	a^4	a^5	b
a^1	1	-1	0	-2	-2	2
a^3	0	1	1	1	3	1

d.h. jeder Vektor $\bar{x}^T = (\bar{x}_1, \bar{x}_2, \bar{x}_3, \bar{x}_4, \bar{x}_5)$, für den gilt:

$$\begin{pmatrix} \bar{x}_1 \\ \bar{x}_3 \end{pmatrix} = \begin{pmatrix} 2 \\ 1 \end{pmatrix} - \begin{pmatrix} -1 & -2 & -2 \\ 1 & 1 & 3 \end{pmatrix} \cdot \begin{pmatrix} \bar{x}_2 \\ \bar{x}_4 \\ \bar{x}_5 \end{pmatrix} \quad \text{mit } \bar{x}_2, \bar{x}_4, \bar{x}_5 \text{ beliebig reell},$$

ist Lösung dieses Gleichungssystems.

$\bar{x}^T$ wird als allgemeine Lösung des LGS bezeichnet.

Eine spezielle Lösung ergibt sich beispielsweise für $\bar{x}_2 = \bar{x}_4 = \bar{x}_5 = 1$:

$$\begin{pmatrix} \bar{x}_1 \\ \bar{x}_2 \\ \bar{x}_3 \\ \bar{x}_4 \\ \bar{x}_5 \end{pmatrix} = \begin{pmatrix} 7 \\ 1 \\ -4 \\ 1 \\ 1 \end{pmatrix}$$

oder noch einfacher für $\bar{x}_2 = \bar{x}_4 = \bar{x}_5 = 0$, ergibt sich $\bar{x}^T = (2, 0, 1, 0, 0)$.
(vgl. oben: spezielle Lösung).

Da die Variablen $\bar{x}_2$, $\bar{x}_4$ und $\bar{x}_5$ beliebige Werte aus dem Bereich der reellen Zahlen annehmen können, gibt es offensichtlich beliebig viele weitere spezielle Lösungen.

2.4 Lineare Produktionsmodelle

In der Wirtschaftstheorie wird ein Produktionssystems häufig beschrieben als ein reales ökonomisches System, das
- **(a)** aus Personen und Gütern besteht und Güter produziert,
- **(b)** eine Umgebung besitzt und aus dieser Güter entnehmen oder an diese abgeben kann.

Will man nur die technischen Produktionsmöglichkeiten beschreiben, so genügt es anzugeben, mit welchen Mengen von Inputgütern man (pro Zeiteinheit) welche Mengen von Outputgütern erzeugen kann.

Definition 2.4.1 Für n Inputgüter und m Outputgüter heißt der Vektor $\begin{bmatrix} x \\ u \end{bmatrix} \in R_+^{n+m}$ ein **Produktionsprozeß** mit $x^T = (x_1, x_2, \ldots, x_n) \in R_+^n$ als **Inputvektor** und dem **Outputvektor** $u^T = (u_1, u_2, \cdots, u_m) \in R_+^m$. Die Menge aller Produktionsprozesse eines Systems heißt **Technologie**, und wird durch $T = \left\{ \begin{bmatrix} x \\ u \end{bmatrix} \middle| \begin{bmatrix} x \\ u \end{bmatrix} \text{ ist Produktionsprozeß} \right\} \subseteq R_+^{n+m}$ angegeben.

Beispiel 1: Für ein Produktionssystem mit nur einem Inputgut (n=1) und einem Outputgut (m=1) sei die Technologie duch die Menge der Punkte in der schraffierten Fläche des Halbkreises in Abb. 1 gegeben.

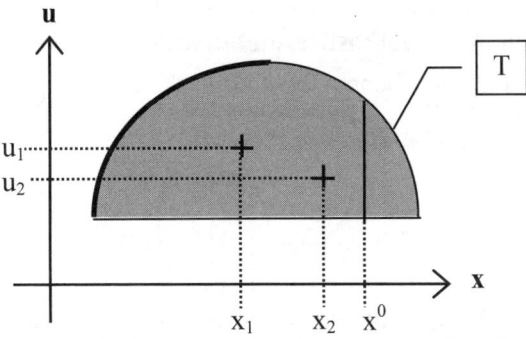

Abbildung 1: Technologie eines Produktionssystems mit n=1 und m=1

Vergleicht man die beiden Produktionsprozesse (x_1 , u_1) und (x_2 , u_2), so ist offensichtlich der erste Prozeß günstiger (effizienter) als der zweite Prozeß, weil hier mit weniger Input (x_1 ist kleiner als x_2) mehr Output (u_1 ist größer als u_2) erzeugt wird.

Wie man sieht, sind gerade die Prozesse, die auf dem fett durchgezogenen Teil des Randes des Halbkreises liegen, solche, für die es keinen effizienteren Prozeß in der Technologie gibt.

Definition 2.4.2 Ein Prozeß $\begin{bmatrix} x \\ u \end{bmatrix} \in T$ heißt **ineffizient**, wenn es einen anderen Prozeß in T gibt, der mit weniger Input mindestens denselben Output oder mit höchstens demselben Input mehr Output erzeugt. Wenn er nicht ineffizient ist, heißt er **effizient** oder **pareto-optimal**.

Bemerkung: Durch die Möglichkeit, für je zwei Prozesse einer Technologie festzustellen, ob einer der Prozesse effizienter ist als der andere, ist eine Relation in der Menge aller Prozesse beschrieben, die eine Halbordnung in T ist (vgl. Kap. 1.3). Die maximalen Elemente in dieser halbgeordneten Menge sind gerade die pareto-optimalen Prozesse.

Berücksichtigt man Preise für die Input- oder Outputgüter, so kann man die folgenden Optimierungsprobleme formulieren.

Definition 2.4.3

(a) Eine **Lösung** $x^* \in R_+^n$ des Problems
$$\text{Min } p^T x$$
$$\text{bzgl. } \left\{ x \;\middle|\; \begin{bmatrix} x \\ u^0 \end{bmatrix} \in T \right\}$$
heißt eine **Minimalkostenkombination** zur Herstellung des Outputvektors u^0 zu gegebenem Inputpreisvektor $p^T = (p_1, \ldots, p_n)$.

(b) Eine **Lösung** $u^* \in R_+^m$ des Problems
$$\text{Max } \pi^T u$$
$$\text{bzgl. } \left\{ u \;\middle|\; \begin{bmatrix} x^0 \\ u \end{bmatrix} \in T \right\}$$
heißt eine **Maximalumsatzkombination** bei Einsatz des Inputvektors x^0 zu gegebenem Outputpreisvektor $\pi^T = (\pi_1, \ldots, \pi_m)$.

Bemerkung: Die Lösungen sind nicht notwendig pareto-optimal, wie man auch in Beispiel 1 sieht. Unter den in Abb.1 eingezeichneten Prozessen zu der gegebenen Inputmenge x^0 gibt es keinen pareto-optimalen Prozeß, also ist auch die Maximalumsatzkombination nicht pareto-optimal.

2.4 Lineare Produktionsmodelle

Aus der Interpretation eines Produktionsprozesses als **Produktionsmöglichkeit pro Zeiteinheit** ergibt sich, daß man beispielsweise in der doppelten Zeit mit den doppelten Inputmengen die doppelten Outputmengen erzeugen kann, daß also der verdoppelte Prozeß ebenfalls ein Element der Technologie sein muß. Ebenso sollte man, falls man zwei verschiedene Prozesse gleichzeitig durchführt, aus der Summe der beiden Inputmengenvektoren genau die Summe der beiden Outputmengenvektoren erzeugen können. Dies gilt jedenfalls, solange man keine zusätzlichen Kapazitätsrestriktionen berücksichtigen muß, und führt zu der folgenden Definition einer linearen Technologie.

Definition 2.4.4 Eine Technologie T heißt
(a) **additiv**, wenn

$$\begin{bmatrix} x \\ u \end{bmatrix}, \begin{bmatrix} y \\ v \end{bmatrix} \in T \Rightarrow \begin{bmatrix} x+y \\ u+v \end{bmatrix} \in T,$$

also die Summe zweier Prozesse auch ein Prozeß der Technologie ist,
(b) **linear homogen**, wenn

$$\text{für jedes } \lambda > 0 \text{ gilt } \begin{bmatrix} x \\ u \end{bmatrix} \in T \Rightarrow \begin{bmatrix} \lambda x \\ \lambda u \end{bmatrix} \in T,$$

also jedes positive Vielfache eines Prozesse ebenfalls ein Prozeß der Technologie ist. Die Vielfachen λ werden auch **Intensitäten** genannt,
(c) **linear**, wenn sie **additiv und linear homogen** ist.

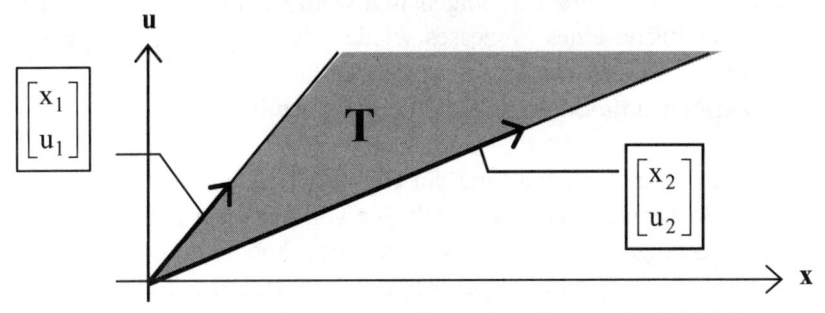

Abbildung 2: Graphische Darstellung einer linearen Technologie

Beispiel 2: Besitzt eine lineare Technologie die zwei in der Abb. 2 fett gezeichneten Prozesse, dann ist jeder Punkt in der schraffierten Fläche des durch diese beiden Vektoren bestimmten (unbeschränkten) Kegels mit Spitze Null ein Prozeß dieser Technologie. Dies ist (vgl. Kap.2.2) gerade die Menge aller nichtnegativen Linearkombinationen der beiden Vektoren. Man nennt eine solche Technologie eine von diesen Prozessen erzeugte Technologie.

Definition 2.4.5 Eine Technologie heißt **durch r Prozesse** $\begin{bmatrix} x^i \\ u^i \end{bmatrix}$ i = 1,...,r

erzeugbar, wenn $\quad T = \left\{ \begin{bmatrix} x \\ u \end{bmatrix} = \sum_{i=1}^{r} \lambda_i \begin{bmatrix} x^i \\ u^i \end{bmatrix} \quad \lambda_i \geq 0, i = 1,...,r \right\}$ ist.

Bemerkung: Jeder Prozeß aus T läßt sich als nichtnegative Linearkombination der r erzeugenden Prozesse darstellen. Eine solche Technologie ist natürlich eine lineare Technologie.
Die zusätzliche Berücksichtigung von Kapazitäten, wie höchstens zur Verfügung stehende Inputmengen oder, weil man z.B. auf Lager produziert, die durch die Lagerkapazität bestimmte größtmögliche Outputmenge, führt zum Begriff der limitationalen Technologie.

Definition 2.4.6 Sei für ein Produktionssystem eine obere Schranke $\bar{x}$ des Inputvektors oder eine obere Schranke $\bar{u}$ des Outputvektors oder beides gegeben, so heißt eine Technologie, bei der mindestens eine der beiden Schranken eingehalten werden muß, **limitational**. Sie heißt
(a) additiv-limitational, wenn sie additiv ist, solange die Kapazitätsschranken eingehalten werden. Also ist die Summe zweier Prozesse wieder ein Prozeß der Technologie, wenn die Inputsumme $\leq \bar{x}$ ist oder die Outputsumme $\leq \bar{u}$ ist oder beides.
(b) linearhomogen-limitational, wenn sie linearhomogen ist, solange die Kapazitätsschranken eingehalten werden. Also ist das nichtnegative Vielfache eines Prozesses wieder ein Prozeß der Technologie, wenn $\lambda x \leq \bar{x}$ ist oder $\lambda u \leq \bar{u}$ ist oder beides.
(c) linear-limitational, wenn sie (a) und (b) erfüllt.

Beispiel 3: Für ein Inputgut und ein Outputgut ist in Abb. 3 eine linear-limitationale Technololgie dargestellt, die von den zwei fett gezeichneten Prozessen erzeugt wird, und die eine maximal mögliche Inputmenge $\bar{x}$, sowie eine größtmögliche Outputmenge $\bar{u}$ besitzt. Die möglichen Prozesse dieser Technologie sind alle Punkte der schraffierten Fläche.

Für endlich erzeugte, linear-limitationale Technologien kann man die Menge der möglichen Prozesse durch lineare Ungleichungen angeben. Die Bestimmung optimaler Produktionsprozesse unter Berücksichtigung von Input- und Outputpreisen ergibt sich damit als Lösung der im folgenden formulierten Linearen Programme (vgl. Kap. 6.1).

2.4 Lineare Produktionsmodelle

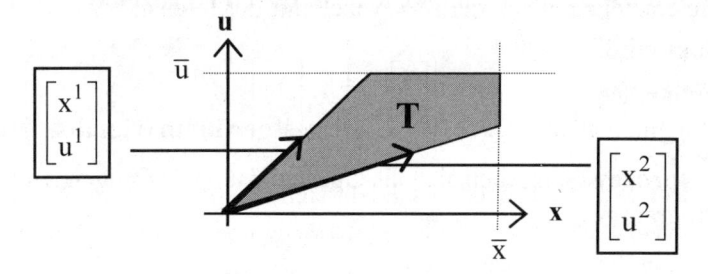

Abbildung 3: Beispiel einer linear-limitationalen Technologie

Folgerung 2.4.7 Sei T eine linear-limitationale Technologie, die von den r Prozessen $\begin{bmatrix} x^i \\ u^i \end{bmatrix}$ für i = 1,...,r erzeugt ist, p sei der Inputpreisvektor und $\overline{x}$ der maximal verfügbare Input, sowie π der Outputpreisvektor und u^0 der mindestens beabsichtigte Output.

(a) Die Intensitäten $(\lambda_1^*, \lambda_2^*, ..., \lambda_r^*)$ eines **kostenminimalen Produktionsprozesses** zur Erzeugung des gewünschten Mindest-Outputs u^0 ergeben sich als Optimallösung des folgenden Linearen Programms:

$$\min z(\lambda_1, ..., \lambda_r) = c_1 \cdot \lambda_1 + c_2 \cdot \lambda_2 + \cdots + c_r \cdot \lambda_r$$

$$\text{bzgl.} \begin{cases} \lambda_1 \cdot x^1 + \lambda_2 \cdot x^2 + \cdots + \lambda_r \cdot x^r \leq \overline{x} \\ \lambda_1 \cdot u^1 + \lambda_2 \cdot u^2 + \cdots + \lambda_r \cdot u^r \geq u^0 \\ \lambda_1, \lambda_2, ..., \lambda_r \geq 0 \end{cases},$$

wobei die Hilfsgrößen $c_i = p^T \cdot x^i$ für $i = 1,...,r$ die Kosten sind, die entstehen, wenn der i-te Prozeß mit der Intensität $\lambda_i = 1$ durchgeführt wird.

(b) Die Intensitäten $(\lambda_1^*, \lambda_2^*, ..., \lambda_r^*)$ eines **umsatzmaximalen Produktionsprozesses** ergeben sich als Optimallösung des folgenden Linearen Programms:

$$\max z(\lambda_1, ..., \lambda_r) = q_1 \cdot \lambda_1 + q_2 \cdot \lambda_2 + \cdots + q_r \cdot \lambda_r$$

$$\text{bzgl.} \begin{cases} \lambda_1 \cdot x^1 + \lambda_2 \cdot x^2 + \cdots + \lambda_r \cdot x^r \leq \overline{x} \\ \lambda_1, \lambda_2, ..., \lambda_r \geq 0 \end{cases},$$

wobei die Hilfsgrößen $q_i = \pi^T \cdot u^i$ für $i = 1,\ldots,r$ die Umsätze sind, die entstehen, wenn der i-te Prozeß mit der Intensität $\lambda_i = 1$ durchgeführt wird.

(c) Die Intensitäten $(\lambda_1^*, \lambda_2^*, \ldots, \lambda_r^*)$ eines **gewinnmaximalen Produktionsprozesses** ergeben sich als Optimallösung des folgenden Linearen Programms:

$$\max z(\lambda_1, \ldots, \lambda_r) = g_1 \cdot \lambda_1 + g_2 \cdot \lambda_2 + \cdots + g_r \cdot \lambda_r$$

bzgl. $\begin{cases} \lambda_1 \cdot x^1 + \lambda_2 \cdot x^2 + \cdots + \lambda_r \cdot x^r \leq \overline{x} \\ \lambda_1, \lambda_2, \ldots, \lambda_r \geq 0 \end{cases}$,

wobei die Hilfsgrößen $g_i = \pi^T \cdot u^i - p^T \cdot x^i$ für $i = 1, \ldots, r$ die Gewinne sind, die entstehen, wenn der i-te Prozeß mit der Intensität $\lambda_i = 1$ durchgeführt wird.

2.5 Übungsaufgaben

1. Die folgenden Tabellen zeigen die Anzahl der täglichen Direktflüge von Graz (G) und Klagenfurt (K) nach Wien (W), Frankfurt (F) und London (L) bzw. die entsprechende Anzahl täglicher Weiterflugmöglichkeiten nach Dublin (D). Wie viele Möglichkeiten gibt es insgesamt, von Graz bzw. Klagenfurt nach Dublin zu kommen?

$$A: \quad \begin{matrix} & W & F & L \\ G & \begin{pmatrix} 3 & 4 & 1 \\ 2 & 3 & 1 \end{pmatrix} \\ K \end{matrix} \qquad B: \quad \begin{matrix} & D \\ W & \begin{pmatrix} 1 \\ 2 \\ 7 \end{pmatrix} \\ F \\ L \end{matrix}$$

Lösung:
$$A \cdot B = \begin{matrix} & D \\ G & \begin{pmatrix} 18 \\ 15 \end{pmatrix} \\ K \end{matrix}$$

2. Gegeben seien die Vektoren a = (1, 2, 4); b = (1, 0, 3); c = (2, 4, 8); d = (0, 2, 0).
Berechnen Sie alle paarweisen Skalarprodukte und die Länge all dieser Vektoren. Welche von Ihnen sind parallel, welche stehen aufeinander normal?

Länge: $\quad |a| = \sqrt{(ax)^2 + (ay)^2 + (az)^2}$

Parallel: $\quad a_x : a_y : a_z = b_x : b_y : b_z$

Orthogonal ≡ Normal: $\quad a_x \cdot b_x + a_y \cdot b_y + a_z \cdot b_z = 0$

3. Gegeben seien die Matrizen

$$A = \begin{pmatrix} 1 & 2 & 3 \\ 4 & 1 & 0 \\ 2 & 1 & 0 \end{pmatrix} \qquad B = \begin{pmatrix} 2 & 4 & 3 \\ 4 & 1 & 0 \\ 3 & 2 & 1 \end{pmatrix}$$

Wie groß ist der Rang von A bzw. B?
Zeigen Sie: $A^T B^T = (BA)^T$ und $AB \neq BA$.
Berechnen Sie – falls möglich – folgende Matrizen: $2A + 3B$, $B^T - A$.

4. Gegeben seien die LGS, deren Lösung auf verschiedenen Weg gesucht:
(a) $3x + 2y = 7$ \qquad (b) $2x + y = 9$
    $2x + 3y = 8$ \qquad\qquad\quad $2x + 2y = 16$

5. Versuchen Sie mit selbstgewählten Matrizen zu zeigen, dass die Transponierte einer Transponierten wieder die Ausgangsmatrix ergibt.

6. Gegeben seien die Matrizen
$$C = \begin{pmatrix} 3 & 0 \\ 4 & 2 \\ 1 & 2 \end{pmatrix} \qquad D = \begin{pmatrix} 2 & 1 & 0 \\ 0 & 2 & 1 \end{pmatrix}$$
Berechnen Sie, wenn möglich, CD, DC, D^TC, DC^T, D^TC^T, CD^T, C^TD.

7. Gegeben seien:
$$A = \begin{pmatrix} 1 \\ 0 \\ 2 \end{pmatrix} \qquad B = \begin{pmatrix} 2 & 0 \\ 0 & 3 \\ 1 & -1 \end{pmatrix} \qquad C = \begin{pmatrix} 1 & -1 & 0 \\ 0 & 2 & 3 \\ 4 & 0 & -1 \end{pmatrix}$$
Bestimmen Sie den Rang jeder Matrix.
Berechnen Sie – soferne das möglich ist – folgende Matrizen:
A^T, C^T, AB, AC, BC, CB, B^TC, A^TB, BA, B^TA, A^2, C^2, AA^T, A^TCA.

8. Aufgrund einer Marktanalyse zu Jahresanfang weiß man, dass sich 3 Unternehmen A, B und C den Markt für ein bestimmtes Gut teilen, wobei Unternehmen A 20 % des Marktanteils besitzt, Unternehmen B 30 % und Unternehmen C den Rest. Eine aktuelle Analyse zeigt folgende Veränderungen:

A   behält 80 % seiner Kunden, gibt jeweils 10 % an B und C ab.
B   behält 60 % seiner Kunden, gibt 15 % an A und 25 % an C ab.
C   behält 60 % seiner Kunden, gibt 20 % an A und 20 % an B ab.

Geben Sie die Marktanteilsmatrix mit den Marktanteilen als Vektoren wieder. Diese sogenannte Übergangsmatrix A_{ij} beinhaltet die jeweiligen Prozentsätze der Kunden von Markt j, die in der nächsten Periode Kunden von i werden (i,j = A, B, C). Der Vektor m der ursprünglichen Marktanteile sei Ausgangspunkt der Berechnung A m für die nächste Periode. Berechnen Sie A m, zeigen Sie, dass dieser Vektor die Anforderungen erfüllt, und interpretieren Sie das Ergebnis:

$$A = \begin{pmatrix} 0.80 & 0.15 & 0.20 \\ 0.10 & 0.60 & 0.20 \\ 0.10 & 0.25 & 0.60 \end{pmatrix} \qquad m = \begin{pmatrix} 0.20 \\ 0.30 \\ 0.50 \end{pmatrix}$$

Lösung:
$$A\,m = \begin{pmatrix} 0.16 + 0.045 + 0.10 = 0.305 \\ 0.02 + 0.180 + 0.10 = 0.300 \\ 0.02 + 0.075 + 0.30 = 0.395 \end{pmatrix}$$
Die Marktanteile nach einer Periode haben sich nahezu angeglichen !

3 Folgen, Reihen und Finanzrechnung
3.1 Folgen und Konvergenz

Betrachtet man eine abzählbar unendliche Menge M von reellen Zahlen, so bedeutet die Abzählbarkeit, daß man diese Zahlen eindeutig durchnumerieren kann, d. h. M = $\{r_1, r_2, r_3, r_4, ...\}$ oder auch M = $\{r_7, r_{53}, r_1, r_4, ...\}$. Die Reihenfolge spielt bei der aufzählenden Schreibweise einer Menge keine Rolle. Soll hingegen die Reihenfolge wesentlich sein, so erklärt man:

Definition 3.1.1 Ordnet man jeder natürlichen Zahl n genau eine reelle Zahl a_n zu, so entsteht dadurch eine **unendliche Zahlenfolge** ($a_1, a_2, a_3, ...$). Man schreibt dafür $(a_n)_{n \in N}$ oder kurz (a_n).
Die Zahl a_i heißt **i-tes Glied der Folge**. Jedes Anfangsstück einer unendlichen Folge, etwa $(a_1, a_2, ..., a_k)$, heißt **endliche Folge**.

Damit ist jedes a_n eine (numerierte) reelle Zahl. Man schreibt auch a_n = a(n) und kann a(n) auffassen als Wert einer Funktion f: $N \to R$ an der Stelle n (vgl. dazu Kap. 4.1).

Beispiel 1:
(a) Die Folge der ungeraden natürlichen Zahlen (1, 3, 5, 7, ...). Deren Bildungsgesetz kann angegeben werden als $a_n = 2n-1$.
(b) Die Folge mit dem allgemeinen Glied $a_n = 1/(n+1)$ ergibt z.B. für a_7 den Wert 1/8. Die Folge beginnt mit 1/2, 1/3, 1/4, ...
(c) Ist jedes a_n = 3, so erhält man die Folge (3, 3, 3, ...).
(d) Die Folge mit $a_n = (-1)^n \cdot \frac{1}{n}$ beginnt mit (−1, +1/2, −1/3, +1/4 ...).

Man erkennt in diesem Beispiel schon gewisse Eigenschaften von Folgen.

Bezeichnung: Eine Zahlenfolge heißt
(a) **monoton wachsend** (nichtfallend), wenn für alle $n \in N$: $a_{n+1} \geq a_n$,
(b) **streng monoton wachsend**, wenn für alle $n \in N$: $a_{n+1} > a_n$,
(c) **monoton fallend** (nichtwachsend), wenn für alle $n \in N$: $a_{n+1} \leq a_n$,
(d) **streng monoton fallend**, wenn für alle $n \in N$: $a_{n+1} < a_n$,
(e) **beschränkt nach oben**, wenn kein Folgenglied größer ist als eine feste endliche Zahl $\bar{a}$, die eine **obere Schranke** genannt wird, d. h. $\exists \bar{a}$, sodaß $\forall n \in N$: $a_n \leq \bar{a}$,
(f) **beschränkt nach unten**, wenn es eine **untere Schranke** $\underline{a}$ gibt, für die gilt: $\forall n \in N$: $a_n \geq \underline{a}$,

(g) **beschränkt**, wenn sie sowohl nach oben als auch nach unten beschränkt ist, d.h. $\exists\, a \in R$, sodaß $\forall n \in N$: $-a \leq a_n \leq a$.

(h) Eine Zahlenfolge heißt **alternierend**, wenn ihre Folgenglieder abwechselnd positiv und negativ sind.

Für die Folgen aus obigem Beispiel 1 erkennt man:
Folge (a) ist streng monoton wachsend und nach unten beschränkt. Eine untere Schranke ist Null, aber auch jede reelle Zahl $\underline{a} < 0$.
Folge (b) ist streng monoton fallend und beschränkt. Alle Folgenglieder liegen zwischen Null und eins.
Folge (c) ist eine konstante Folge, die aus lauter gleichen Gliedern besteht. Sie ist sowohl monoton fallend als auch monoton steigend, allerdings beides nicht streng.
Folge (d) ist eine alternierende Folge, also keinesfalls monoton. Sie ist beschränkt, z. B. mit der unteren Schranke -2 und der oberen Schranke $+3$.

Definition 3.1.2 Eine Zahlenfolge (a_n) heißt

(a) **arithmetische Folge**, wenn für alle $n \in N$: $a_{n+1} = a_n + d$, wobei $d \in R$ eine feste Zahl ist,

(b) **geometrische Folge**, wenn für alle $n \in N$: $a_{n+1} = a_n \cdot q$, wobei $q \in R$ eine feste Zahl ist (und $q \neq 0$).

Beispiel 2: Zum Vergleich von arithmetischer und geometrischer Folge.
Welche Art von Gehaltserhöhung ist vorzuziehen:
Variante A: Jedes Jahr um 800.- mehr Gehalt (arithmetisch, $d = 800$), oder
Variante G: Jedes Jahr um 5 % mehr Monatsgehalt (geometrisch, $q = 1.05$)?
Bei einem Anfangsgehalt von 15.000.- sind 800.- mehr als die 5 % von den 15.000.-. Dennoch ist auf lange Sicht die Variante G vorzuziehen, man betrachte dazu die Gehaltsentwicklung im Lauf der Jahre:

Jahr		2	3	4	... 10
Variante A	15 000	15 800	16 600	17 400	... 22 200
Variante G	15 000	15 750	16 537	17 364	... 23 270

Die Berechnung für a_{20} - das Monatsgehalt im 20. Jahr - ergibt für Variante A (arithmetische Folge mit $d = 800$) den Wert 30.200.- , für Variante G (geometrische Folge mit $q = 1.05$) den gerundeten Wert 37.904.- .

Folgerung 3.1.3
(a) Für eine arithmetische Folge gilt: $a_n = a_1 + (n-1) \cdot d$.
(b) Für eine geometrische Folge gilt: a_n ist gegeben durch $a_n = a_1 \cdot q^{n-1}$.

3.1 Folgen und Konvergenz

Beispiel 3: Die geometrische Folge mit $a_1 = 3$ und $q = 2$ beginnt mit (3, 6, 12, 24, ...). Das Folgenglied mit der Nummer 12 lautet $a_{12} = a_1 \cdot q^{11} = 6144$.

Definition 3.1.4 Gegeben sei eine Zahlenfolge (a_n). Dann heißt die Folge mit dem allgemeinen Folgenglied $d_n = a_{n+1} - a_n$ **(erste) Differenzenfolge** der Folge (a_n). Man schreibt dafür $\left(\Delta^1 a_n\right)_{n \in \mathbb{N}}$, kurz $\left(\Delta^1 a_n\right)$.

Die Differenzenfolge der Folge $\left(\Delta^1 a_n\right)$ mit dem allgemeinen Folgenglied $\Delta^2 a_n = \Delta^1 a_{n+1} - \Delta^1 a_n$ nennt man **zweite Differenzenfolge** der Folge (a_n) und man schreibt dafür kurz $\left(\Delta^2 a_n\right)$.

Die Differenzenfolge von $\left(\Delta^{k-1} a_n\right)$ nennt man **k-te Differenzenfolge** der Folge (a_n).

Beispiel 4: Sei $(a_n) = (3n^2 + 1)$. Dann berechnet man das allgemeine Glied der ersten Differenzenfolge $\Delta^1 a_n = \left(3(n+1)^2 + 1 - (3n^2 + 1)\right) = 6n + 3$. Wird davon wieder die Folge der Differenzen gebildet, erhält man die aus konstanten Gliedern bestehende zweite Differenzenfolge:

$$\left(\Delta^2 a_n\right)_{n \in \mathbb{N}} = \left((6(n+1) + 3 - (6n + 3))\right)_{n \in \mathbb{N}} = (6)_{n \in \mathbb{N}} \,.$$

Bemerkung: Für eine arithmetische Folge (a_n) gilt: Ihre erste Differenzenfolge ist die konstante Folge mit $\Delta^1 a_n = d$.

Definition 3.1.5 Sei $(a_n)_{n \in \mathbb{N}}$ eine Zahlenfolge und $(k_n)_{n \in \mathbb{N}}$ sei eine streng monoton wachsende Folge natürlicher Zahlen.
Dann heißt $\left(a_{k_n}\right)_{n \in \mathbb{N}}$, kurz $\left(a_{k_n}\right)$, **Teilfolge** von $(a_n)_{n \in \mathbb{N}}$.

Beispiel 5: Zur Folge mit $a_n = (-1)^n \cdot 1/n$ ergibt sich etwa die Teilfolge aller geradzahligen Folgenglieder, d.h. die mit Hilfe von $(k_n) = (2, 4, 6, ...)$ gebildete Teilfolge:

$$\left(a_{k_n}\right) = \left(a_2, a_4, a_6, \cdots\right) = \left(\frac{1}{2}, \frac{1}{4}, \frac{1}{6}, \cdots\right).$$

Im Gegensatz zur Folge (a_n) ist diese Teilfolge, die man auch als $(a_{2n})_{n \in \mathbb{N}}$ schreiben kann, nicht alternierend. Sie besteht nur aus positiven Gliedern und ist monoton fallend.

Beispiel 6: Man betrachte die Folge mit $a_n = (-1)^n + \left(1 + \dfrac{1}{n}\right)$.

Diese Folge ist, wie man leicht sieht, beschränkt. Für alle Folgenglieder gilt: $0 \le a_n \le 3$.
Teilt man das Intervall [0, 3] in zwei Hälften, so müssen in mindestens einer davon unendlich viele Glieder der Folge liegen. Bei der betrachteten Folge liegen sowohl in [0, 1.5] als auch in $\langle 1.5, 3]$ unendlich viele Folgenglieder. Um das zu zeigen, werden zwei Teilfolgen gebildet:
Jene zu $(k_n) = (1, 3, 5, ...)$, d.h. jene mit den ungeraden Nummern, (a_{2n-1}), und eine, die nur Folgeglieder mit geraden Nummern enthält, etwa die zu $(k_n) = (6n)$, die Folge $(a_6, a_{12}, a_{18}, ...) = (a_{6n})$.
Die erste dieser Teilfolgen, (a_{2n-1}), hat das allgemeine Folgenglied
$a_{2n-1} = -1 + 1 + \dfrac{1}{2n-1} = \dfrac{1}{2n-1}$, d.h. jedes Glied dieser Teilfolge ist kleiner als 1.5.

Die Teilfolge $(a_{6n})_{n \in \mathbb{N}}$ hat das allgemeine Folgenglied $a_{6n} = 2 + \dfrac{1}{6n}$, womit jedes ihrer Glieder größer ist als 1.5 .
Beide Teilfolgen sind streng monoton fallend, die Teilfolge (a_{2n-1}) wird für hohe Nummern Werte annehmen, die immer näher an Null liegen, die andere Teilfolge (a_{6n}) wird mit hohen Nummern immer näher an die Zahl 2 heranrücken. Jede Teilfolge hat unendlich viele Glieder. Somit liegen also sowohl „in der Nähe der Zahl Null" als auch „in der Nähe der Zahl 2" unendlich viele Glieder der Folge (a_n) mit $a_n = (-1)^n + \left(1 + \dfrac{1}{n}\right)$.

Definition 3.1.6 Eine Zahl a heißt **Häufungspunkt** der Folge (a_n), wenn für jedes beliebig kleine $\varepsilon > 0$ im Intervall $\langle a - \varepsilon, a + \varepsilon \rangle$ unendlich viele Folgenglieder liegen.

Ist eine unendliche Folge beschränkt, d.h. alle a_n liegen in $[\underline{a}, \overline{a}]$, so müssen in (mindestens) einer Hälfte dieses Intervalls unendlich viele Glieder der Folge liegen. Führt man die Überlegung der Intervallhalbierung immer weiter durch, so ergibt sich die folgende Aussage.

Satz 3.1.7 Jede beschränkte unendliche Folge hat mindestens einen Häufungspunkt.

Die Folge aus Beispiel 6 hat die zwei Häufungspunkte a = 0 und b = 2.

3.1 Folgen und Konvergenz

Definition 3.1.8 Der kleinste Häufungspunkt einer Zahlenfolge (a_n) heißt **limes inferior** dieser Folge und wird mit $\lim_{n\to\infty} \inf(a_n)$ bezeichnet. Der größte Häufungspunkt, bezeichnet mit $\lim_{n\to\infty} \sup(a_n)$, wird **limes superior** dieser Folge genannt.

Jede beschränkte, unendliche Folge hat also genau einen limes inferior und einen limes superior. Stimmen diese beiden Werte überein, so hat die Folge genau einen Häufungspunkt.
Ist a der einzige Häufungspunkt der beschränkten Folge (a_n), so liegen also in jedem (noch so kleinen) Intervall $\langle a-\varepsilon, a+\varepsilon \rangle$ unendlich viele Folgenglieder, jedoch außerhalb davon nur endlich viele. Man sagt, „fast alle" Folgenglieder liegen in diesem Intervall $\langle a-\varepsilon, a+\varepsilon \rangle$ um a und nennt die Zahl a den limes oder Grenzwert der Folge.

Definition 3.1.9 Die Zahl a heißt **Grenzwert** oder **limes** der Folge (a_n), geschrieben $a = \lim_{n\to\infty}(a_n)$, wenn gilt,

$\forall \varepsilon > 0 \; \exists N(\varepsilon)$, sodaß $a_k \in \langle a-\varepsilon, a+\varepsilon \rangle$ für alle $k \geq N(\varepsilon)$.

Man sagt auch, die Folge (a_n) **konvergiert gegen a** oder **strebt gegen a** und schreibt dafür kurz: $a_n \to a$.
Eine Folge, die einen Grenzwert besitzt, heißt **konvergent**, eine Folge mit dem Grenzwert Null wird **Nullfolge** genannt.
Eine Folge heißt **divergent**, wenn sie keinen Grenzwert besitzt.

Eine divergente Folge ist also nicht beschränkt oder sie hat mehrere Häufungspunkte (oder beides; vgl. dazu Kap. 1.1, die Oder-Verknüpfung).

Beispiel 7: Jede geometrische Folge mit $|q| < 1$ ist konvergent und hat den Grenzwert Null, jede geometrische Folge mit $|q| > 1$ ist divergent.

Beispiel 8: Die Folge mit $a_n = \left(1 - \dfrac{1}{n}\right)$ hat den Grenzwert $a=1$. Sei $\varepsilon > 0$, ansonsten beliebig. Dann gilt: Der Betrag der Differenz von a_k und dem behaupteten Grenzwert 1 ist $|a_k - 1| = \left|\left(1-\dfrac{1}{k}\right)-1\right| = \left|-\dfrac{1}{k}\right| = \dfrac{1}{k}$. Für alle k, die größer sind als $1/\varepsilon$, ist diese Differenz kleiner als ε. Für alle Indizes k, welche größer als $1/\varepsilon$ sind, gilt folglich: $a_k \in \langle a-\varepsilon, a+\varepsilon \rangle$. Damit ist $N(\varepsilon)$ die erste natürliche Zahl $N > \dfrac{1}{\varepsilon}$. Diese Zahl N hängt offensichtlich vom gewählten ε ab und wächst mit kleiner werdendem ε. So ergibt sich etwa für ε = 0.05 wie man leicht nachrechnet: $N > \dfrac{1}{0.05} = 20$. Alle Folgenglieder ab der Nummer k = 21 liegen innerhalb des Intervalles $\langle 1 - 0.05, 1 + 0.05 \rangle$.

Unter Verwendung des Konvergenzbegriffes gilt für jeden Häufungspunkt einer Folge der Satz:

Satz 3.1.10 Sei b ein Häufungspunkt der Folge (a_n). Dann gibt es eine Teilfolge von (a_n), die gegen diesen Häufungspunkt konvergiert.

Die Folge aus Beispiel 6 hat die Häufungspunkte b = 0 und c = 2. Jede Teilfolge, die nur geradzahlige Folgenglieder a_{2n} enthält, hat den Grenzwert 2. Jede Teilfolge, die nur Glieder mit ungeraden Nummern enthält, strebt gegen 0. Hat eine Folge (a_n) den Grenzwert a, so ist dieser zugleich Häufungspunkt der Folge. Aber nicht jeder Häufungspunkt ist auch Grenzwert.

Satz 3.1.11 Für unendliche Zahlenfolgen gelten die folgenden Aussagen.
(a) Eine unendliche Zahlenfolge kann höchstens einen Grenzwert besitzen.
(b) Jede konvergente Folge ist beschränkt.
(c) Ist eine Folge beschränkt und monoton, dann ist sie konvergent.

Punkt (b) kann auch anders formuliert werden (vgl. Kap. 1.1):
Jede nicht beschränkte Folge ist divergent.

Beispiel 9: Die Folge mit $a_n = (n - n^2)$ ist nach unten unbeschränkt. Man sieht leicht: $a_n = n \cdot (1-n)$ unterschreitet bei ausreichend hoher Nummer n jede noch so kleine Zahl. (Beispielsweise ist $a_n < -1000$, sobald n > 32.) Damit ist diese Folge divergent.

Beispiel 10: Für die Folge mit $a_n = \left(1 + \dfrac{1}{n}\right)^n$ läßt sich zeigen, daß sie einen Grenzwert besitzt, indem man nachweist, daß sie monoton und beschränkt ist. Dieser Grenzwert ist die **Eulersche Zahl e**. Ihr Wert ist eine unendliche nichtperiodische Dezimalzahl und lautet e = 2,71828... . Die Eulersche Zahl ist zugleich auch Grenzwert einer unendlichen Reihe (vgl. Kap. 3.2) und dient als Basis der sogenannten natürlichen Logarithmen.

3.1 Folgen und Konvergenz

In der Finanzrechnung wird sie bei der stetigen Verzinsung Anwendung finden. Die Funktion mit dem Funktionsterm $f(x) = e^x$ (vgl. Kap. 4.2) ist die grundlegende Wachstumsfunktion der „exponentiellen Zunahme".

Satz 3.1.12 Rechenregeln für konvergente Folgen

Es seien $(a_n)_{n \in N}$ und $(b_n)_{n \in N}$ konvergente Zahlenfolgen mit den Grenzwerten $\lim_{n \to \infty} a_n = a$ und $\lim_{n \to \infty} b_n = b$. Dann gilt auch

(a) $(a_n + b_n)_{n \in N}$ konvergiert gegen $a+b$,
(b) $(a_n - b_n)_{n \in N}$ konvergiert gegen $a-b$,
(c) $(a_n \cdot b_n)_{n \in N}$ konvergiert gegen $a \cdot b$.
(d) Ist k eine reelle Zahl, so ist $(k \cdot a_n)_{n \in N}$ konvergent gegen $k \cdot a$ und
(e) $\left(\dfrac{a_n}{b_n}\right)_{n \in N}$ konvergiert gegen $\dfrac{a}{b}$, falls alle $b_n \neq 0$ und $b \neq 0$ ist.

Diese Rechenregeln ermöglichen oft die Berechnung der Grenzwerte von Folgen komplizierterer Form, indem man vorerst die Grenzwerte einfacher Bestandteile der Folgenglieder bestimmt und dann Satz 3.1.12 anwendet.

Beispiel 11: Eine Folge sei gegeben durch $a_n = (3n^2+6n+4)/(n+1)^2 + 2$. Umformungen führen auf

$$a_n = \frac{3n^2+6n+4}{(n+1)^2} + 2 = \frac{3n^2+6n+4}{n^2+2n+1} + 2 = \frac{n^2}{n^2} \cdot \left(\frac{3+6/n+4/n^2}{1+2/n+1/n^2}\right) + 2.$$

Die Folgen $(6/n)$, $(4/n^2)$, $(2/n)$ und $(1/n^2)$ konvergieren alle gegen Null, die

Folge $\left(\dfrac{3+6/n+4/n^2}{1+2/n+1/n^2}\right)_{n \in N}$ hat demnach den Grenzwert 3. Der herausgehobene Faktor (n^2/n^2) ist gleich 1, kann also weggelassen werden. Damit erhält man: Die ursprüngliche Folge (a_n) konvergiert gegen $3 + 2 = 5$.

Diese Regeln gelten für divergente Folgen im allgemeinen nicht.

Beispiel 12: Die Folgen mit $a_n = n$ und $b_n = 3n+1$ sind beide divergent, sie streben gegen $+\infty$. Die Folge der Quotienten $\dfrac{a_n}{b_n} = \dfrac{n}{3n+1}$ läßt sich umformen auf $\dfrac{1}{3+1/n}$ und ist konvergent gegen $1/3$.

Bildet man hingegen die Folge der Quotienten $\dfrac{b_n}{a_n} = \dfrac{3n+1}{n} = 3+\dfrac{1}{n}$, so strebt diese gegen den Grenzwert 3.

In beiden Fällen entsteht bei der Quotientenbildung ein Ausdruck, bei dem mit wachsendem n sowohl der Zähler als auch der Nenner gegen ∞ streben. In diesem Bsp. ergibt sich durch geeignete Umformungen jeweils ein eindeutiger endlicher Grenzwert.

Man bezeichnet den Ausdruck $\frac{\infty}{\infty}$ als unbestimmte Form. In Kap. 4.3 werden Grenzwerte auch für nicht nur auf *N* definierte Funktionen erklärt. Dort wird auf unbestimmte Formen näher eingegangen.

Um die Konvergenz bzw. Divergenz einer Folge auch ohne einen vermuteten Grenzwert nachweisen zu können, steht das folgende Konvergenzkriterium für Folgen zur Verfügung.

Satz 3.1.13 Cauchy-Konvergenzkriterium
Für die Konvergenz der Folge (a_n) ist notwendig und hinreichend, daß die Differenz von je zwei Folgengliedern mit ausreichend hohen Nummern beliebig klein wird:
Die Folge (a_n) ist konvergent $\Leftrightarrow \forall\ \varepsilon > 0\ \exists\ N(\varepsilon)$, sodaß $|a_n - a_m| < \varepsilon$, sobald m und n beide größer sind als $N(\varepsilon)$.

Mit Hilfe dieses Kriteriums läßt sich beispielsweise zeigen, daß die Folge mit dem allgemeinen Glied $a_n = \sum_{i=1}^{n}\frac{1}{i} = \frac{1}{1}+\frac{1}{2}+\ldots+\frac{1}{n}$ divergent ist. Das heißt, die Summe der Zahlen $\frac{1}{1}+\frac{1}{2}+\ldots+\frac{1}{n}$ hat für n→∞ keinen Grenzwert. Das mag vorerst völlig klar erscheinen, da man zur Bildung des Grenzwertes der Folge (a_n) unendlich viele nichtnegative Summanden aufzuaddieren hat. Allerdings wird sich im folgenden Kap. 3.2 zeigen, daß es auch Summen von unendlich vielen positiven Zahlen gibt, die dennoch eine endliche Zahl ergeben.

Der Begriff der Zahlenfolge kann verallgemeinert werden auf Folgen, deren Glieder nicht mehr reelle Zahlen, sondern Punkte oder Vektoren des R^k sind. Jeder Punkt x des R^k (vgl. Kap. 1.2) wird geschrieben als $(x_1, x_2, \ldots, x_k)$.
Definition 3.1.14 Numeriert man eine abzählbare Menge von Punkten des R^k, so erhält man eine **Punktfolge** $(x_n)_{n \in N}$, kurz geschrieben (x_n) wobei hier jedes x_n gegeben ist durch $x_n = (x_{1n}, x_{2n}, \ldots, x_{kn})$. Die Folge $(x_{in})_{n \in N}$ nennt man die **i-te Komponentenfolge**.

3.1 Folgen und Konvergenz

Beispiel 13: Eine Punktfolge im R^2 sei gegeben durch $x_n = \left(1+\dfrac{1}{n}, \dfrac{5}{n^2}\right)$.

Die Folge beginnt mit $(x_1, x_2, x_3, ...) = ((2, 5), (3/2, 5/4), (4/3, 5/9), ...)$. Die Punkte dieser Folge können in der Ebene eingezeichnet werden und man erkennt: Die erste Komponentenfolge $(1+1/n)$ ist streng monoton fallend und hat den Grenzwert 1. Die zweite Komponentenfolge $(5/n^2)$ ist ebenfalls streng monoton fallend und ist eine Nullfolge. Damit streben die Punkte der gegebenen Punktfolge mit wachsendem n gegen den Grenzpunkt $(1, 0)$.

Bezüglich der natürlichen Halbordnung (vgl. dazu Kap. 1.3) im R^2 ist also jeder Punkt der Folge $(1+1/n, 5/n^2)$ größer als $(1, 0)$, aber kleiner als $(2, 5)$. In diesem Sinne ist die Punktfolge beschränkt in jeder ihrer Komponenten.

Definition 3.1.15 Eine Folge $(x_n)_{n\in N}$ von Punkten des R^k heißt
(a) **beschränkt nach oben**, wenn sie bezüglich der natürlichen Halbordnung eine obere Schranke besitzt, d. h. es existiert ein $x^o \in R^k$, sodaß für alle $n\in N$: $x_n < x^o$,
(b) **beschränkt nach unten**, wenn sie bezüglich der natürlichen Halbordnung eine untere Schranke besitzt, d. h. $\exists\ x^u \in R^k$, sodaß $x_n > x^u$ für alle $n\in N$,
(c) **beschränkt**, wenn sie nach oben und nach unten beschränkt ist und
(d) **monoton**, wenn jede ihrer Komponentenfolgen monoton ist.

Definition 3.1.16 Ein Punkt $a\in R^k$ heißt **Häufungspunkt** einer Punktfolge $(x_n)_{n\in N}$, wenn in jedem k-dimensionalen Intervall der Seitenlänge 2ε unendlich viele Punkte der Folge liegen, d. h. mit $a = (a_1, a_2, ..., a_k)$ gilt: Für $\forall \varepsilon > 0$ liegen in $\langle a_1 - \varepsilon,\ a_1 + \varepsilon \rangle \times \langle a_2 - \varepsilon,\ a_2 + \varepsilon \rangle \times\ ...\ \times \langle a_k - \varepsilon,\ a_k + \varepsilon \rangle$ unendlich viele Punkte der Folge.

Satz 3.1.17 Satz von Bolzano-Weierstraß
Jede beschränkte unendliche Punktfolge des R^k besitzt mindestens einen Häufungspunkt.

Besitzt eine beschränkte Punktfolge nur einen Häufungspunkt, so wird dieser Punkt des R^k Grenzwert oder Grenzpunkt der Folge genannt, die Punktfolge heißt konvergent. Offensichtlich ist eine Punktfolge genau dann konvergent, wenn jede Komponentenfolge einen Grenzwert besitzt.

Definition 3.1.18 Eine Punktfolge (x_n) des R^k heißt **konvergent gegen den Punkt** $x_0 = (x_{10}, x_{20}, ...x_{k0}) \in R^k$, geschrieben $x_n \to x_0$ oder $\lim x_n = x_0$, wenn für jede Komponentenfolge $(x_{in})_{n \in N}$, d. h. $\forall\ i = 1, ..., k$ gilt: $(x_{in}) \to x_{i0}$.
Der Punkt x_0 heißt **Grenzpunkt** der Folge.

Satz 3.1.19 Ist eine unendliche Punktfolge des R^k beschränkt und monoton, dann ist sie konvergent.

Beispiel 14: Die Punkte einer Folge im R^3 seien $x_n = \left(\dfrac{1}{n}, \dfrac{7n+3}{n}, \dfrac{4n-1}{n}\right)$.

Diese Folge ist monoton, und zwar fallend in der ersten und zweiten Komponente, steigend in der dritten. Jede Komponentenfolge $(x_{in})_{n \in N}$ und damit auch die Punktfolge $(x_n)_{n \in N}$ ist beschränkt, jede ist konvergent. Der Grenzpunkt ist der Punkt $x_0 = (0, 7, 4)$.

3.2 Reihen

Betrachtet man eine Zahlenfolge $(a_n)_{n \in N}$ und bildet daraus die Summe $(a_1 + a_2 + ... + a_n)$, so erhält man für jede Anzahl n von Summanden als Ergebnis eine reelle Zahl. Diese wird mit S_n bezeichnet und man schreibt dafür kürzer $S_n = \sum_{i=1}^{n} a_i$.

Führt man das für eine mit dem Anfangsglied 1 beginnende geometrische Folge $(a_1, a_2, a_3, ...) = (1, q, q^2, q^3, ...)$ durch, so erhält man:

$$S_n = \sum_{i=1}^{n} a_i = 1 + q + q^2 + q^3 + \cdots + q^{n-1}, \text{ kurz: } S_n = \sum_{i=0}^{n-1} q^i.$$

Aus
$$S_n \cdot (1-q) = \left(1 + q + q^2 + \cdots + q^{n-1}\right) \cdot (1-q) = 1 + q + q^2 + q^{n-1}$$
$$- q - q^2 - q^3 - \cdots - q^n = 1 - q^n$$

ergibt sich für die Summe von n derartigen Summanden $S_n = \dfrac{1-q^n}{1-q}$.

Da jedem $n \in N$ genau eine Zahl S_n zugeordnet wird, bilden diese Summen selbst wieder eine Zahlenfolge $(S_n)_{n \in N} = \left(\dfrac{1-q^n}{1-q}\right)_{n \in N}$.

Ist nun der Betrag $|q| < 1$, dann strebt q^n gegen Null und die Folge $(S_n)_{n \in N}$ hat den Grenzwert $\dfrac{1}{1-q}$. In diesem Fall wird das Symbol $S = \sum_{i=0}^{\infty} q^i$ also sinnvoll. Man sagt: diese Summe von unendlich vielen Summanden hat den endlichen Wert $S = \sum_{i=0}^{\infty} q^i = \dfrac{1}{1-q}$.

Beispiel 1: Für $q = 0.5$, also die Folge $(1, \dfrac{1}{2}, \dfrac{1}{4}, \dfrac{1}{8}, ...)$, erhält man die ersten drei Teilsummen $S_1 = 1$, $S_2 = 1 + \dfrac{1}{2} = \dfrac{3}{2}$, $S_3 = 1 + \dfrac{1}{2} + \dfrac{1}{4} = \dfrac{7}{4}$, weiters etwa $S_6 = \dfrac{63}{32}$, usw...

Die Folge (S_n) hat den Grenzwert $S = \dfrac{1}{1-0.5} = 2$.

Definition 3.2.1 Sei $(a_i)_{i \in N}$ eine Zahlenfolge. Dann nennt man die unendliche Summe $a_1 + a_2 + a_3 + ...$ eine **unendliche Reihe**. Man schreibt dafür mit Hilfe des Summenzeichens $S = a_1 + a_2 + a_3 + ... = \sum_{i=1}^{\infty} a_i$.

Die Folge $(S_n)_{n \in N} = \left(\sum_{i=1}^{n} a_i \right)_{n \in N}$ nennt man **Folge der Partialsummen** dieser Reihe.

Gelegentlich bezeichnet man auch den ersten Summanden mit a_0, somit beginnt also die Reihe mit $S = a_0 + a_1 + a_2 + ...$ und man bezeichnet auch $\sum_{i=0}^{\infty} a_i = a_0 + a_1 + \cdots$ als eine unendliche Reihe.

Das einführende Beispiel zeigt, daß auch eine Summe von unendlich vielen Folgengliedern endlich bleiben kann - natürlich höchstens dann, wenn die aufsummierte Folge eine Nullfolge ist.

Definition 3.2.2 Konvergenz und absolute Konvergenz

(a) Die unendliche Reihe $\sum_{i=1}^{\infty} a_i$ heißt **konvergent**, wenn die Folge ihrer Partialsummen den endlichen Grenzwert S besitzt, d.h. wenn $S_n \to S$. Eine unendliche Reihe, die nicht konvergent ist, heißt **divergent**.

(b) Die Reihe $\sum_{i=1}^{\infty} a_i$ heißt **absolut konvergent**, wenn die Summe der Beträge der a_i, also $\sum_{i=1}^{\infty} |a_i|$, konvergent ist.

Folgerung 3.2.3 Jede absolut konvergente Reihe ist konvergent, aber nicht jede konvergente Reihe ist auch absolut konvergent.

Definition 3.2.4 Die aus den Gliedern einer mit a_0 beginnenden geometrischen Folge gebildete Reihe $\sum_{i=0}^{\infty} a_0 \cdot q^i$ heißt **geometrische Reihe**.

Ist $q < 0$, so nennt man sie **alternierende geometrische Reihe**.

3.2 Reihen

Folgerung 3.2.5 Ist $|q| < 1$, so konvergiert die geometrische Reihe und sie hat die Summe $S = \sum_{i=0}^{\infty} a_0 \cdot q^i = a_0 \cdot \dfrac{1}{1-q}$.

Speziell für $a_0 = 1$ ergibt sich die oben angegebene Formel $S = \dfrac{1}{1-q}$.

Beispiel 2: Die geometrische Reihe mit $a_0 = 4$ und $q = 0.6$ hat die endliche Summe $S = 4 \cdot \dfrac{1}{1-0.6} = 10$.

Will man zur selben Reihe etwa $\sum_{i=10}^{\infty} a_i$ bestimmen, so berechnet man dies als Differenz $S - \sum_{i=0}^{9} a_i = S - S_{10} = 10 - 4 \cdot \dfrac{1-0.6^{10}}{1-0.6} \approx 0.0605$.

Beispiel 3: Auch Summen von bestimmten Gliedern einer alternierenden geometrischen Reihe lassen sich derart berechnen. So ist etwa

$$\sum_{i=2}^{\infty}\left(-\frac{3}{4}\right)^i = \sum_{i=0}^{\infty}\left(-\frac{3}{4}\right)^i - \sum_{i=0}^{1}\left(-\frac{3}{4}\right)^i = \frac{1}{1-\left(-\frac{3}{4}\right)} - \left(\left(-\frac{3}{4}\right)^0 + \left(-\frac{3}{4}\right)^1\right) = \frac{9}{28}.$$

Beispiel 4: Betrachtet wird die Summe der Reziprokwerte aller natürlichen Zahlen, die sogenannte **Harmonische Reihe** $\sum_{i=1}^{\infty} \dfrac{1}{i} = 1 + \dfrac{1}{2} + \dfrac{1}{3} + \dfrac{1}{4} + \cdots$.

Unter Anwendung von Satz 3.1.13, des Cauchy-Konvergenzkriteriums, auf die Folge der Partialsummen dieser Reihe läßt sich zeigen, daß diese Reihe divergent ist. Obwohl die aufsummierten Folgenglieder $a_i = 1/i$ eine Nullfolge bilden, ergibt sich keine endliche Summe.

Wie dieses Beispiel zeigt, ist das Vorliegen einer Nullfolge nicht hinreichend, um die Konvergenz der daraus gebildeten unendlichen Reihe zu gewährleisten. Man benötigt also allgemeine Kriterien, mit deren Hilfe eine Reihe auf ihr Konvergenzverhalten überprüft werden kann.

Ob eine unendliche Summe konvergent ist oder nicht, entscheidet sich nicht bei den Summanden a_i mit niedrigen Nummern, sondern ist nur abhängig davon, wie rasch diese Summanden gegen Null konvergieren. Eine Veränderung der ersten n Summanden ändert, falls die Reihe konvergent ist, nur deren Wert S. Eine divergente Reihe kann dadurch nicht konvergent gemacht werden.

Satz 3.2.6 Quotientenkriterium

Die Reihe $\sum_{i=0}^{\infty} a_n$ ist konvergent, wenn die Quotienten aufeinanderfolgender Summanden dem Betrag nach schließlich immer kleiner als eins werden.

Das ist sicher der Fall, wenn deren Grenzwert $\lim_{n\to\infty}\left|\frac{a_{n+1}}{a_n}\right|<1$ ist, dann ist folglich die Reihe konvergent.

Ist der Grenzwert $\lim_{n\to\infty}\left|\frac{a_{n+1}}{a_n}\right|>1$, dann ist die Reihe divergent. Ergibt sich genau der Grenzwert 1, so ist mit diesem Kriterium keine Entscheidung möglich.

Beispiel 5: Betrachtet wird die unendliche Reihe $\sum_{n=1}^{\infty}\frac{n+1}{n^3}$. Man berechnet

$$\left|\frac{a_{n+1}}{a_n}\right|=\frac{(n+2)}{(n+1)^3}\cdot\frac{n^3}{n+1}=\frac{n^4+\cdots}{n^4+\cdots}$$

und es ergibt sich $\lim_{n\to\infty}\left|\frac{a_{n+1}}{a_n}\right|=1$; Die Anwendung des Quotientenkriteriums führt zu keiner Entscheidung!

Satz 3.2.7 Wurzelkriterium

Die Reihe $\sum_{i=0}^{\infty} a_i$ ist konvergent, wenn der Grenzwert $\lim_{n\to\infty}\left(\sqrt[n]{|a_n|}\right)<1$ ist, sie divergiert, wenn $\lim_{n\to\infty}\left(\sqrt[n]{|a_n|}\right)>1$.

Ergibt sich genau der Grenzwert 1, so ist auch mit diesem Kriterium keine Entscheidung möglich.

Beispiel 6: Betrachtet wird die aus den Folgengliedern $a_n=\left(\frac{1}{n}\right)^n$ gebildete unendliche Reihe $\sum_{n=1}^{\infty}\left(\frac{1}{n}\right)^n$. Man sieht sofort, daß $\sqrt[n]{|a_n|}=\frac{1}{n}$ gegen Null konvergiert und somit ist diese Reihe konvergent.

In vielen Fällen ergeben diese beiden Kriterien die Situation der Unentscheidbarkeit. Kennt man nun eine konvergente Reihe mit nur positiven Summanden, so muß jede Reihe, die aus jeweils kleineren positiven Summanden besteht, erst recht konvergent sein. Daraus - und aus den Überlegungen nach Beispiel 4 - ergibt sich ein Vergleichskriterium.

Satz 3.2.8 Majorantenkriterium und Minorantenkriterium

(a) Die Reihe $\sum_{i=0}^{\infty} a_i$ ist konvergent, wenn, zumindest für alle ausreichend großen Indizes n, die Beträge ihrer Summanden nicht größer (d. h. kleiner oder maximal gleich) sind als die entsprechenden Summanden einer konvergenten Reihe mit positiven Gliedern b_n, d. h. wenn für ein $N \in \mathcal{N}$ gilt: $|a_n| \leq |b_n|$ für $\forall n > N$.

Man nennt hier die Reihe $\sum_{i=0}^{\infty} b_i$ eine **konvergente Majorante**.

(b) Die Reihe $\sum_{i=0}^{\infty} |a_i|$ ist divergent, wenn für ausreichend großes n gilt: $|a_n| \geq |b_n|$, wobei $\sum_{i=0}^{\infty} |b_i|$ eine divergente Reihe ist. Man nennt hier die Reihe $\sum_{i=0}^{\infty} |b_i|$ eine **divergente Minorante**.

Um das Majorantenkriterium anwenden zu können, benötigt man eine konvergente Vergleichsreihe als Majorante. Solche konvergente Reihen sind beispielsweise:

$\sum_{n=1}^{\infty} \frac{1}{n^2}$, jede geometrische Reihe $\sum_{n=0}^{\infty} q^n$ mit $|q| < 1$, aber auch $\sum_{n=1}^{\infty} \frac{k}{n^2}$ mit beliebigem positivem k.

Um das Minorantenkriterium anwenden zu können, benötigt man eine divergente Vergleichsreihe als Minorante. Eine solche divergente Reihe ist beispielsweise die harmonische Reihe $\sum_{n=1}^{\infty} \frac{1}{n}$, aber natürlich auch jede Reihe, deren Summanden nichtnegativ sind und keine Nullfolge bilden.

Beispiel 5, Fortsetzung:

Eine Abschätzung der Reihensummanden ergibt: $\frac{n+1}{n^3} \leq \frac{2n}{n^3} = \frac{2}{n^2} = \frac{1}{n^2} + \frac{1}{n^2}$. Die Reihe $\sum_{n=1}^{\infty} \frac{1}{n^2}$ hat nur positive Summanden und kann jeweils als Majorante verwendet werden. Ihr Grenzwert - dieser wird hier ohne Beweis angegeben - ist $\pi^2/6$.

Daher ist die betrachtete Reihe $\sum_{n=1}^{\infty} \frac{n+1}{n^3}$ konvergent und man weiß sogar, daß ihr Grenzwert kleiner ist als $2\pi^2/6$.

Nur für alternierende Reihen gilt das folgende Konvergenzkriterium.

Satz 3.2.9 Leibniz-Kriterium

Die Reihe $\sum_{i=0}^{\infty} a_i$ habe alternierend positive und negative Summanden. Sie ist konvergent, wenn die Beträge $|a_n|$ eine monotone Nullfolge bilden.

Beispiel 7: Gemäß diesem Kriterium ist die **alternierende harmonische Reihe** konvergent.

Die unendliche Summe $(-1 + \frac{1}{2} - \frac{1}{3} + \frac{1}{4} - \ldots) = \sum_{n=1}^{\infty} (-1^n) \cdot \frac{1}{n}$ hat einen endlichen Wert. Diese Reihe ist demnach ein Beispiel für eine zwar konvergente, aber nicht absolut konvergente Reihe.

Für konvergente unendliche Reihen gelten teilweise dieselben Regeln wie für endliche Summen. Der folgende Satz faßt einige Rechenregeln zusammen.

Satz 3.2.10 Rechenregeln für konvergente Reihen

Die Reihen $\sum_{n=0}^{\infty} a_n$ und $\sum_{n=0}^{\infty} b_n$ seien konvergent mit Grenzwerten a und b, dann gilt:

(a) $\sum_{n=0}^{\infty} c \cdot a_n = c \cdot \sum_{n=0}^{\infty} a_n = c \cdot a$ und

(b) $\sum_{n=0}^{\infty} (a_n + b_n) = \sum_{n=0}^{\infty} a_n + \sum_{n=0}^{\infty} b_n = a + b$.

(c) Nur wenn beide Reihen absolut konvergent sind, gilt auch

$$\left(\sum_{n=0}^{\infty} a_n\right) \cdot \left(\sum_{n=0}^{\infty} b_n\right) = a \cdot b = \sum_{i=0}^{\infty} \left[a_i \cdot \left(\sum_{j=0}^{\infty} b_j\right)\right] = \sum_{i,j} a_i \cdot b_j =$$

$$= \sum_{n=0}^{\infty} \sum_{\substack{i+j=n \\ i \geq 0, j \geq 0}} a_i \cdot b_j = \sum_{n=0}^{\infty} c_n \quad \text{mit } c_n = \sum_{\substack{i+j=n \\ i \geq 0, j \geq 0}} a_i \cdot b_j.$$

3.2 Reihen

Rechenregel (a) bedeutet, daß ein in allen Summanden vorhandener konstanter Faktor vor das Summenzeichen gesetzt, d. h. herausgehoben werden kann, Regel (b) besagt, daß konvergente Reihen gliedweise addiert werden dürfen.

Regel (c) bedeutet, daß zwei absolut konvergente Reihen wie endliche Summen multipliziert werden können. Die entstehenden Produkte können in beliebiger Reihenfolge angeschrieben werden, insbesondere auch als

$$(a_0 + a_1 + a_2 + ...) \cdot (b_0 + b_1 + b_2 + ...) = a \cdot b = c_0 + c_1 + c_2 + ... =$$
$$= (a_0 \cdot b_0) + (a_0 \cdot b_1 + a_1 \cdot b_0) + (a_0 \cdot b_2 + a_1 \cdot b_1 + a_2 \cdot b_0) + ...$$

Beispiel 8: Betrachtet werden die (absolut) konvergenten Reihen

$$\sum_{i=1}^{\infty} a_i = \sum_{i=1}^{\infty} \left(\frac{1}{2}\right)^i \text{ und } \sum_{i=1}^{\infty} b_i = \sum_{n=1}^{\infty} \frac{1}{n^2}.$$

Die erste dieser Reihen

$$\sum_{i=1}^{\infty} \left(\frac{1}{2}\right)^i = \frac{1}{2} + \frac{1}{4} + \frac{1}{8} + ... = \sum_{i=0}^{\infty} \left(\frac{1}{2}\right)^i - 1$$

hat als geometrische Reihe den Grenzwert $a = 2 - 1 = 1$.

Die Reihe $\sum_{n=1}^{\infty} \frac{1}{n^2}$ konvergiert gegen $b = \pi^2/6$, also konvergiert die Reihe

$\sum_{n=1}^{\infty} \frac{6}{n^2}$ gegen π^2. Die aus den zwei Reihen durch gliedweise Addition

gebildete Reihe $S = \sum_{i=1}^{\infty} (a_i + b_i)$ hat den Wert $a + b = 1 + \pi^2/6$.

Das Produkt der beiden absolut konvergenten Reihen hat den Wert $1 \cdot \pi^2/6$.

3.3 Finanzrechnung

In diesem Abschnitt sollen einige grundlegende Begriffe aus der Finanzmathematik erklärt und deren Zusammenhang mit den im vorigen Kapitel eingeführten Reihen, insbesondere der geometrischen Reihe, dargestellt werden.

A Zins und Zinseszins

Wird Geld verliehen und zu einem späteren Zeitpunkt zurückgezahlt, so wird für dieses Verleihen eine Gebühr, die Zinsen, in Rechnung gestellt. Die Höhe der Zinsen wird üblicherweise durch den **Zinsfuß p** in Prozent pro Jahr, lateinisch per annum, abgekürzt p. a., angegeben. Die Zinsen werden zu vorgegebenen Zeitpunkten errechnet und zu diesen Zeitpunkten dem aushaftenden Kapital zugeschlagen (kapitalisiert), ab dann also genau wie dieses behandelt und weiterhin mitverzinst. Diese Vorgangsweise wird als „**Zins und Zinseszins**" bezeichnet.

Wenn nicht anders vereinbart oder angegeben, beträgt die Verzinsungsperiode genau ein Kalenderjahr, d. h. die Verzinsungszeitpunkte sind jeweils der 31. Dezember jedes Jahres. Die Zinsen werden mit diesem Datum kapitalisiert und zumeist vom Anfangskapital berechnet. Diese Art der Verzinsung heißt **dekursiv** oder **nachschüssig**.

Liegt im Verzinsungszeitraum kein Verzinsungszeitpunkt, so werden die Zinsen anteilig berechnet, das Zinseszinsprinzip kommt nicht zum Tragen und man spricht von **einfacher Verzinsung**. Zur anteiligen Berechnung wird das Jahr generell mit 12 Monaten zu je 30 Tagen gerechnet. Der anteilige Monatszinsfuß beträgt p/12 Prozent, der anteilige Tageszinsfuß p/360 Prozent.

Die Zahl $i = p/100$ nennt man den **Zinssatz**, die Zahl $q = (1+i)$ heißt **Zinsfaktor**. Bei einem Zinsfuß von $p = 3\%$ ist $i = 0.03$ und $q = 1.03$.

Die Anzahl der Verzinsungsperioden wird im weiteren immer mit n bezeichnet. Wird nun ein Kapital K_0 genau eine Verzinsungsperiode lang verliehen, so errechnet man das Endkapital K_1 gemäß $K_1 = K_0 \cdot (1+i) = K_0 \cdot q$.

Liegen Anfangs- und Endzeitpunkt innerhalb derselben Verzinsungsperiode, dann werden für die entsprechende Anzahl von Monaten oder Tagen einfache Zinsen berechnet. Ist das der Fall, also auch $n<1$, dann erhält man für das Endkapital den Wert $K_{end} = K_0 \cdot (1+n \cdot i)$.

Beispiel 1: Ein Betrag $K_0 = 20\,000.-$ wird am 31. März an eine Bank verliehen, d. h. auf ein Sparbuch gelegt. Der Zinsfuß betrage 3 % p.a.. Wird das Geld am 1. August desselben Jahres wieder vollständig behoben, dann

3.3 Finanzrechnung

werden zu diesem Zeitpunkt die anteiligen Zinsen, d. s. für vier Monate genau ein Prozent des Anfangskapitals, fällig und es werden 20 200.- ausbezahlt (wovon noch eine allfällige Kapitalertragssteuer abzuführen ist).

Wird ein Kapital genau n volle Verzinsungsperioden lang verliehen, so erhält man nach dem Zinseszinsprinzip für das Endkapital die Formel
$K_{end} = K_n = K_0(1+i)^n = K_0 \cdot q^n$
Man nennt $q = 1+i$ den **(dekursiven) Aufzinsungsfaktor**.

Beispiel 2: Der Betrag von $K_0 = 20\,000$.- wird am 31. Dezember 1997 an eine Bank verliehen, d. h. auf ein Sparbuch gelegt. Der Zinsfuß betrage drei Prozent p.a.. Nach genau vier Jahren wird das Geld wieder behoben und man erhält $K_4 = 20.000 \cdot (1.03)^4 = 22\,510.18$.

Liegen einer oder mehrere Verzinsungszeitpunkte zwischen Anfangszeitpunkt t_0 und Endzeitpunkt t_{end}, wird **gemischt verzinst**, d. h. es sind bis zum ersten Verzinsungszeitpunkt die anteiligen Zinsen zu berechnen und zu kapitalisieren, dann ist für die Anzahl voller Perioden das Zinseszinsprinzip anzuwenden und schließlich sind wieder die anteiligen Zinsen bis zum Endzeitpunkt t_{end} hinzuzurechnen.

Beispiel 3: Wieder wird $K_0 = 20\,000$.- am 31. März 1997 zu 3% p.a. auf ein Sparbuch gelegt, dieses aber erst am 1. April des Jahres 2001 aufgelöst. Mit 31. Dezember 1997 werden die anteiligen Zinsen, d. s. für neun Monate 2.25% des Anfangskapitals, dem Kapital zugeschlagen, d. h. ab nun ist das Kapital $K_1 = 20\,450$.- für drei volle Jahre aufzuzinsen und es ergibt sich zum 31. 12. 2000 ein Wert von $K_2 = 20\,450(1.03)^3 = 22\,346.27$. Dieser Betrag ist weitere drei Monate aufzuzinsen. Zum Zeitpunkt der Auflösung des Sparbuches ist somit der Auszahlungsbetrag (abzüglich anfallender Gebühren und der einbehaltenen Kapitalertragssteuer!) zu berechnen als $K_{end} = K_2(1 + 0.03 \cdot (3/12)) = 22\,513.86$.
Man beachte, daß in Bsp. 2 und Bsp. 3 derselbe Anfangsbetrag über dieselbe Zeit, nämlich vier Jahre, zu verzinsen war. Dennoch ergibt sich ein unterschiedlicher Endwert aufgrund der verschiedenen Einzahlungszeitpunkte innerhalb der Verzinsungsperiode!

Eine andere Art der Verzinsung besteht darin, die Zinsen nicht vom Anfangskapital ausgehend zu berechnen sondern vom Endkapital. Diese Art von Verzinsung nennt man **antizipativ** oder **vorschüssig**.

Für genau eine Verzinsungsperiode erhält man bei gegebenem Zinssatz i den Zusammenhang: $K_1 - K_1 \cdot i = K_1 \cdot (1-i) = K_0$ und daraus $K_1 = \dfrac{K_0}{1-i}$.

Die Überlegungen betreffend einfache Verzinsung innerhalb einer Verzinsungsperiode und Zinseszinsberechnung, wenn zwischen t_0 und t_{end} mindestens ein Verzinsungszeitpunkt liegt, gelten analog wie oben bei der dekursiven Verzinsung.

Liegen t_0 und t_{end} innerhalb derselben Verzinsungsperiode, so ist n<1 und es gilt: $K_{end} = \dfrac{K_0}{1 - n \cdot i}$. Wird über genau n volle Perioden verzinst, so ist $n \in N$ und man erhält $K_n = \dfrac{K_0}{(1-i)^n}$. Will man diese Formel - wie oben bei der dekursiven Verzinsung - mit Hilfe eines Aufzinsungsfaktors q schreiben, so gilt wieder $K_n = K_0 \cdot q^n$, wobei hier aber mit dem **antizipativen Aufzinsungsfaktor** $q = \dfrac{1}{1-i}$ zu rechnen ist.

Beispiel 4: Die einfache Verzinsung des Anfangskapitals von 20 000.- für den Zeitraum von 31. März bis 1. August desselben Jahres, bei antizipativer Verzinsung mit 3% p.a., ergibt für vier Monate, d. s. ein Drittel des Jahres, den Multiplikator 1/(1−0.01) und daher $K_{end} = K_0/0.99 = 20\ 202.02$.

Beispiel 5: Sei wieder $K_0 = 20\ 000.-$ und der Verzinsungszeitraum von vier Jahren beginne am 31. Dezember 1997. Die Zinsen von 3% p. a. werden antizipativ berechnet. Dann ist i = 0.03, q = 1/0.97 = 1.0309 und das Endkapital $K_4 = K_0 \cdot q^4 = 22\ 591.40$. Dieser Wert ist deutlich höher als das Ergebnis von Beispiel 2.

Im folgenden wird immer mit dekursiver Verzinsung gerechnet, außer es wird definitiv auf antizipative Verzinsung hingewiesen.

Beträgt die Verzinsungsperiode weniger als ein Jahr, so spricht man von **unterjähriger** Verzinsung, beispielsweise vierteljährlich oder monatlich. Man beachte, daß dabei die Zinsen früher als bei der jährlichen Verzinsung kapitalisiert werden und man ein höheres Endkapital erhält. Ausgehend von einem **nominellen Jahreszinsfuß** p% wird mit den anteiligen Zinsen je Verzinsungsperiode gerechnet und mehrmals pro Jahr werden die Zinsen dem Kapital zugerechnet und von da an mitverzinst.

3.3 Finanzrechnung

Beispiel 6: Bei 3% jährlich ergibt sich die anteilige monatliche Verzinsung zu 3/12 = ¼ Prozent, somit der monatliche Zinssatz i_m = 0.0025 und der Aufzinsungsfaktor 1.0025 pro Monat. Das Kapital K_0 = 20 000.- wächst innerhalb eines Jahres, über zwölf Zinsperioden, auf K_{end} = $K_0 \cdot (1.0025)^{12}$ = $K_0 \cdot (1.03042)$ = 20 608.32.

Man erkennt, daß ¼ % monatlich der jährlichen Verzinsung mit p = 3.042 Prozent entspricht. Man spricht im Gegensatz zu den 3 Prozent **Nominalverzinsung** von einer **Effektivverzinsung** mit 3.042 Prozent jährlich und nennt die beiden Zinssätze i_m = 0.0025 (monatlich) und i = 0.03042 (jährlich) **zueinander äquivalent**.
Stellt man sich die umgekehrte Frage, sucht man also den zu 3% p. a. gehörigen äquivalenten Monatszinssatz, so ist die Gleichung $(1+i_m)^{12}$ = 1.03 nach i_m aufzulösen und es ergibt sich i_m = 0.00247.
Für je zwei verschieden lange Zinsperioden läßt sich immer der jeweils äquivalente Zinssatz berechnen.

Beispiel 7: Man bestimmt den äquivalenten halbjährlichen Zinssatz $i_{1/2}$ zum monatlichen Zinsfuß von 1.5 Prozent als $i_{1/2}$ = $(1+ 0.015)^6 - 1$ = 0.09344.
Der effektive Jahreszinsfuß dazu ergibt sich aus q = $(1 + 0.015)^{12}$ =1.1956 und man erhält p = 19.56 %.

Die unterjährige Verzinsung ergibt mit höherer Anzahl der Zinsperioden höhere Werte des Endkapitals. Monatliche Verzinsung bringt mehr als jährliche, tägliche Verzinsung mehr als die monatliche, stündliche mehr als tägliche ...
Im Grenzfall spricht man von der sogenannten **stetigen Verzinsung**.
Wie groß ist nun der Kapitalzuwachs bei dieser stetigen Verzinsung? Es sei ein jährlicher Zinssatz i gegeben und das Jahr werde in m Zinsperioden aufgeteilt. Dann ist der anteilige Zinssatz je Periode gleich i/m und der Wert des Kapitals K_0 nach einem Jahr beträgt $K_1 = K_0 \cdot \left(1+\dfrac{i}{m}\right)^m$. Stetige Verzinsung bedeutet nun, daß die natürliche Zahl m unendlich groß wird.
Man benötigt den Grenzwert $\lim\limits_{m \to \infty}\left(1+\dfrac{i}{m}\right)^m$. Umformung mit m = n·i ergibt für den Klammerausdruck $\left(1+\dfrac{1}{n}\right)$ und somit $K_1 = K_0 \cdot \left(1+\dfrac{1}{n}\right)^{n \cdot i}$.
Nach Regeln des Rechnens mit Exponenten und unter Verwendung der Konvergenz der Folge $((1+1/n)^n)$ gegen den Grenzwert e ≈ 2.7183, die

Eulersche Zahl (vgl. Bsp. 10, Kap. 3.1), erhält man den Wert $K_1 = K_0 \cdot e^i$.
Der Aufzinsungsfaktor für ein Jahr beträgt $q = e^i$ und nach n vollen Jahren erhält man das Endkapital $K_n = K_0 \cdot e^{n \cdot i}$.

Beispiel 8: Das Anfangskapital K_0 = 20 000.-, bei einem nominellem Jahreszinsfuß von 3 % stetig verzinst, ergibt nach vier Jahren das Endkapital K_4 = 20 000$\cdot e^{0.12}$ = 22 549.94.

Wie bei unterjähriger Verzinsung gehört auch zur stetigen Verzinsung mit nominellem Jahreszinssatz i ein eindeutig bestimmter effektiver Jahreszins-satz i_{eff}, zu berechnen aus der Gleichung $i_{eff} = q - 1$ mit $q = e^i$. Umgekehrt kann zu jedem effektiven Jahreszinssatz der äquivalente stetige Zinssatz bestimmt werden.

Beispiel 9: Zum nominellen Zinsfuß p = 3 % gehört bei stetiger Verzinsung ein äquivalentes $i_{eff} = e^{0.03} - 1 = 0.03045$.
Umgekehrt: Welcher stetige Zinssatz ist äquivalent zu effektiven drei Prozent jährlich? Man berechnet dazu aus $e^i = 1.03$ die Hochzahl $i = \ln(1.03)$ und erhält den gerundeten Wert 0.02956.

Die untenstehende Abbildung soll den Verlauf des Kapitalzuwachses über mehrere Verzinsungsperioden bei jährlicher und bei stetiger Verzinsung mit demselben nominalen Jahreszinssatz veranschaulichen.

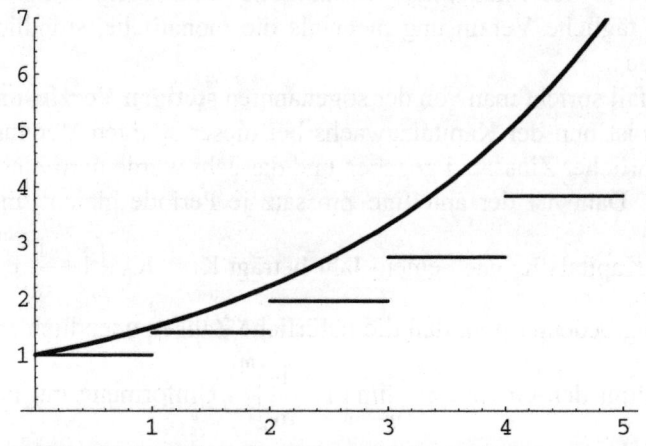

Abbildung1: Kapitalzunahme bei verschiedenen Verzinsungsweisen

Obwohl diese stetige Verzinsung in der Praxis nicht durchgeführt werden kann, hat sie rechentechnisch zwei grundlegende Vorteile im Vergleich zur Zinseszinsrechnung über eine echt positive Zinsperiodendauer.

3.3 Finanzrechnung

Erstens: Das Problem der gemischten Verzinsung tritt nicht auf, d. h. für das Ergebnis einer Zins- oder Zinseszinsrechnung ist ausschließlich die Zeitdauer des Verzinsungsvorganges bedeutsam, nicht aber der Anfangszeitpunkt.

Zweitens: Da die Zinsperiode die Zeitdauer null hat, gibt es keinen Unterschied zwischen dekursiver und antizipativer Verzinsung.

Tatsächliche Verwendung findet die stetige Verzinsung in der Investitionsrechnung.

B Aufzinsen, Abzinsen und das Äquivalenzprinzip

Bisher wurde ein Anfangskapital K_0 betrachtet, für einen vorgegebenen Zeitraum - nach der einen oder anderen Methode - verzinst und das Endkapital K_{end} daraus berechnet. Dieses Endkapital ist aber nichts anderes als der Wert des Anfangskapitals zu einem späteren Zeitpunkt. Man kann sich ebenso die umgekehrte Frage stellen, nämlich die nach dem Wert eines Kapitals K_{end} zu einem früheren Zeitpunkt. Man muß dazu den Wert des Endkapitals K_{end} **abzinsen**. Zahlungen, die zu einem späteren Zeitpunkt erfolgen, haben jetzt einen geringeren als den nominalen Wert.

Es gilt das allgemeine **Äquivalenzprinzip**: Kapitalien können nur dann miteinander verglichen werden, wenn man sie auf denselben Zeitpunkt bezieht, d. h. deren Werte zum selben Zeitpunkt betrachtet. Welchen Zeitpunkt man dazu hernimmt, ist zumindest prinzipiell unwesentlich.

Allerdings bedarf es zu diesem Vergleich von zu verschiedenen Zeitpunkten vorliegenden Geldbeträgen zweier Voraussetzungen: Man braucht einen **Kalkulationszinsfuß** und die Art der Zinsberechnung muß klar sein.

Beispiel 10: Welche Summe ist „mehr wert", 20.000.- zu Beginn des Jahres oder 20 500.- genau ein Jahr später?

Diese Frage ist erst korrekt beantwortbar, wenn man weiß, man könnte den Betrag von 20 000.- zu 3% p.a. auf ein Sparkonto legen. Man bekäme dann nach dem einen Jahr den Betrag 20 600.-, also mehr als die 20 500.- womit „nun 20 000.-" mehr wert sind als „dann 20 500.-". Bekommt man für das Sparkonto nur 2% p.a., so lautet die Antwort umgekehrt.

In beiden Fällen wurde ganz selbstverständlich mit einer dekursiven (nachschüssigen) Verzinsung gerechnet.

Will man den jetzigen Wert K_0 eines zu einem späteren Zeitpunkt vorhandenen oder fälligen Kapitals K_{end} bestimmen, so bezeichnet man dieses K_0 als **Barwert**. Dessen Bestimmung nennt man **Abzinsen** oder **Diskontieren**. Die Formeln zur Berechnung eines Barwertes ergeben sich aus den obigen durch einfache Umformungen:

Liegt kein Verzinsungszeitpunkt zwischen Anfang und Ende des Abzinsvorganges, ist also auch n<1, so erhält man für die dekursive Verzinsung $K_0 = \dfrac{K_{end}}{1+n \cdot i}$. Diese Art des Diskontierens nennt man **bürgerlichen Diskont**.

Wenn man nun in der Praxis eine zu einem späteren Datum fällige Summe früher ausbezahlt haben möchte, beispielsweise indem man einen Schuldschein vor dessen Fälligkeit an eine Bank verkauft, so wird der sogenannte **bankmäßige** oder **kaufmännische Diskont** in Anwendung gebracht. Dieser ist nichts anderes als eine antizipative Verzinsung, d. h. die Zinsen werden nicht vom Anfangskapital hinauf- sondern vom Endkapital heruntergerechnet womit sich höhere Zinsen ergeben.

Die Formel zur Bestimmung von K_0 lautet demgemäß: $K_0 = (1 - n \cdot i) \cdot K_{end}$.

Beispiel 11: Eine am 15. August fällige Summe von 20 000.- wird, diskontiert mit 8% p.a., am 31. März zur Auszahlung gebracht. Hier ist die Zeitdauer 4 ½ Monate, n = 9/24. Der anteilige Zinssatz n·i beträgt 0.03. Die Berechnung von K_0 unter Anwendung des bürgerlichem Diskonts ergibt den Betrag von 20 000/1.03 = 19 417.48
Rechnet man hingegen mit kaufmännischem Diskont, so ergibt sich der geringere Betrag $K_0 = (20\ 000) \cdot (0.97) = 19\ 400.-$

Für den Fall, daß Anfangs- und Endzeitpunkt mit Verzinsungszeitpunkten zusammenfallen, lassen sich - wieder bei jeweils geeigneter Definition des Aufzinsungsfaktors q - beide Verzinsungsarten in einer Formel beschreiben: $K_0 = K_{end}/q^n$. Erklärt man v = 1/q, dann nennt man die Zahl v auch den **Abzinsungsfaktor** und die Formel für die Berechnung von K_0 lautet einfach $K_0 = K_{end} \cdot v^n$.

Wieder soll im folgenden, wenn nicht ausdrücklich anders angegeben, immer mit dekursiver Verzinsung gerechnet werden.

Aus dem bisher Gesagten folgt unmittelbar, daß sich der Barwert einer Summe von zu verschiedenen späteren Zeitpunkten vorliegenden Beträgen als die Summe der einzelnen Barwerte, d. h. all dieser entsprechend lange abgezinsten Beträge, ergibt.

Fließen alle Beträge als Gewinne aus einer Investition, so wird deren Barwert abzüglich die Investitionskosten als **Kapitalwert** dieser Investition bezeichnet.

3.3 Finanzrechnung

Beispiel 12: Von einer Investition wird erwartet, daß sie, über vier Jahre hinweg jeweils zu Jahresende Erträge liefert, und zwar gemäß folgender Tabelle:

Jahr	1997	1998	1999	2000
Ertrag	500 000	550 000	600 000	700 000

Um, etwa bei einem Kalkulationszinsfuß von 8% p.a., den Kapitalwert B all dieser Beträge zu ermitteln, sind alle Werte auf den Zeitpunkt „Beginn 1997" zu beziehen und entsprechend lange abzuzinsen. Hier ist $q = 1.08$, also der Abzinsungsfaktor $v = 1/q = 0.9259$. Man erhält den Barwert B als die Summe
$(500\,000)v + (550\,000)v^2 + (600\,000)v^3 + (700\,000)v^4 = 1\,925\,319.56$.

Offensichtlich hängt der Barwert dieser Zahlungsreihe vom Kalkulationszinsfuß ab: Je höher dieser ist, desto kleiner wird der Barwert. Rechnet man in obigem Beispiel mit einem Kalkulationszinsfuß von 12% p.a., so erhält man den Barwert $B = 1\,756\,816.01$.

Es macht nun Sinn, diesen Barwert von zukünftigen Erlösen mit den jetzt anfallenden Investitionskosten zu vergleichen. Je größer die (positive) Differenz Barwert minus Kosten, desto lukrativer ist die Investition. Diese Überlegung gibt Anlaß zur Einführung des folgenden Begriffes.

Unter dem **internen Zinssatz** einer Investition versteht man jenen Zinssatz, bei dem der Barwert der aus dieser Investition fließenden Erlöse abzüglich des Barwertes aller daraus später erwachsenden Kosten gleich groß ist wie die derzeitigen Investitionskosten: Bei welchem Kalkulationszinsfuß ist der Barwert der zukünftigen Gewinne gleich den Investitionskosten?

Die Berechnung eines derartigen internen Zinssatzes ist nicht explizit durch eine Gleichung möglich. Sie wird in der Investitionsrechnung dennoch durchgeführt, und zwar unter den rechentechnisch vorteilhaften Annahmen einer stetigen Verzinsung und kontinuierlich einlangender Erträge. Da man dazu auch die Integralrechnung benötigt, wird darauf erst in Kap. 4.5 eingegangen.

Als Spezialfall von Summen ab- oder aufgezinster Beträge ergibt sich, wenn gleichbleibende Beträge in gleichen Abständen betrachtet werden, die sogenannte Rentenrechnung,

C Rentenrechnung

Eine Rente ist eine Abfolge von Zahlungen, welche in gleichen Zeitabständen und in gleicher Höhe (oder auch „gleichmäßig zunehmend") über einen gewissen Zeitraum, die Laufzeit, anfallen.

Im weiteren soll immer eine Laufzeit in ganzen Jahren, bei jährlichen Zahlungen und jährlicher dekursiver Verzinsung, vorausgesetzt werden.

Der Barwert einer Rente wird mit B, deren Endwert mit E bezeichnet. Je nach den Zahlungszeitpunkten unterscheidet man **vorschüssige** und **nachschüssige** Renten: Bei einer vorschüssigen Rente mit einer Laufzeit von n Jahren wird die erste Zahlung zu Beginn des ersten, die letzte ebenfalls zu Beginn des letzten (n-ten) Jahres geleistet.

Bei der nachschüssigen Rente werden alle Zahlungen jeweils am Ende des 1., 2., ... bis n-ten Jahres getätigt. Für eine nachschüssige Rente mit einer Laufzeit von n Jahren und gleichbleibender Jahresrente r ergibt sich folgende Darstellung auf einem Zeitstrahl:

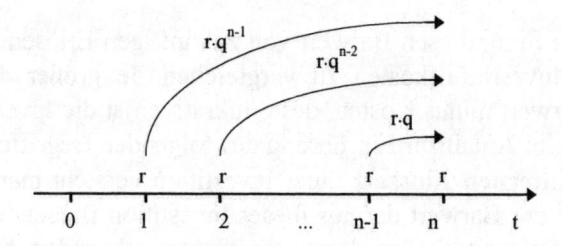

Abbildung 2: Zahlungen und Endwert einer nachschüssigen Rente

Aus dieser Abbildung ist ersichtlich, wie der Endwert zu bestimmen ist, nämlich als Summe einer endlichen geometrischen Reihe,

$$E_n = r + rq + r \cdot q^2 + r \cdot q^3 + \cdots + r \cdot q^{n-1} = \sum_{k=0}^{n-1} r \cdot q^k = r \cdot \frac{q^n - 1}{q - 1} = r \cdot S_n.$$

Man nennt S_n hier den **nachschüssigen Rentenendwertfaktor**.

Um zum Barwert B zu gelangen, braucht man nur den Endwert für genau n Jahre abzinsen und erhält

$$B_n = \frac{E_n}{q^n} = r \cdot \frac{1}{q^n} \cdot \frac{q^n - 1}{q - 1} = r \cdot a_n.$$

Der Multiplikator $a_n = \dfrac{S_n}{q^n}$ wird **nachschüssiger Rentenbarwertfaktor** genannt.

3.3 Finanzrechnung

Dieser Barwert kann aber ebenso direkt als Summe einzelner abgezinster Beträge errechnet werden, womit sich unter Verwendung des Abzinsungsfaktors $v = q^{-1}$ die Formel

$$B_n = r \cdot v + r \cdot v^2 + r \cdot v^3 + \ldots + r \cdot v^n = r \cdot v \cdot (1 + v + v^2 + \ldots + v^{n-1}) = r \cdot v \cdot \frac{v^n - 1}{v - 1}$$

ergibt.

Der Beweis der Gleichheit $a_n = v \cdot \dfrac{v^n - 1}{v - 1}$ sei dem Leser überlassen.

Beispiel 13: Man bestimme End- und Barwert einer 5 Jahre laufenden Rente in Höhe von jährlich 20 000.- unter Annahme eines Zinsfußes von 6% p. a.. Die Rentenzahlungen seien jeweils zu Jahresende fällig.
Man errechnet $E_n = r \cdot S_n = 20000 \cdot ((1.06)^5 - 1)/(1.06-1) = 112\,741.86$ und den Barwert $B_n = E_n/q^n = 84\,247.28$.
Man kann nun gemäß dem Äquivalenzprinzip formulieren:
Ein heute vorhandener Betrag von 84 247.28 hat - unter Annahme jährlicher Verzinsung von 6% p.a. - denselben Wert wie eine nachschüssige fünfmalige Rente von je 20 000.- und ist ebenso gleichwertig einem Betrag von 112 741.86 nach genau 5 Jahren.

Sind nun bei einer Rente die Zahlungen jeweils zu Jahresbeginn fällig, so läßt sich auch dieser Sachverhalt und beispielsweise die Abzinsung auf den Barwert auf einem Zeitstrahl darstellen.

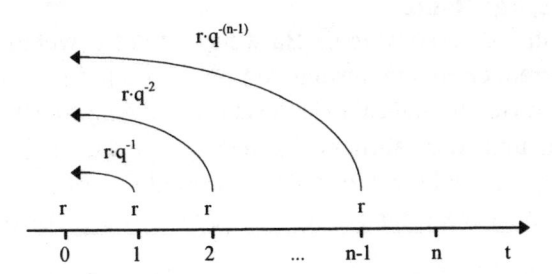

Abbildung 3: Zahlungen und Barwert einer vorschüssigen Rente

Wieder könnte man Bar- und Endwert als Summen ab- bzw. aufgezinster Beträge unter Verwendung der Summenformel für endliche geometrische Reihen bestimmen.
Es geht aber auch einfacher: Im Vergleich zu den Werten der nachschüssigen Rente fällt jede Zahlung genau ein Jahr - genau eine Verzinsungsperiode - früher an, ist somit genau ein Jahr länger zu verzinsen und man erhält für den Endwert E_v der vorschüssigen Rente

$$E_v = E_n \cdot q = r \cdot S_n \cdot q.$$

Für den Barwert ergibt sich
$$B_v = B_n \cdot q = r \cdot a_n \cdot q.$$

Man beachte, daß in der Rentenrechnung die Bezeichnungen einer Rente als nachschüssig oder vorschüssig nichts mit der Verzinsungsart zu tun haben, sondern sich nur auf die Zahlungszeitpunkte beziehen!

Beispiel 14: Die Zahlungen wie in Bsp. 13 seien nun vorschüssig fällig. Dann errechnet sich der Endwert zu $E_v = E_n \cdot (1.06) = 119\ 506.37$ und für den Barwert ergibt sich $B_v = 89\ 302.11$.

Beispiel 15: Eine Summe von 400 000.- soll in Form einer nachschüssigen Jahresrente über acht Jahre hinweg ausbezahlt werden. Wie hoch ist die jährliche Rentenzahlung bei einer Verzinsung von 4.5% p.a.?
Hier ist $q = 1.045$ und aus der Formel für B_n ermittelt man $r = B_n/a_n$. Man errechnet $S_8 = 9.3800$, $a_8 = 6.5959$ und damit $r = 60\ 643.86$.

Bemerkung: Falls mit antizipativer Verzinsung gerechnet werden soll, behalten sämtliche Formeln der Rentenrechnung ihre Gültigkeit, wenn nur anstelle des üblichen (dekursiven) Aufzinsungsfaktors $q = (1+i)$ der antizipative Aufzinsungsfaktor $q = \dfrac{1}{1-i}$ in Anwendung gebracht wird.

Beispiel 16: Ewige Rente
Welches Kapital K - also welcher Barwert - ist nötig, wenn, unter Annahme einer unveränderten Verzinsung von p% jährlich, für unbegrenzt lange Zeit jeweils ein Betrag r zu Jahresende zur Verfügung stehen soll?
Offensichtlich muß der jährliche Zinsertrag $K \cdot i$ gleich diesem Betrag r sein. Mit $i = q - 1$ ergibt sich das nötige Kapital $K = r/(q-1)$.
Dasselbe Ergebnis erhält man unter Verwendung der Formel für die Summe einer unendlichen Reihe: $S = \dfrac{1}{1-q}$ aus der Barwertformel $B_n = r \cdot S$.

Soll eine Rente mit einer Laufzeit von n Jahren jedes Jahr um einen gleich-bleibenden Prozentsatz h erhöht werden, etwa zum Inflationsausgleich, so bezeichnet man sie als **geometrisch fortschreitende Rente**.
Die Rentenzahlungen bilden dann selbst eine endliche geometrische Folge mit Multiplikator $t = 1 + \dfrac{h}{100}$, aus dem Rentenbetrag r des ersten Jahres ergeben sich die jährlichen Beträge: r, $r \cdot t$, $r \cdot t^2, \cdots, r \cdot t^{n-1}$. Um den

3.3 Finanzrechnung

Endwert zu berechnen, ist jeder dieser Beträge entsprechend lange aufzuzinsen und es ergibt sich für eine nachschüssige Rente

$$E_n = r \cdot q^{n-1} + r \cdot t \cdot q^{n-2} + r \cdot t^2 \cdot q^{n-3} + \cdots + r \cdot t^{n-2} \cdot q^1 + r \cdot t^{n-1}$$

und nach Herausheben und Umformung

$$E_n = r \cdot q^{n-1} \cdot \left(1 + \frac{t}{q} + \left(\frac{t}{q}\right)^2 + \cdots + \left(\frac{t}{q}\right)^{n-1}\right).$$

Wieder ist der Klammerausdruck das Anfangsstück einer geometrischen Reihe, die Summenformel ist anwendbar und Umformung ergibt:

$$E_n = r \cdot q^{n-1} \cdot \frac{(t/q)^n - 1}{(t/q) - 1} = r \cdot \frac{t^n - q^n}{t - q}.$$

Beispiel 17: Man bestimme den Barwert einer 5 Jahre lang laufenden jährlichen nachschüssigen Rente, die, beginnend mit r = 20 000, jedes Jahr um drei Prozent erhöht werden soll. Man rechne mit einer gleichbleibenden Verzinsung von 6% p.a.:
Hier sind r = 20 000, n = 5, q = 1.06 und t = 1.03. Man erhält den Endwert E_n = 20 000·((1.03)^5 −(1.06)^5)/(1.03−1.06) = 119 301.- und daraus nach Abzinsen der Barwert: B_n = 89 148.65.

Jede Zahlung einer Rente kann aufgefaßt werden als Tilgung einer Schuld in Höhe des Barwertes im Lauf von n Jahren durch die Bezahlung gleichbleibender Beträge, welche sich aus Rückzahlung und Zinsen summieren.

D Tilgungsrechnung

Die Rückzahlung (Tilgung) einer Schuld erfolgt üblicherweise in einer vorgegebenen Anzahl von Zahlungen, deren Höhen sich als Summe von Tilgung und Zinsen ergeben. Der Rückzahlungsvorgang ist, bei Vorgabe eines Zinsfußes, durch die Festlegung der Tilgungsbeträge bestimmt.
Im folgenden wird nur mit jährlicher Tilgung bei ebenfalls jährlicher dekursiver Verzinsung gerechnet.
Um den Verlauf eines Tilgungsvorganges übersichtlich darzustellen, wird ein Tilgungsplan erstellt. Aus diesem sind für jedes Jahr abzulesen: die Restschuld zu Beginn des Jahres, die Höhe T der Tilgung und die Zinsen Z, wobei die Jahreszahlung T+Z beträgt.
Wird die Schuld K_0 jedes Jahr um den gleichen Betrag verringert, so spricht man von **Tilgung in gleichen Raten**.

Beispiel 18: Schulden von 200 000.- sollen in zehn Jahren bei 7% p. a. in gleichen Raten zurückgezahlt werden. Die ersten beiden und die letzte Zeile des Tilgungsplanes sind dann:

Jahr	Kapital	Tilgung	Zinsen	Zahlung
1	200000	20000	14000	34000
2	180000	20000	12600	32600
.				
10	20000	20000	1400	21400

In diesem Fall ist im ersten Jahr die Gesamtzahlung am größten und nimmt dann jedes Jahr genau um die Zinsen der Rückzahlungsrate ab. Die Belastung für den Kreditnehmer ist zu Beginn am höchsten.

Dieser bevorzugt eine gleichmäßige Rückzahlung der Schuld, bei der in jedem Jahr derselbe Betrag, die **Annuität**, fällig wird. Man nennt diese allgemein übliche Tilgungsart **Tilgung in gleichen Annuitäten**. Nur damit wird im Rest des Kapitels gerechnet.

Bezeichnet man die Annuität mit A, die Zinsen die im Jahr i fällig werden, mit Z_i und den Tilgungsbetrag in diesem Jahr mit T_i, so gilt für die gesamte Laufzeit von n Jahren: $T_i + Z_i = A$ für $i = 1, \ldots, n$. Sind für eine Schuld in Höhe K_0 der Zinssatz i und die Höhe der ersten Tilgungszahlung bekannt, so ergibt sich die Annuität $A = K_0 \cdot i + T_1$. Am Ende des ersten Jahres wird die Schuld um den Tilgungsbetrag T_1 verringert, damit sind die Zinsen zu Ende des zweiten Jahres $Z_2 = (K_0 - T_1) \cdot i = Z_1 - T_1 \cdot i$. Die Höhe der Tilgungszahlung nimmt bei gleichbleibender Annuität um genau denselben Betrag zu, um den die Zinsen abnehmen: $T_2 = T_1 + T_1 \cdot i = T_1 \cdot (1 + i)$. Die gleiche Entwicklung ergibt sich für die folgenden Jahre. Damit lauten die ersten drei Zeilen des Tilgungsplanes:

Jahr	Kapital	Tilgung	Zinsen	Zahlung
1	K_0	T_1	Z_1	A
2	$K_0 - T_1$	$T_2 = T_1 + T_1 \cdot i$	$Z_2 = Z_1 - T_1 \cdot i$	A
3	$K_0 - T_1 - T_2$	$T_3 = T_1 + T_1 \cdot i + T_2 \cdot i$	$Z_3 = Z_1 - T_1 \cdot i - T_2 \cdot i$	A

Aus der analogen Fortschreibung dieses Tilgungsplanes erhält man die Formeln für die Annuitätentilgung:
Die m-te Tilgungszahlung, zu leisten am Ende des m-ten Jahres, beträgt
$$T_m = T_1 \cdot (1+i)^{m-1} = T_1 \cdot q^{m-1}.$$

3.3 Finanzrechnung

Die Restschuld nach m Tilgungszahlungen, also am Beginn des (m+1)-ten Jahres, errechnet sich aus

$$K_m = K_0 - (T_1 + T_2 + T_3 + \ldots + T_m) =$$

$$= K_0 - (T_1 + T_1 \cdot q + T_1 \cdot q^2 + \ldots + T_1 \cdot q^{m-1}) = K_0 - T_1 \cdot \frac{q^m - 1}{q - 1} = K_0 - T_1 \cdot S_m.$$

Für eine Tilgung nach genau n vollen Jahren ist $K_n = K_0 - T_1 \cdot S_n = 0$. Damit erhält man für den Zusammenhang zwischen erster Tilgungszahlung und der Anfangsschuld die Gleichung: $K_0 = T_1 \cdot S_n$.

Betrachtet man andererseits die Zahlung gleicher Annuitäten zur Tilgung der Anfangsschuld K_0 als Rentenvorgang, so ist K_0 der Barwert aller n Annuitäten, d. h. einer nachschüssigen Rente in Höhe A. Unter Verwendung des oben erklärten Rentenbarwertfaktors $a_n = \frac{S_n}{q^n}$ erhält man für den

Barwert: $K_0 = A \cdot a_n$. Aus diesen beiden Berechnungsmöglichkeiten für K_0 ergibt sich wegen $T_1 \cdot S_n = A \cdot a_n = A \cdot \frac{S_n}{q^n}$ die Beziehung $q^n = \frac{A}{T_1}$

und damit kann aus dem Verhältnis von Annuität und erster Tilgungszahlung die Laufzeit berechnet werden:

$$n = \frac{\ln(A) - \ln(T_1)}{\ln(q)}.$$

Andererseits ist bei bekanntem Zinssatz i und gegebener Laufzeit n durch $A = K_0 \cdot \frac{1}{a_n}$ aus der Anfangsschuld K_0 die Annuität A bestimmbar. Man nennt demzufolge den Multiplikator $1/a_n$ auch **Annuitätenfaktor**.

Beispiel 19: Wieder sei K_0 = 200 000.- In zehn Jahren soll, bei 7 % p. a. und gleichen Annuitäten, diese Schuld getilgt sein: Man erhält $a_n = S_n/q^n$ = 13.8164/1.967 = 7.0236 und daraus die Annuität A = 28 475.50. Die ersten beiden und die letzte Zeile des Tilgungsplanes lauten folglich:

Jahr	Kapital	Tilgung	Zinsen	Zahlung
1	200 000	14 475.50	14 000	28 475.50
2	185 524.50	15 488.79	12 986.71	28 475.50
10	26 612.62	26 612.62	1 862.88	28 475.50

Beispiel 20: Man bestimme zu einer Schuld von 200 000.- bei einem Zinsfuß von 7 % p. a. die Höhe der fünften Tilgungszahlung, die danach verbleibende Restschuld und die Laufzeit, wenn eine Annuität von 30 000.- geleistet wird.

Aus $A = 30\,000$ und $Z_1 = 0.07 \cdot 200\,000 = 14\,000$ ergibt sich $T_1 = 16\,000$, somit die fünfte Tilgungszahlung $T_5 = (16\,000) \cdot (1.07)^4 = 20\,972.74$.

Mit $S_5 = \dfrac{1.07^5 - 1}{1.07 - 1} = 5.075074$ errechnet man die Restschuld zu Beginn des sechsten Jahres: $K_5 = 200\,000 - (16\,000) \cdot 5.075074 = 107\,988.18$.

Zur Bestimmung der Laufzeit löst man gemäß der Formel $q^n = A/T_1$ die Gleichung $(1.07)^n = 30000/16000 = 1.875$ nach n auf. Logarithmieren beider Seiten der Gleichung ergibt $\ln(1.07)^n = \ln(1.875)$ und man erhält unter Verwendung der Rechenregeln für Logarithmen:
$n \cdot \ln(1.07) = \ln(1.875) \Leftrightarrow n = 9.2909$. Damit ist die Tilgung im zehnten Jahr abgeschlossen. Nach neun Jahren verbleibt noch eine Restschuld in Höhe von $K_9 = K_0 - T_1 \cdot S_9 = 200\,000 - 16\,000 \cdot 11.9780 = 8\,352.18$.

Um die Schuld endgültig zu tilgen, kann man entweder zusätzlich zur neunten und letzten Annuität diesen Betrag bezahlen, oder ein Jahr später die Summe 8 936.83, das ist K_9 plus sieben Prozent Zinsen.

3.4 Differenzengleichungen

In diesem Kapitel werden Beziehungen zwischen Zahlenfolgen und ihren Differenzenfolgen (vgl. Def. 3.1.4) betrachtet. Da bei den meisten ökonomischen Anwendungen die untersuchten Zahlenfolgen von der Zeit abhängig sind, werden hier Zahlenfolgen mit y_t für $t = 0,1,\ldots$ bezeichnet. Entsprechend ist

$\Delta y_t := y_{t+1} - y_t$ für $t = 0,1,\ldots$ die 1-te Differenzenfolge von y_t,

$\Delta^2 y_t := \Delta y_{t+1} - \Delta y_t$ für $t = 0,1,\ldots$ die 2-te Differenzenfolge von y_t,

bzw. allgemein

$\Delta^k y_t := \Delta^{k-1} y_{t+1} - \Delta^{k-1} y_t$ für $t = 0,1,\ldots$ die k-te Differenzenfolge von y_t.

Beispiel 1: Zu der Zahlenfolge $y_t = 3 \cdot t^2$ errechnet man die 1-te Differenzenfolge $\Delta y_t = y_{t+1} - y_t = 3 \cdot (t+1)^2 - 3 \cdot t^2 = 6 \cdot t + 3$ und daraus die 2-te Differenzenfolge

$$\begin{aligned}\Delta^2 y_t := \Delta y_{t+1} - \Delta y_t \ &= (y_{t+2} - y_{t+1}) - (y_{t+1} - y_t) \\ &= (6 \cdot (t+1) + 3) - (6 \cdot t + 3) = 6.\end{aligned}$$

Offensichtlich erfüllt die obige Zahlenfolge die Gleichungen

$$\Delta^2 y_t - 6 = 0 \text{ für } t = 0,1,\ldots,$$

oder anders geschrieben

$$y_t - 2 \cdot y_{t+1} + y_{t+2} - 6 = 0 \text{ für } t = 0,1,\ldots.$$

Beide Schreibweisen dieser (eigentlich unendlich vielen) Gleichungen nennt man eine Differenzengleichung, hier genauer eine Differenzengleichung 2-ter Ordnung.

Definition 3.4.1 Eine **Differenzengleichung n-ter Ordnung** ist gegeben durch $\quad F(t, y_t, y_{t+1}, \ldots, y_{t+n}) = 0$

oder in anderer Form $\quad G(t, y_t, \Delta y_t, \Delta^2 y_t, \ldots, \Delta^n y_t) = 0$,

wobei die **Ordnung** durch die **höchste Differenzenfolge** $\Delta^n y_t$, bzw. den **höchsten timelag** y_{t+n}, der in der Gleichung auftritt, bestimmt ist.
Eine **Zahlenfolge** y_t für $t = 0,1,\ldots$ heißt **eine Lösung** einer Differenzengleichung, wenn sie, eingesetzt in die Gleichung, diese für jedes t erfüllt.

Entgegen der in Beispiel 1 gewählten Vorgangsweise, von einer Zahlenfolge ausgehend eine Differenzengleichung zu finden, der diese Zahlenfolge genügt, besteht das Problem normalerweise darin, zu einer gegebenen Differenzengleichung eine oder alle Zahlenfolgen zu finden, die diese Differenzengleichung erfüllen.

Beispiel 2: (Bestimmung aller Lösungen der Differenzengl. aus Bsp.1)
Aus $\Delta^2 y_t - 6 = 0$ erhält man $\Delta y_{t+1} = \Delta y_t + 6$ für $t = 0,1,\ldots$. Schreibt man diese Gleichungen einzeln auf, so ergibt sich

$\Delta y_1 \quad = \Delta y_0 + 6$

$\Delta y_2 \quad = \Delta y_1 + 6 \quad = (\Delta y_0 + 6) + 6 \quad = \Delta y_0 + 6 \cdot 2$

$\vdots \qquad \vdots \qquad\qquad\qquad\qquad\qquad\qquad \vdots$

$\Delta y_t \quad = \Delta y_{t-1} + 6 \quad = \quad \cdots \quad = \Delta y_0 + 6 \cdot t.$

Die gesuchten Lösungen sind also Zahlenfolgen, deren 1-te Differenzenfolgen $\Delta y_t = \Delta y_0 + 6 \cdot t$ mit beliebigem $\Delta y_0 \in R$ sind. Ersetzt man Δy_t durch $y_{t+1} - y_t$, so ergibt sich $y_{t+1} = y_t + \Delta y_0 + 6 \cdot t$. Indem man nun wie oben sukzessive einsetzt

$y_t \quad = y_{t-1} + \Delta y_0 + 6 \cdot (t-1) =$

$\quad = y_{t-2} + \Delta y_0 + 6 \cdot (t-2) + \Delta y_0 + 6 \cdot (t-1) =$

$\vdots$

$\quad = y_0 + \Delta y_0 \cdot t + 6 \cdot (1 + 2 + \cdots + (t-2) + (t-1)),$

erhält man als Lösungen die Zahlenfolgen

$y_t = y_0 + \Delta y_0 \cdot t + 3 \cdot t \cdot (t-1)$ mit beliebigem $\Delta y_0 \in R$ und $y_0 \in R$,

bzw. nach Ersetzen von Δy_0 durch $y_1 - y_0$ und Umformulieren

$y_t = 3 \cdot t^2 + (y_1 - y_0 - 3) \cdot t + y_0$ mit beliebigen $y_0, y_1 \in R$.

Man erhält also zu jeder beliebigen Wahl der **Anfangswerte** y_0, y_1 eine **spezielle** Lösung der Differenzengleichung, z.B. für $y_0 = 0$ und $y_1 = 3$ gerade die Zahlenfolge von Bsp. 1.

Bemerkung: Bei Lösungen von Differenzengleichungen unterscheidet man zwischen der **allgemeinen Lösung**, in der die **Anfangswerte der Zahlenfolge** $y_0, y_1, \cdots$ **als Konstante** stehen, und einer **speziellen Lösung**, die man durch spezielle Wahl der Konstanten (Anfangswerte) erhält.

Beispiel 3: Für das jährliche Bruttosozialprodukt (BSP) y_t einer Volkswirtschaft in Abhängigkeit von der Zeit $t = 0,1,\ldots$ nimmt man häufig an, daß es eine zeitunabhängige Wachstumsrate $a \in R$ besitze. Also gilt für je zwei aufeinanderfolgende Jahre $y_{t+1} = (1+a) \cdot y_t$ für $t = 0,1,\ldots$. Somit ist

3.4 Differenzengleichungen

das Bruttosozialprodukt y_t eine Zahlenfolge, die die Differenzengleichung

$$y_{t+1} - (1+a) \cdot y_t = 0 \text{ oder in anderer Form } \Delta y_t - a \cdot y_t = 0$$

erfüllt. Andererseits wird durch die obige Beziehung gerade eine geometrische Folge (vgl. Def.3.1.2) mit dem Quotienten q=1+a definiert. Also ist (vgl. Folgerung 3.1.3) die allgemeine Lösung dieser Differenzengleichung durch $y_t = (1+a)^t \cdot y_0$ mit beliebigem $y_0 \in R$ gegeben. Da die geometrische Folge für positive, zeitunabhängige Wachstumsraten a > 0 unbeschränkt wächst, ist sie für langfristige Betrachtungen in der Realität ungeeignet. Man könnte statt dessen versuchen, das BSP mit einer zwar positiven, aber zeitabhängigen Wachstumsrate, die gegen Null konvergiert, zu modellieren.

Beispiel 4: Für den zeitabhängigen, gegen Eins konvergenten Wachstumsfaktor $a_t = 1 + \dfrac{1}{t+1}$ für $t = 0, 1, \ldots$ erhält man das BSP als Lösung der Differenzengleichung $y_{t+1} - \left(\dfrac{t+2}{t+1}\right) \cdot y_t = 0$.

Diese Differenzengleichung ist ein Spezialfall der im Folgenden behandelten Klasse der linearen Differenzengleichungen.

Definition 3.4.2 Seien $a_t^0, a_t^1, \cdots, a_t^{n-1}$ und b_t für $t = 0, 1, \ldots$ reelle Zahlenfolgen, so heißt die Differenzengleichung

$$y_{t+n} = a_t^0 \cdot y_t + a_t^1 \cdot y_{t+1} + \cdots + a_t^{n-1} \cdot y_{t+n-1} + b_t$$

eine **lineare Differenzengleichung n-ter Ordnung**. Ist die Zahlenfolge $b_t = 0$ für $t = 0, 1, \ldots$, so heißt die Differenzengleichung **homogen**, sonst **inhomogen**.

Die Differenzengleichung aus Beispiel 4 ist also eine homogene, lineare Differenzengleichung 1-ter Ordnung.
Die Differenzengleichung aus Beispiel 1 $y_{t+2} = -y_t + 2 \cdot y_{t+1} + 6$ ist eine inhomogene, lineare Differenzengleichung 2-ter Ordnung, bei der die Zahlenfolgen $a_t^0 = -1, a_t^1 = 2$ und $b_t = 6$ konstante Folgen sind.
Im Folgenden werden nur die linearen Differenzengleichungen 1-ter Ordnung behandelt. Für die Behandlung linearer Differenzengleichungen höherer Ordnung (n > 1) wird auf die weiterführende Literatur (z.B. Opitz) verwiesen.

Satz 3.4.3 Seien a_t und b_t reelle Zahlenfolgen, so besitzt

(a) die **homogene, lineare Differenzengleichung 1-ter Ordnung**
$$y_{t+1} = a_t \cdot y_t$$
die **allgemeine Lösung**
$$y_t = \left(\prod_{i=0}^{t-1} a_i\right) \cdot y_0 \quad \text{für } t = 1, 2, \ldots$$

zu jedem Anfangswert $y_0 \in R$,

(b) die **inhomogene, lineare Differenzengleichung 1-ter Ordnung**
$$y_{t+1} = a_t \cdot y_t + b_t$$
die **allgemeine Lösung**
$$y_t = \begin{cases} a_0 \cdot y_0 + b_0 & \text{für } t = 1 \\ \left(\prod_{i=0}^{t-1} a_i\right) \cdot y_0 + \sum_{i=0}^{t-2}\left(b_i \cdot \prod_{k=i+1}^{t-1} a_k\right) + b_{t-1} & \text{für } t = 2, 3, \ldots \end{cases}$$

zu jedem Anfangswert $y_0 \in R$.

Beispiel 4 (Forts.): In der Differenzengleichung $y_{t+1} = \left(\dfrac{t+2}{t+1}\right) \cdot y_t$ sind die im obigen Satz benutzten Zahlenfolgen $a_t = \dfrac{t+2}{t+1}$ und $b_t = 0$. Für das in der allgemeinen Lösung zu berechnende Produkt ergibt sich
$$\prod_{i=0}^{t-1} a_i = \frac{2}{1} \cdot \frac{3}{2} \cdot \frac{4}{3} \cdots \frac{t}{t-1} \cdot \frac{t+1}{t} = t+1,$$
und somit ist $y_t = (t+1) \cdot y_0$ für beliebiges $y_0 \in R$ die Lösung.

Beispiel 5: In dem von R. H. Harrod formulierten Wachstumsmodell für das Volkseinkommen Y_t wird angenommen, daß

1. der Anteil $S_t = \alpha \cdot Y_t$ des Volkseinkommens mit konstanter Sparquote $\alpha \in \langle 0, 1 \rangle$ gespart wird,
2. die Investition $I_t = \beta \cdot (Y_t - Y_{t-1})$ linear abhängig ist von der Änderung des Volkseinkommens mit konstantem Faktor mit $0 < \beta \neq \alpha$,
3. genau die gesparte Geldmenge investiert wird, also $S_t = I_t$ ist.

3.4 Differenzengleichungen

Indem man die ersten beiden Beziehungen in die Gleichung unter Punkt 3 einsetzt, erhält man die folgende Differenzengleichung

$$\alpha \cdot Y_t = \beta \cdot (Y_t - Y_{t-1}) \quad \text{bzw.} \quad Y_{t+1} = \left(\frac{\beta}{\beta - \alpha}\right) \cdot Y_t$$

für das Volkseinkommen. Diese homogene, lineare Differenzengleichung 1-ter Ordnung ist, weil die reelle Zahlenfolge $a_t = \left(\frac{\beta}{\beta - \alpha}\right)$ eine konstante Folge ist, ein Spezialfall der Differenzengleichung in Satz 3.4.3 (a), deren allgemeine Lösung sich vereinfacht zu $Y_t = \left(\frac{\beta}{\beta - \alpha}\right)^t \cdot Y_0$.

Für eine Sparquote $\alpha = 30\%$ und $\beta = 3$ hat das Volkseinkommen die zeitliche Entwicklung $Y_t = \left(\frac{10}{9}\right)^t \cdot Y_0$ mit der Wachstumsrate $r = \frac{1}{9}$.

Sind die Zahlenfolgen a_t und b_t der Differenzengleichung in Satz 3.4.3 konstante Folgen, so nennt man die Differenzengleichung eine lineare Differenzengleichung mit **konstanten Koeffizienten**.

Folgerung 3.4.4 Die lineare Differenzengleichung 1-ter Ordnung **mit konstanten Koeffizienten**

$$y_{t+1} = a \cdot y_t + b$$

besitzt die allgemeine Lösung

$$y_t = \begin{cases} a^t \cdot y_0 + b \cdot \dfrac{1 - a^t}{1 - a} & \text{für } a \neq 1 \\ y_0 + b \cdot t & \text{für } a = 1 \end{cases}$$

zu jedem Anfangswert $y_0 \in \mathbf{R}$.

Beispiel 6: Im **Cobwebmodell** wird die zeitliche Entwicklung eines Marktes für ein Gut unter den folgenden Annahmen betrachtet.

1. Die Angebotsmenge A_t in der Periode t ist eine lineare Funktion des Preises der Vorperiode
$$A_t = a + b \cdot p_{t-1} \quad a, b > 0.$$

2. Die Nachfragemenge N_t ist eine lineare Funktion des Preises derselben Periode
$$N_t = c - d \cdot p_t \quad c, d > 0.$$

3. Der Markt wird geräumt, somit ist $N_t = A_t$. D.h. die fixierte Angebotsmenge wird nachgefragt, allerdings zu dem Preis, den die Nachfrager bereit sind dafür zu bezahlen.

Die Ausdrücke für Angebot und Nachfrage aus Punkt 1 und 2 in die Gleichung in Punkt 3 eingesetzt, ergibt

$$c - d \cdot p_t = a + b \cdot p_{t-1} \quad \text{bzw.} \quad p_{t+1} = \frac{c-a}{d} - \frac{b}{d} \cdot p_t$$

eine lineare Differenzengleichung 1-ter Ordnung mit konstanten Koeffizienten für die Preisentwicklung.
Die allgemeine Lösung ist nach Folgerung 3.4.4

$$p_t = \left(-\frac{b}{d}\right)^t \cdot p_0 + \frac{c-a}{d} \cdot \frac{1 - \left(-\frac{b}{d}\right)^t}{1 + \frac{b}{d}}$$

bzw.

$$p_t = \frac{c-a}{b+d} + \left(p_0 - \frac{c-a}{b+d}\right) \cdot \left(-\frac{b}{d}\right)^t.$$

Da die Folge $q_t = \left(-\frac{b}{d}\right)^t$ eine alternierende geometrische Folge ist, die für $b \geq d$ divergent und für $b < d$ konvergent mit Grenzwert Null ist, stellt sich die Preisentwicklung als eine um den Wert $\frac{c-a}{b+d}$ oszillierende Folge dar, die für $b \geq d$ divergent und für $b < d$ konvergent ist mit dem Grenzwert $p^* = \lim_{t \to \infty} p_t = \frac{c-a}{b+d}$.

Da die Preisfolge mit dem Anfangswert $p_0 = p^*$ eine konstante Folge ist, sagt man bei diesem Preis, daß der Markt sich im Gleichgewicht mit dem Gleichgewichtspreis p^* befindet. Für das Angebot und die Nachfrage im Gleichgewicht erhält man

$$A^* = a + b \cdot \frac{c-a}{b+d} = \frac{ad + bc}{b+d} = c - d \cdot \frac{c-a}{b+d} = N^*.$$

Ist der Anfangswert der Preisfolge von p^* verschieden, so bewegt sich der Markt im konvergenten Fall auf das Marktgleichgewicht zu, deswegen spricht man hier auch von einem **stabilen Gleichgewicht**. Im divergenten Fall nennt man es dann ein **labiles Gleichgewicht**, weil sich der Markt für $b > d$ vom Gleichgewicht immer weiter entfernt und für $b = d$ die Preise abwechselnd den Wert p_0 und $2 \cdot p^* - p_0$ haben.

Beide Situationen sollen mit je einem Zahlenbeispiel für den konvergenten und den divergenten Fall dargestellt werden, wobei aus den Abbildungen ersichtlich ist, woher der Name Cobweb kommt.

3.4 Differenzengleichungen

Beispiel 7: Cobwebmodell mit a=20 und c=60
Konvergenter Fall: Für b=3 < d=4 erhält man
$$A_t = 20 + 3 \cdot p_{t-1} \text{ und } N_t = 60 - 4 \cdot p_t,$$
und als Lösung der Differenzengleichung die Folge der Marktpreise
$$p_t = \frac{40}{7} + \left(p_0 - \frac{40}{7}\right) \cdot \left(-\frac{3}{4}\right)^t.$$

Die Entwicklung dieses Marktes, mit den Marktmechanismen direkt bestimmt (vgl. Abb.1), liefert zu dem Preis $p_0 = 9$ mit $N_0 = 60 - 4 \cdot 9 = 24$ für die erste Periode die Angebotsmenge $A_1 = 20 + 3 \cdot 9 = 47$, die von den Nachfragern zu dem Preis $p_1 = \frac{47-60}{-4} = 3.25$ gekauft wird. Damit ergibt sich für die zweite Periode als Angebot $A_2 = 20 + 3 \cdot 3.25 = 29.75$ und daraus der Preis $p_2 = \frac{29.75-60}{-4} = 7.5625$ und so fort. Man erhält gerade die ersten Elemente der obigen Lösungsfolge mit dem Anfangswert $p_0 = 9$. Der Markt konvergiert gegen das **stabile Marktgleichgewicht**

$$p^* = \frac{c-a}{b+d} = \frac{40}{7} \approx 5.71 \text{ und } A^* = N^* = \frac{ad+bc}{b+d} = \frac{260}{7} \approx 37.14.$$

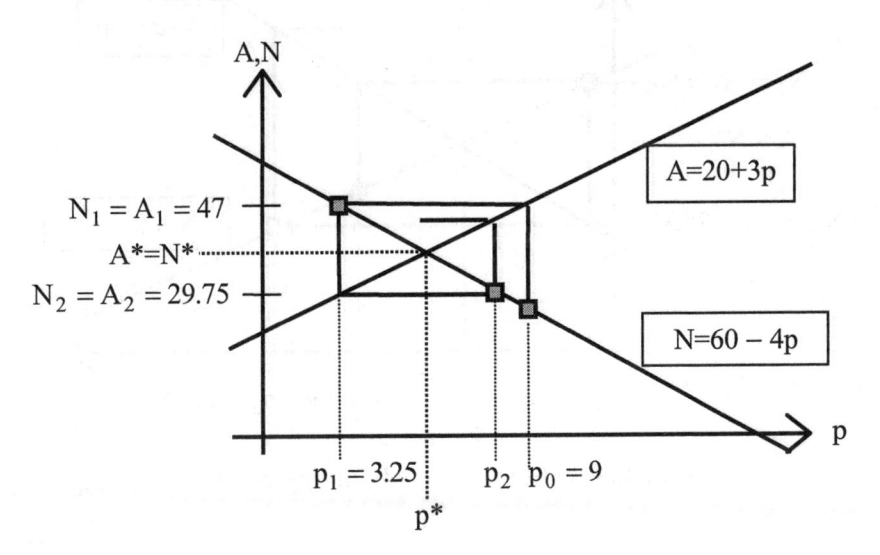

Abbildung 1: Cobwebmodell, konvergenter Fall

Divergenter Fall: Für b=4 > d=3 erhält man
$$A_t = 20 + 4 \cdot p_{t-1} \text{ und } N_t = 60 - 3 \cdot p_t$$
und als Lösung der Differenzengleichung die Folge der Marktpreise
$$p_t = \frac{40}{7} + \left(p_0 - \frac{40}{7}\right) \cdot \left(-\frac{4}{3}\right)^t.$$

Die Entwicklung dieses Marktes, mit den Marktmechanismen direkt bestimmt (vgl. Abb.2), liefert zu demselben Anfangspreis $p_0 = 9$ mit $N_0 = 33$ für die erste Periode $A_1 = 20 + 4 \cdot 9 = 56$, sowie den von den Nachfragern bestimmten Preis $p_1 = \frac{56-60}{-3} \approx 1.33$. Für die zweite Periode ist $A_2 \approx 20 + 4 \cdot 1.33 \approx 25.33$ und $p_2 \approx \frac{25.33-60}{-3} \approx 11.56$, und so fort.
Der Markt entfernt sich hier also oszillierend, siehe Abb.2, von dem **labilen Marktgleichgewicht**

$$p^* = \frac{c-a}{b+d} = \frac{40}{7} \approx 5.71 \text{ und } A^* = N^* = \frac{ad+bc}{b+d} = \frac{300}{7} \approx 42.86.$$

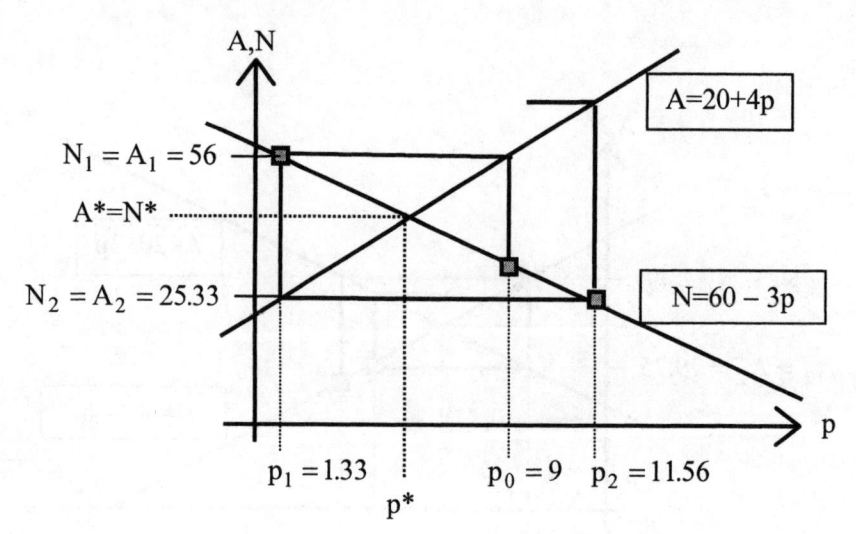

Abbildung 2: Cobwebmodell, divergenter Fall

3.5 Übungsaufgaben

1. Man untersuche die Folgen $(a_n)_{n \in \mathbb{N}}$ auf Grenzwerte /Häufungspunkte:

   a. $a_n = \dfrac{n^2 - 4n}{2 \cdot n^3 + 1}$ b. $a_n = \dfrac{n^4 - 1}{(n^3 - 0.5)}$ c. $a_n = \dfrac{n^4(-1)^n + 1/n}{13n^4}$

   Lsg.: a. Nullfolge   b. Nicht nach oben beschränkt, kein Grenzwert
   c. zwei HP: $+1/8$ und $-1/8$

2. a. Ist die Folge mit $a_n = \dfrac{n}{13n - 77}$ beschränkt? Geben Sie die größte untere und die kleinste obere Schranke an!
   b. Ab welchem Index n_0 ist diese Folge streng monoton?

   Lsg.: a. $-0.41\dot{6} \leq a_n \leq 6$ b. Ab $n_0 = 6$ streng monoton fallend

3. Eine Folge von Punkten im $\mathbf{R}^2$ habe das allgemeine Folgenglied
   $$(x_1, x_2)_n = \left(\dfrac{7n^2 - 1}{3n^2 + 1}, \dfrac{n^2 + 5}{n^3 + 1} \right).$$
   a. Bestimmen Sie für beide Komponentenfolgen, wenn möglich, jeweils den Grenzwert.
   b. Geben Sie wenn möglich den Grenzpunkt der Punktfolge an.
   c. Ab welcher Nummer N liegen alle Punkte der Folge in einem Quadrat mit der Seitenlänge 0.02 um den Grenzpunkt als Mittelpunkt?

   Lsg.: b. Grenzpunkt $(7/3, 0)$ c. Ab $n = 101$

4. Zeigen Sie: Die Folge $\left(\dfrac{1}{(1.02)^n} \right)_{n \in \mathbb{N}}$ ist eine Nullfolge.
   Bestimmen Sie dazu $N(\varepsilon)$ und speziell $N(0.01)$!

   Lsg.: $N(0.01) = 233$

5. Sind die angegebenen Reihen konvergent / absolut konvergent?:

   a. $\displaystyle\sum_{n=1}^{\infty} \dfrac{(-1)^n}{3n - 7}$ b. $\displaystyle\sum_{n=1}^{\infty} \left((1.02)^{-n} + \dfrac{1}{n^3} \right)$ c. $\displaystyle\sum_{n=1}^{\infty} \dfrac{n}{3n^4 - 7n}$

   Lsg.: a. konvergent, nicht absolut k.;   b. und c.: absolut konvergent

6. a. Welchen Betrag muss man am Beginn eines Jahres zu 4.8 % dekursiven Zinseszinsen anlegen, damit man 12 Jahre lang eine *nachschüssige* Jahresrente von 18 000.- € beheben kann?
b. Diese Jahresrente von 18 000.- € soll nun in gleichen vierteljährlichen Beträgen, jeweils zu Beginn des Quartals, ausbezahlt werden. Wie groß ist der je Quartal zu zahlende Betrag, wenn mit Nominalzinsfuß 4.8% p.a., aber vierteljährlich, verzinst wird?
c. Wie groß ist der in Aufgabe a. gesuchte Betrag, wenn die Verzinsung antizipativ erfolgt?

Lsg.: a. 161353.45   b. 4368.93   c. 159161.14

7. Zur Rückzahlung einer am 1. 1. 2003 entstandenen Schuld von 140000.- €, die von diesem Zeitpunkt an mit 4 % p. a. dekursiv zu verzinsen ist, wird eine jährliche Annuität in Höhe von 17500.- € vereinbart. Diese Annuität ist *aber erstmals erst am Ende des Jahre 2005* und von da an weiterhin zu Jahresende zu leisten.
a. Nach wie vielen Zahlungen ist die Schuld getilgt?
b. Wie hoch ist die Restschuld nach sechs Zahlungen?
c. Um welchen Betrag muss die Annuität erhöht werden, wenn, bei sonst gleichen Bedingungen, die Schuld nach acht Tilgungszahlungen vollständig getilgt sein soll?

Lsg.: a. 11   b. 75522.60   c. 22490.68

8. Bestimmen Sie den Kapitalwert einer Investition, die zu Beginn des Jahres 2006 5.5 Mio. € kostet und in der Folge 10 Jahre lang, jeweils zu Jahresbeginn ab Anfang 2006, Erlöse von 980000.- € bringt. Berücksichtigen Sie, dass Mitte 2010 eine Generalüberholung Kosten von 1.2 Mio. € verursacht. (Kalkulationszinsfuß 8%)
Wie groß ist – etwa – der interne Zinssatz dieser Investition?

Lsg.: Kapitalwert 348760.97, interner Zinssatz ca. 0.0945

9. Lösen Sie folgende Differenzengleichung und bestimmen Sie das Verhalten der Lösungsfolge! Berechnen Sie die ersten vier Werte dieser Lösungsfolge und deren Grenzwert!

$$5y_{t+1} - 4y_t = 1, \qquad y_0 = 0$$

Lsg.: $y_t = \left(\dfrac{4}{5}\right)^t \cdot (y_0 - 5) + 5$; $0, 1, \dfrac{9}{5}, \dfrac{61}{25}, \dfrac{369}{125}$; $\lim\limits_{t \to \infty} y_t = 5$.

4 Funktionen einer reellen Veränderlichen
4.1 Funktionen und deren Eigenschaften

Man betrachtet ein Gut, das zu einem positiven Preis von maximal 100 Geldeinheiten (GEH) angeboten werden kann.

Die Nachfrage nach diesem Gut werde mit N bezeichnet und wird offensichtlich mit höherem Preis fallen. So könnte sie, beispielsweise beim Preis p = 100, auf Null absinken.

Dabei wäre etwa ein linearer Zusammenhang denkbar, d. h. mit jeder Preiserhöhung um eine Geldeinheit sinkt die Nachfrage um genau k Einheiten des Gutes. Demzufolge ergibt sich: $N(p) = N_0 - k \cdot p$, wobei N_0 genau die Nachfrage beim Preis p = 0 bezeichnet. Diese Abhängigkeit ist natürlich nur sinnvoll, solange die Nachfrage positiv bleibt.

Beispiel 1: Ein anderer möglicher Zusammenhang zwischen der Nachfrage N und dem Preis p, bei dem Preiserhöhungen vorerst geringe, bei höheren Preisen aber immer größere Nachfrageeinbußen nach sich ziehen, könnte etwa folgender sein: $N(p) = 1000 - \dfrac{p^2}{10}$ für $p \in \langle 0, 100]$.

Daraus erhält man den Erlös E in Abhängigkeit vom Preis:

$$E(p) = p \cdot N(p) = 1000p - \dfrac{p^3}{10}$$

Nachfrage und Erlös werden als „Funktion" des Preises angegeben, d.h. jedem Preis p werden eindeutig Zahlen für N(p) bzw. E(p) zugeordnet.

Definition 4.1.1 Seien A und B zwei nichtleere Mengen, dann heißt das Tripel f = (A, B, F) mit F ⊂ A×B eine **Funktion**, wenn zu jedem x∈ A genau ein y∈ B existiert, sodaß (x, y)∈ F.
A heißt **Definitionsmenge** (Definitionsbereich), B der **Wertevorrat**, und F der **Graph** der Funktion f.
Man sagt: **f bildet die Elemente der Menge A *in* die Menge B ab** und schreibt

$$f: A \rightarrow B, \quad f: x \mapsto f(x) \quad \text{oder} \quad y = f(x).$$

f(x) heißt das **Bild** von x, und x nennt man ein **Urbild** von f(x).
Die Menge aller Bilder heißt **Bildmenge von f**, geschrieben **Im(f)**.
f bildet die Elemente der Menge A *auf* die Menge Im(f) ⊆ B ab.
Eine Funktion heißt **reelle Funktion einer reellen Variablen**, wenn A ⊆ *R* und B ⊆ *R*.
Jedes $x_0 \in$ A heißt **Argumentwert** und $f(x_0)$ zugehöriger **Funktionswert**.

Im weiteren werden nur reelle Funktionen betrachtet und kurz Funktionen genannt. Der Graph: $F = \{(x,y) \mid x \in A \wedge y = f(x)\}$ einer reellen Funktion ist eine Teilmenge des R^2. In einem geeigneten Koordinatensystem läßt er sich als Kurve in der Ebene darstellen:

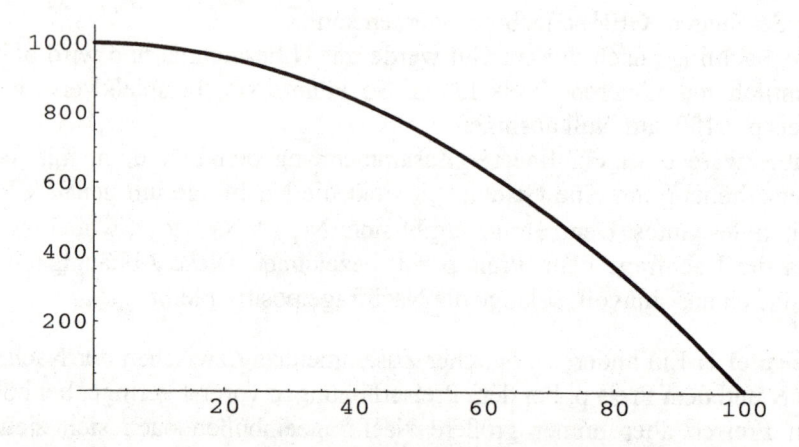

Abbildung 1: Graph der Funktion N: $[0, 100] \to R$ mit $N(p) = 1000 - p^2/10$

Die Nachfragefunktion N: $\langle 0, 100] \to R$ mit $p \mapsto 1000 - p^2/10$ hat also den Definitionsbereich $A = \langle 0, 100]$. Der Bildbereich ist das halboffene Intervall $\text{Im}(N) = [0, 1000 \rangle$ und zu höheren Werten des Argumentes (zu höherem Preis) gehören kleinere Funktionswerte.

Definiton 4.1.2 Eine Funktion f heißt **beschränkt nach oben**, wenn ihre Bildmenge $\text{Im}(f)$ eine nach oben beschränkte Menge ist.
Eine Funktion f heißt **beschränkt nach unten**, wenn ihre Bildmenge $\text{Im}(f)$ eine nach unten beschränkte Menge ist.
Eine Funktion heißt **beschränkt**, wenn ihre Bildmenge $\text{Im}(f)$ sowohl nach oben als auch nach unten beschränkt ist, d.h. es gibt ein beschränktes Intervall $[a, b]$, sodaß $\text{Im}(f) \subseteq [a, b]$.

Definition 4.1.3
(a) Eine Funktion f heißt **monoton wachsend**, wenn für alle Argumentwerte x_1, x_2 gilt: $x_1 < x_2 \Rightarrow f(x_1) \leq f(x_2)$.
(b) Eine Funktion f heißt **streng monoton wachsend**, wenn für alle Argumentwerte x_1, x_2 gilt: $x_1 < x_2 \Rightarrow f(x_1) < f(x_2)$.
(c) Eine Funktion f heißt **monoton fallend**, wenn für alle Argumentwerte x_1, x_2 gilt: $x_1 < x_2 \Rightarrow f(x_1) \geq f(x_2)$.
(d) Eine Funktion f heißt **streng monoton fallend**, wenn für alle Argumentwerte x_1, x_2 gilt: $x_1 < x_2 \Rightarrow f(x_1) > f(x_2)$.

4.1 Funktionen und deren Eigenschaften

Die Nachfragefunktion aus Beispiel 1 ist demnach beschränkt und streng monoton fallend. Erweitert man allerdings den Definitionsbereich A nach rechts und setzt sinnvollerweise N(p) konstant gleich null für p > 100, dann wird N zwar monoton fallend bleiben, ist aber nicht mehr auf ganz A streng monoton fallend.

An der Beschränktheit der Funktion N(p) ändert sich dadurch nichts.

Läßt man den Argumentwert p immer kleiner werden, d.h. strebt dieser gegen Null, so wird der Funktionswert N(p) immer näher an die Zahl 1000 herankommen. Man sagt: „1000 ist der rechtsseitige Grenzwert von N(p) für p (von rechts kommend) gegen Null".

Definition 4.1.4

(a) Sei f eine Funktion mit Definitionsbereich $A \supseteq (x_0, c]$. Die Zahl $a \in R$ heißt **rechtsseitiger Grenzwert der Funktion f an der Stelle x_0**, wenn für jede von rechts gegen x_0 strebende Folge (x_n) von Argumentwerten die Folge der zugehörigen Funktionswerte gegen a strebt, d.h. wenn

$$x_n \to x_0^+ \implies \lim_{x_n \to x_0} f(x_n) = a.$$

(b) Sei f eine Funktion mit Definitionsbereich $A \supseteq [c, x_0)$. Die Zahl $b \in R$ heißt **linksseitiger Grenzwert der Funktion f an der Stelle x_0**, wenn für jede von links gegen x_0 strebende Folge (x_n) von Argumentwerten die Folge der zugehörigen Funktionswerte gegen b strebt, d.h. wenn

$$x_n \to x_0^- \implies \lim_{x_n \to x_0} f(x_n) = b.$$

Beispiel 2: Gegeben sei f: $[0, 6] \to R$ mit der Zuordnungsvorschrift:
$f(x) = x^2 + 1$ für $x \in [0, 1]$ und $f(x) = 2$ für $1 < x \leq 6$. Man bestimmt den rechtsseitigen Grenzwert von f für x gegen 1 als: $\lim_{x \to 1^+} f(x) = \lim_{x \to 1^+}(2) = 2$.

Der linksseitige Grenzwert $\lim_{x \to 1^-} f(x) = \lim_{x \to 1^-} (x^2 + 1)$ ergibt ebenfalls den Wert 2. In diesem Fall stimmen rechts- und linksseitiger Grenzwert überein. Man spricht daher einfach vom Grenzwert dieser Funktion an der betrachteten Stelle x=1. Zu jedem Argumentwert, der sich von 1 „nur wenig" unterscheidet, gehört ein Funktionswert „nahe an 2".

Definition 4.1.5 Sei I $\subseteq R$ ein Intervall und f: I$\to R$. Die Zahl x_0 liege im Inneren von I. Dann heißt die Zahl a$\in R$ der **Grenzwert der Funktion f für x gegen x_0**, geschrieben: $\lim_{x \to x_0} f(x) = a$, wenn gilt: $\forall \, \varepsilon > 0 \; \exists \, \delta(\varepsilon)$, sodaß $|f(x) - a| < \varepsilon$ für alle Argumentwerte x mit $|x - x_0| < \delta(\varepsilon)$.
Gleichbedeutend dazu ist die Formulierung: Für **jede** Folge (x_n) von Argumentwerten, die gegen x_0 konvergiert, strebt die Folge der zugehörigen Funktionswerte $(f(x_n))$ gegen a.
Man kann auch sagen: Argumentwerte „ausreichend nahe" an x_0 haben Funktionswerte, die „beliebig nahe" an a liegen.

Betrachtet man in der Funktion aus Beispiel 1 die Stelle $p_0 = 0$, so zeigt man wie folgt, daß der Grenzwert a an dieser Stelle gleich 1000 ist:
Wählt man ein beliebiges, insbesondere ein kleines ε, so bestimmt man jene Argumentwerte p, für die gilt : $|N(p) - 1000| = |1000 - p^2/10 - 1000| < \varepsilon$. Es muß also $p^2/10 < \varepsilon$ sein. Das ist der Fall, sobald $p^2 < 10\varepsilon$, also $p < \sqrt{10\varepsilon}$. Damit gilt für jeden nahe genug an $p_0 = 0$ liegenden Preis, genauer gesagt für jeden Preis p mit $|p - p_0| = |p - 0| = |p| < \delta(\varepsilon) = \sqrt{10\varepsilon}$, daß $|N(p) - 1000| < \varepsilon$.
Speziell für $\varepsilon = 0.01$ ergibt sich $\delta(\varepsilon) = \sqrt{10\varepsilon} \approx 0.3162$.
Offensichtlich kann hier der Preis nur positiv sein, d.h. man nähert sich der Stelle $p_0 = 0$ „von rechts". Die Zahl 1000 ist in diesem Sinn ein rechtsseitiger Grenzwert von N an der Stelle 0.

Definition 4.1.6
(a) Die Zahl a heißt **Grenzwert der Funktion f für x gegen unendlich**, geschrieben: $\lim_{x \to \infty} f(x) = a$, wenn es zu jedem positiven ε eine positive Zahl K gibt, sodaß sich der Funktionswert f(x) von a nur mehr um weniger als ε unterscheidet, sobald x größer ist als K:
Für $\forall \, \varepsilon > 0 \; \exists K$, sodaß $|f(x) - a| < \varepsilon$ für $\forall x > K$.
(b) Die Zahl a heißt **Grenzwert der Funktion f für x gegen minus unendlich**, geschrieben: $\lim_{x \to -\infty} f(x) = a$, wenn für $\forall \, \varepsilon > 0 \; \exists K$, sodaß gilt: $|f(x) - a| < \varepsilon \; \forall x < -K$.

Für die Nachfragefunktion aus Beispiel 1 mit dem erweiterten Definitionsbereich $\langle 0, \infty \rangle$, also

$$N(p) = \begin{cases} 1000 - \dfrac{p^2}{10} & \text{für } p < 100 \\ 0 & \text{für } p \geq 100 \end{cases}$$

4.1 Funktionen und deren Eigenschaften

gilt offensichtlich: $\lim_{p \to \infty} N(p) = 0$, da sich die Funktionswerte für p > 100 gar nicht mehr (also auch nicht um mehr als irgendein noch so kleines ε) von Null unterscheiden.

Ein Grenzwert von N(p) für p gegen $-\infty$ läßt sich nicht bilden, weil die Funktion für negative Argumentwerte nicht definiert ist.

Setzt man nun in Ergänzung zum Beispiel 1 auch einen Funktionswert an der Stelle Null fest mit N(0) = 1000, dann ist dieser Funktionswert gerade gleich dem Grenzwert von N (wobei die Annäherung an den Argumentwert Null von rechts erfolgt ist) an der Stelle p = 0.

Man nennt die auf den Definitionsbereich $[0, \infty) = \mathbf{R}_+$ erweiterte Funktion an der Stelle Null „rechtsseitig stetig".

Definition 4.1.7

(a) Eine Funktion f heißt **rechtsseitig stetig an der Stelle x_0**, wenn gilt: Der rechtsseitige Grenzwert ist dort gleich dem Funktionswert, d. h.
$$\lim_{\substack{x \to x_0 \\ x > x_0}} f(x) = f(x_0).$$

(b) Sie **heißt linksseitig stetig an der Stelle x_0**, wenn gilt: Der linksseitige Grenzwert ist dort gleich dem Funktionswert, d.h.
$$\lim_{\substack{x \to x_0 \\ x < x_0}} f(x) = f(x_0).$$

(c) Die Funktion f: A→**R** heißt **stetig an der Stelle $x_0 \in$ A**, wenn sie dort sowohl rechtsseitig als auch linksseitig stetig ist, d. h. wenn für **jede** gegen x_0 strebende Folge (x_n) von Argumentwerten die Folge der zugehörigen Funktionswerte $(f(x_n))$ gegen $f(x_0)$ konvergiert.

(d) Sei I $\subseteq$ **R** ein offenes Intervall. Die Funktion f: I→ **R** heißt **stetig über I**, wenn sie an jeder Stelle aus I stetig ist.

Der Funktionsgraph einer über einem Intervall I $\subset$ **R** stetigen Funktion wird dort durch eine Kurve ohne Sprungstellen dargestellt.

Beispiel 3: Sei A = [0, 40]. Die Funktion f: A $\to$ **R** sei gegeben durch die Zuordnung: f(x) = Anzahl der Lastwagen, die zum Transport von x Tonnen eines Gutes benötigt werden, wobei ein Lastwagen eine maximal zulässige Nutzlast von 14 t hat. Dann ist

$$f(x) = \begin{cases} 0 & \text{für } x = 0 \\ 1 & \text{für } x \in \langle 0, 14] \\ 2 & \text{für } x \in \langle 14, 28] \\ 3 & \text{für } x \in \langle 28, 40] \end{cases}$$

Diese Funktion ist überall stetig außer an den Stellen x=0, x=14 und x=28. Dort ist diese Funktion zwar linksseitig, aber nicht rechtsseitig stetig, sie hat drei Sprungstellen.

Die auf den Definitionsbereich $[0, \infty)$ erweiterte Nachfragefunktion aus Beispiel 1, gegeben durch

$$N(p) = \begin{cases} 1000 - (p^2)/10 & \text{für } 0 \le p \le 100 \\ 0 & \text{für } p > 100 \end{cases}$$

ist stetig in jedem inneren Punkt des Definitionsbereiches, insbesondere auch an der Stelle $p_0 = 100$, da an dieser Stelle der linksseitige Grenzwert $\lim_{p \to 100^-} N(p)$, der rechtsseitige Grenzwert $\lim_{p \to 100^+} N(p)$ und der Wert der Funktion N(100) alle gleich null sind, also übereinstimmen.

Definition 4.1.8 Die Funktionen f und g seien über derselben Definitionsmenge A erklärt. Dann heißen die Funktionen
(a) $(f+g): A \to R$ mit $(f+g)(x) = f(x) + g(x)$ die **Summe**,
(b) $(f-g): A \to R$ mit $(f-g)(x) = f(x) - g(x)$ die **Differenz**,
(c) $(f \cdot g): A \to R$ mit $(f \cdot g)(x) = f(x) \cdot g(x)$ das **Produkt** und
(d) $\left(\dfrac{f}{g}\right): A^* \to R$ mit $\left(\dfrac{f}{g}\right)(x) = \dfrac{f(x)}{g(x)}$ wobei $A^* = \{x \in A \mid g(x) \ne 0\}$ der **Quotient** der beiden Funktionen f und g.

Definition 4.1.9 Seien f: D $\to R$ und g: A $\to R$ Funktionen, wobei der Bildbereich Im(g) $\subseteq$ D, dann heißt die Funktion $(f \circ g): A \to R$, erklärt durch $(f \circ g)(x) = f(g(x))$ die **zusammengesetzte Funktion** von f und g.

Satz 4.1.10 Summe, Differenz, Produkt, Quotient und zusammengesetzte Funktion von stetigen Funktionen f und g sind wieder stetige Funktionen auf ihrer jeweiligen Definitionsmenge.

Betrachtet man wieder die Funktion aus Beispiel 1, allerdings nur auf dem ursprünglichen Definitionsbereich $(0, 100]$. Dann gehört nicht nur zu jedem Preis eine eindeutig bestimmbare Nachfrage, sondern auch umgekehrt zu jeder Nachfrage ein entsprechender Preis, der sich also als Funktion der Nachfrage ergibt.
Das ist möglich, weil die Nachfragefunktion streng monoton ist und folglich verschiedene Preise immer auch verschiedene Nachfragen ergeben.

4.1 Funktionen und deren Eigenschaften

Definition 4.1.11 Gegeben sei eine Funktion f: $I \to \mathbf{R}$ mit $x \mapsto f(x)$. Dann heißt die Funktion f^{-1}: Im(f) $\to \mathbf{R}$ die **Umkehrfunktion von f**, wenn gilt:
$$(f^{-1} \circ f)(x) = f^{-1}(f(x)) = x \text{ für alle } x \in I.$$

Folgerung 4.1.12 Für eine Funktion f und deren Umkehrfunktion f^{-1} gilt auch
$$\left(f \circ f^{-1}\right)(x) = f\left(f^{-1}(x)\right) = x \text{ für alle } x \in \text{Im}(f).$$

Funktion und Umkehrfunktion, hintereinander ausgeführt, ergeben die „identische Funktion" id: $I \to I$; d.h. id(x) = x für $\forall\, x \in I$.

Die Umkehrfunktion der Funktion N(p) aus Beispiel 1 ist gegeben durch $p(N) = +\sqrt{10000 - 10N}$. Diese Umkehrfunktion beschreibt denselben Zusammenhang zwischen Preis p und Nachfrage N wie die Nachfragefunktion. Er wird nur anders formuliert!

Die Funktion aus Beispiel 2 besitzt offensichtlich keine Umkehrfunktion, da man aus der Anzahl von, z.B., f(x) = 3 [Lastwagen] nicht auf die transportierte Menge x des Gutes schließen kann. Diese Funktion ist, im Gegensatz zu der von Beispiel 1, zwar monoton steigend, aber nicht streng monoton.

Satz 4.1.13 Ist eine reelle Funktion f: $A \to \mathbf{R}$ streng monoton auf ihrer Definitionsmenge, dann existiert dazu die Umkehrfunktion f^{-1}: Im(f)$\to$A Diese ist ebenfalls streng monoton im gleichen Sinne wie f. Ist f stetig, dann ist es auch die Umkehrfunktion f^{-1}.

4.2 Einige spezielle Funktionen

Zur Beschreibung funktionaler Zusammenhänge werden verbale Formulierungen wie „linear", „quadratisch", „exponentiell" und ähnliche verwendet. All diese Formulierungen entsprechen bestimmten Funktionstypen, von denen einige besprochen werden sollen.

Definition 4.2.1 Eine Funktion f: $R \to R$ mit

$$f(x) = a_0 + a_1 \cdot x^1 + a_2 \cdot x^2 + \ldots + a_n \cdot x^n = \sum_{i=0}^{n} a_i \cdot x^i,$$

wobei a_0 bis a_n beliebige reelle Zahlen sind, und $a_n \neq 0$ ist, heißt **Polynomfunktion n-ten Grades**.
Jene Argumentwerte x, für die f(x) = 0 ist, nennt man **Nullstellen** dieser Funktion oder auch Nullstellen (Wurzeln) des Polynoms $\sum_{i=0}^{n} a_i \cdot x^i$.

f(x) = a_0 ist somit eine Polynomfunktion nullten Grades, die Funktion ist konstant. Ihr Graph im üblichen kartesischen Koordinatensystem ist eine Parallele zur x-Achse.

Eine Polynomfunktion ersten Grades hat die Form f(x) = a_0 + a_1·x, auch geläufig als y = k·x + d. Ihr Graph ist eine Gerade mit der Steigung k, die den Punkt (0, d) enthält.

Die Graphen von Polynomfunktionen zweiten Grades sind sogenannte quadratische Parabeln mit einer zur y-Achse parallelen Symmetrieachse.

Die Funktion aus Beispiel 1, Kap. 4.1 ist von dieser Form, allerdings mit dem eingeschränkten Definitionsbereich $\langle$ 0, 100]. In dieser Funktion sind a_0 = 1000, a_1 = 0 und a_2 = 1/10.

Die Graphen von Polynomfunktionen höheren Grades nennt man auch Parabeln höherer Ordnung.

Beispiel 1: Die Funktion g mit g(x) = x^3 − 4x ist eine Polynomfunktion dritten Grades.
Diese Funktion hat drei Nullstellen (das sind die Lösungen der Gleichung dritten Grades x^3 − 4x = 0), nämlich x_1 = 0, x_2 = −2 und x_3 = +2.
Für die Existenz und die Anzahl der Nullstellen von Polynomfunktionen vgl. Satz 4.3.1.

4.2 Einige spezielle Funktionen

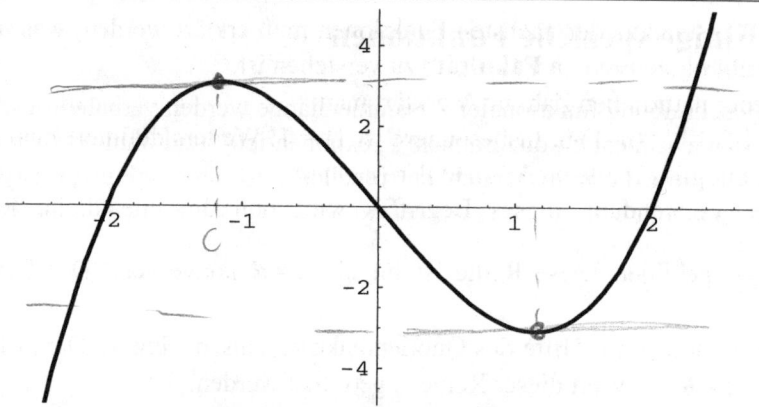

Abbildung 1: Graph der Funktion f(x) = x^3 – 4x

Definition 4.2.2 Eine Funktion $f(x) = \frac{h(x)}{g(x)}$, die Quotient zweier Polynomfunktionen ist, heißt **rationale Funktion**. Ihr größtmöglicher Definitionsbereich ist $R \setminus \{x \mid g(x) = 0\}$.

Beispiel 2: Die rationale Funktion $f(x) = \frac{3x-5}{x^3 - 4x}$ hat als größtmöglichen Definitionsbereich $R \setminus \{0, -2, +2\}$; Ihr Bildbereich Im(f) = R.
Die Nullstellen dieser Funktion sind genau jene des Polynoms im Zähler, da keine Nullstelle des Zählerpolynoms gleichzeitig Nullstelle des Nennerpolynoms ist. Damit hat f(x) nur die Nullstelle x = 5/3. Die Nullstellen des Nennerpolynoms, also x = 0, x = –2 und x = +2, nennt man **Polstellen** der Funktion.

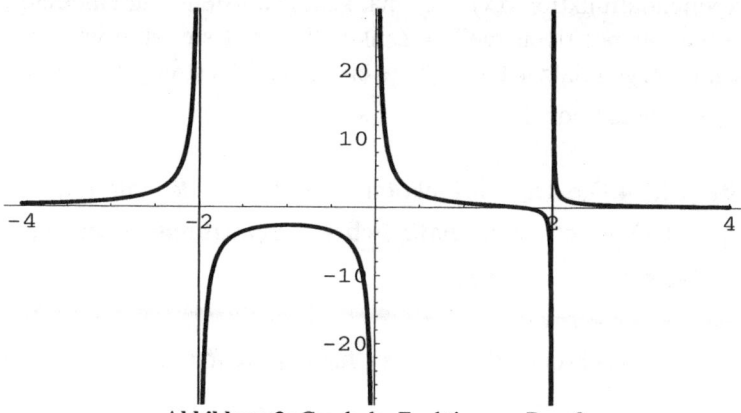

Abbildung 2: Graph der Funktion aus Bsp. 2

Zum Verständnis der nächsten Funktionen muß erklärt werden, was unter der Zahl n!, gelesen „**n Fakultät**" zu verstehen ist.
Zu jeder natürlichen Zahl n∈ *N* erklärt man:
n! = 1·2·3· ... ·(n−1)·n. Insbesondere ist 1! = 1. Weiters definiert man 0! = 1. Damit gilt für alle n∈ *N*: (n+1)! = (n+1)·n! .
Unter Verwendung dieses Begriffes wird nun die unendliche Reihe

$$\sum_{n=0}^{\infty} \frac{x^n}{n!}$$

gebildet. Diese Reihe ist für alle x∈ *R* konvergent. Der Beweis dafür ist leicht mit Hilfe des Quotientenkriteriums zu führen. Damit kann jedem x∈ *R* der Wert dieser Reihe zugeordnet werden.

Definition 4.2.3 Die Funktion f: *R* → *R*₊ mit der Zuordnungsvorschrift

$$f(x) = \sum_{n=0}^{\infty} \frac{x^n}{n!}$$

heißt **Exponentialfunktion**, genauer **Exponentialfunktion zur Basis e**, da für alle x∈ *R* : f(x) = e^x . Man schreibt dafür auch f(x) = exp(x).

Setzt man insbesondere x = 1, so erhält man als Grenzwert der unendlichen Summe $\sum_{n=0}^{\infty} \frac{1}{n!} = \frac{1}{0!} + \frac{1}{1!} + \frac{1}{2!} + \frac{1}{3!} + \ldots = e^1$ die **Eulersche Zahl e** = 2,718... Dieselbe Zahl e wurde schon als Grenzwert der Folge mit

$$a_n = \left(1 + \frac{1}{n}\right)^n$$

erhalten (vgl. Kap.3.1).

Die Exponentialfunktion f(x) = e^x hat keine Nullstelle, ihr Bildbereich ist die Menge der positiven reellen Zahlen *R*₊₊ und sie ist streng monoton wachsend. Wegen Satz 4.1.13 hat sie eine ebenfalls streng monoton wachsende Umkehrfunktion f^{-1}.

Definition 4.2.4 Die Umkehrfunktion f^{-1}: *R*₊₊ → *R* zur Exponentialfunk-tion f(x) = e^x wird **natürlicher Logarithmus** genannt, man schreibt dafür $f^{-1}(x) = \ln(x)$.

Damit ist offensichtlich $\ln(e^x)$ = x für alle x∈ *R* und $e^{\ln x}$ = x für alle x∈ *R*₊₊.

4.2 Einige spezielle Funktionen

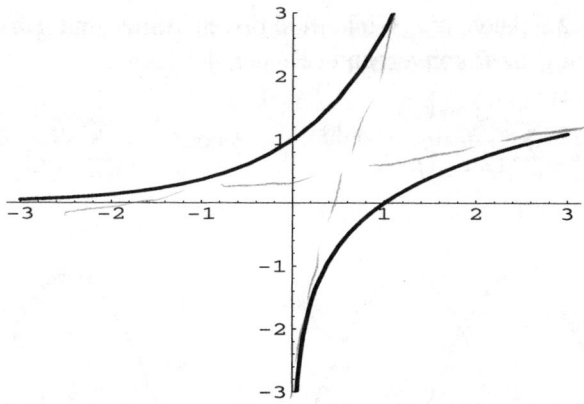

Abbildung 3: Graphen von Exponential- und Logarithmusfunktion

Bemerkung: Der Begriff der Exponentialfunktion wird oft auch weiter gefaßt: Seien a, b und c $\in$ **R**. Dann nennt man auch jede Funktion f: A $\rightarrow$ **R** mit der Funktionsgleichung f(x) = $a \cdot e^{b \cdot x} + c$ Exponentialfunktion oder Funktion vom Exponentialtyp.

Derartige Exponentialfunktionen dienen zur Beschreibung von Wachstums- vorgängen, wenn das Produkt a·b positiv ist, zur Beschreibung von Zerfallsvorgängen wenn dieses Produkt negativ ist.

Ebenso wird auch die Funktion mit der Funktionsgleichung f(x) = a^x zu beliebigem a$\in$ **R** als Exponentialfunktion, genauer Exponentialfunktion zur Basis a, bezeichnet.

Beispiel 3: Die Funktion f: [0, 12] $\rightarrow$ **R** mit f(x) = $6 \cdot e^{-0.2 \cdot x} + 1$ beschreibt eine exponentielle Abnahme mit f(0) = 7 und f(10) $\approx$ 1.8.

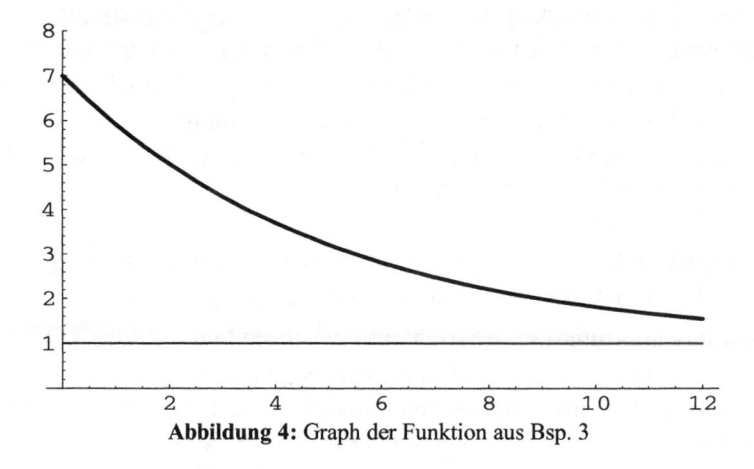

Abbildung 4: Graph der Funktion aus Bsp. 3

Definition 4.2.5 Auch die Winkelfunktionen **Sinus** und **Kosinus** lassen sich mittels in ganz *R* konvergenter Reihen definieren.

$$\sin(x) = \sum_{n=1}^{\infty} \frac{x^{2n-1}}{(2n-1)!} \cdot (-1)^{n+1} \qquad \cos(x) = \sum_{n=0}^{\infty} \frac{x^{2n}}{(2n)!} \cdot (-1)^n$$

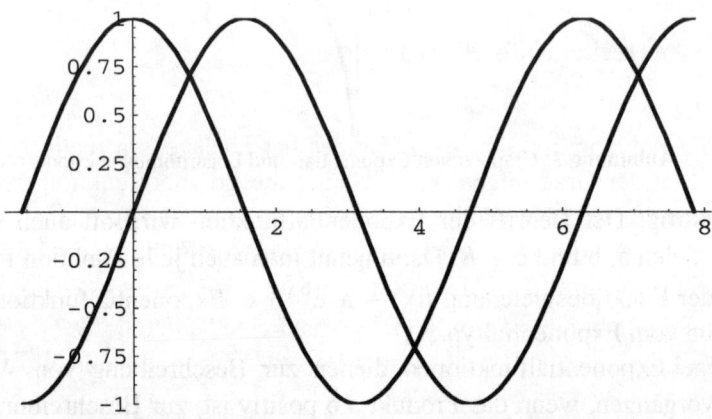

Abbildung 5: Graphen der Winkelfunktionen sin(x) und cos(x)

Für die Winkelfunktionen gilt eine ähnliche Bemerkung wie jene zur Exponentialfunktion: Zur Beschreibung periodisch ablaufender Vorgänge können Funktionen f: A→*R* mit der Funktionsgleichung f(x) = a·sin(b·x + c) + d wobei a, b, c und d geeignet aus *R* zu wählen sind, verwendet werden.

Bemerkung zur Stetigkeit der angegebenen speziellen Funktionen:
Die konstante Funktion f(x) = k, sowie die identische Funktion f(x) = x sind stetig in ganz *R*. Damit sind auch alle Polynomfunktionen und die rationalen Funktionen dort, wo sie definiert sind, stetig.
Exponential-, Logarithmus- und Winkelfunktionen sind ebenfalls stetig in ihrem jeweiligen Definitionsbereich.

Bemerkung zum Verhalten dieser Funktionen für x gegen ∞:
Polynomfunktionen streben für große x-Werte gegen + ∞ oder –∞.

Die Exponentialfunktion e^x strebt mit wachsendem x „sehr rasch", die Logarithmusfunktion ln(x) „sehr langsam" gegen +∞.
Die Winkelfunktionen Sinus und Kosinus sind beschränkt mit den Schranken ±1, haben aber keinen Grenzwert für x → ∞.

4.3 Differentialrechnung und Kurvendiskussion

In diesem Abschnitt geht es unter anderem darum, zu einer gegebenen Funktion jene Argumentstellen zu finden, an denen der Funktionswert möglichst groß, möglichst klein oder Null ist.
Zur Bestimmung der Nullstellen einer Funktion ist die Gleichung f(x) = 0 nach x aufzulösen.

Zur Existenz reeller Nullstellen gilt

Satz 4.3.1
(a) Eine Polynomfunktion n-ten Grades hat höchstens n reelle Nullstellen, ist der Grad ungerade, so besitzt die Polynomfunktion mindestens eine reelle Nullstelle.
(b) Die Anzahl der Nullstellen einer Rationalen Funktion ist höchstens gleich dem Grad des Zählerpolynoms.
(c) Die Exponentialfunktion $f(x) = e^x$ hat keine Nullstelle.
(d) Die Logarithmusfunktion $f(x) = \ln(x)$ hat nur eine Nullstelle bei x = 1.
(e) Die Winkelfunktionen sin(x) und cos(x) haben unendlich viele Nullstellen in gleichen Abständen.

Beispiel 1: Sei f die Polynomfunktion mit $f(x) = x^3 \cdot (x^2 - 5x - 6)$. Die Gleichung $f(x) = x^3 \cdot (x^2 - 5x - 6) = 0$ hat die Lösungen x = 0, x = −1 und x = 6. Dieses Polynom fünften Grades hat nur drei Nullstellen. Wird die Funktion auf einem eingeschränkten Definitionsbereich definiert, etwa auf dem Intervall I = [−2, 5], so hat sie nur die ersten beiden Lösungen als Nullstellen, da die dritte Lösung 6 ∉ [−2, 5].

Wo sich Nullstellen nicht so leicht oder gar nicht berechnen lassen, kann folgender Satz nützlich sein.

Satz 4.3.2
(a) **Satz von Bolzano**: Sei f eine über dem Intervall I stetige Funktion und seien a, b ∈ I, a < b und f(a)<0, f(b)>0. Dann gibt es ein $x_0 \in \langle a,b \rangle$, sodaß $f(x_0) = 0$.
(b) **Zwischenwertsatz**: Sei f eine über dem Intervall I stetige Funktion und seien, a, b ∈ I, a < b und f(a)≠f(b). Dann gibt es für jede Zahl y zwischen f(a) und f(b) einen Argumentwert $x_0 \in \langle a,b \rangle$, sodaß $f(x_0) = y$.

Beispiel 2: Die Polynomfunktion $f(x) = x^3+9x^2+9x-9$ hat mindestens eine Nullstelle im Intervall $\langle -8, -7 \rangle$, da die Funktion stetig ist und an den Stellen $x = -8$ und $x = -7$ verschiedenes Vorzeichen hat: $f(-8) = -17 < 0$ und $f(-7) = 26 > 0$.

Definition 4.3.3 Gegeben sei eine Funktion $f: D \to R$.
(a) Eine Stelle $x_0 \in D$ heißt **globale Maximalstelle**, wenn $f(x_0) \geq f(x)$ für alle $x \in D$. Der Funktionswert $f(x_0)$ heißt **globales Maximum**.
(b) Eine Stelle $x_0 \in D$ heißt **lokale Maximalstelle**, wenn zumindest in einem hinreichend kleinen Intervall $I = \langle x_0-\varepsilon, x_0+\varepsilon \rangle$ um die Stelle x_0 gilt: $f(x_0) \geq f(x)$ für alle $x \in I$. Der Funktionswert an dieser Stelle heißt **lokales Maximum**, der Punkt $H(x_0, f(x_0))$ heißt **Hochpunkt**.
(c) Eine Stelle $x_0 \in D$ heißt **globale Minimalstelle**, wenn $f(x_0) \leq f(x)$ für alle $x \in D$. Der Funktionswert $f(x_0)$ heißt **globales Minimum**.
(d) Eine Stelle $x_0 \in D$ heißt **lokale Minimalstelle**, wenn zumindest in einem hinreichend kleinen Intervall $I = \langle x_0-\varepsilon, x_0+\varepsilon \rangle$ um diese Stelle x_0 gilt: $f(x_0) \leq f(x)$ für alle $x \in I$. Der Funktionswert $f(x_0)$ heißt **lokales Minimum**, der Punkt $T(x_0, f(x_0))$ heißt **Tiefpunkt**.

Man spricht zusammenfassend von lokalen (relativen) und globalen (absoluten) **Extremstellen** und **Extremwerten** der Funktion.
Für (b) und (d) ist vorausgesetzt, daß das ε-Intervall um x_0 ganz im Definitionsbereich D liegt.

Folgerung 4.3.4 Ist die Funktion $f: [a, b] \to R$ stetig, (genauer: über $\langle a, b \rangle$ stetig und rechts- bzw. linksseitig stetig an den Stellen a bzw. b), dann ist ihr Bildbereich $Im(f)$ ein abgeschlossenes Intervall $[m, M]$, wobei m das globale Minimum und M das globale Maximum von f sind.

Ist die Funktion f in [a, b] monoton wachsend, so ist $m = f(a)$ und $M = f(b)$, ist sie im Intervall [a, b] monoton fallend, dann ist $m = f(b)$ und $M = f(a)$.
In diesen Fällen sind die beiden Intervallgrenzen genau die globalen Extremstellen.
Ist f nicht monoton, dann können die globalen Extremstellen auch im Inneren des Intervalles [a, b] liegen und sind damit zugleich lokale Extremstellen. Betrachtet man den Funktionsgraphen einer stetigen Funktion über dem Intervall I, so kann man, wenn die Funktionskurve „ausreichend glatt" ist, in jedem Kurvenpunkt eine eindeutig bestimmte, den Funktionsgraphen berührende Gerade, die sogenannte Tangente an die Kurve,

4.3 Differentialrechnung und Kurvendiskussion

zeichnen. Die Gleichung der Tangente ist als Geradengleichung von der Form y = k·x + d.
Deren Steigung k kann auch betrachtet werden als die Steigung der Kurve im Berührungspunkt.

Beispiel 3: Die Funktion f: [–3, 3] → *R* mit f(x) = x^2–3 hat die lokale, zugleich globale Minimalstelle x = 0. Der Minimalwert der Funktion ist –3. Das globale Maximum wird an den beiden Randpunkten des Definitionsbereiches, den Stellen x = 3 und x = – 3, angenommen, Der globale Maximalwert ist f(3) = f(–3) = 6.

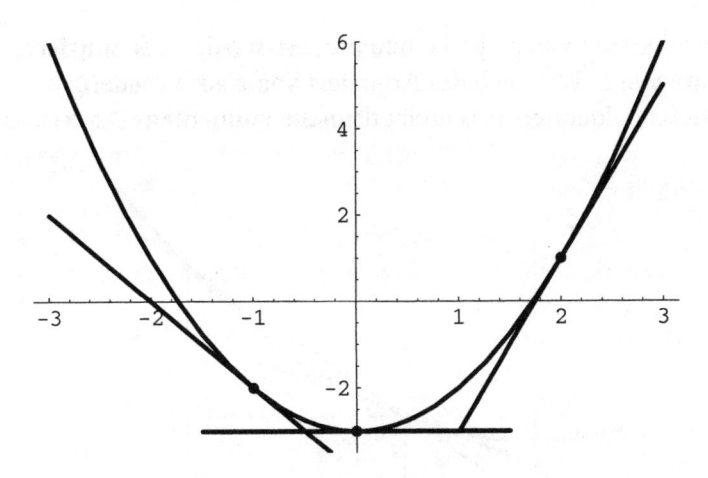

Abbildung 1: Funktionsgraph zu Bsp. 3, Tangenten

Man erkennt leicht, daß lokale Extremstellen bei einer derartigen glatten Kurve höchstens dort liegen können, wo die Tangente an die Kurve parallel zur x-Achse (waagrecht) verläuft. Eine derartige Gerade hat die Steigung k = 0. Damit ist die Suche nach lokalen Extremstellen einer Funktion vorerst zurückgeführt auf die Suche nach solchen Punkten auf der Kurve - bzw. den zugehörigen Argumentwerten - in denen die Kurvensteigung null ist. Allerdings braucht nicht jede derartige Stelle eine lokale Extremstelle zu sein.

Bei der Suche nach lokalen Extremstellen, und auch besonders bei vielen ökonomischen Anwendungen reeller Funktionen interessieren nicht nur die Funktionswerte selbst, sondern auch die Änderung der Funktionswerte in Abhängigkeit von der Änderung der Argumente. Man spricht in diesem Zusammenhang auch von der Steigung der Funktion an einer Stelle.

Definition 4.3.5 Die Funktion f sei über dem offenen Intervall I definiert und die Stellen x und x_0 liegen beide in I. Dann nennt man den Bruch

$$\frac{f(x)-f(x_0)}{(x-x_0)} \quad \textbf{Differenzenquotient}.$$

Existiert der Grenzwert des Differenzenquotienten für $x \to x_0$, so wird dieser **erste Ableitung von f an der Stelle x_0** oder **Differentialquotient** genannt. Man schreibt dafür:

$$\lim_{x \to x_0} \frac{f(x)-f(x_0)}{(x-x_0)} = f'(x_0) = \frac{df}{dx}(x_0) \ .$$

Die Funktion f heißt dann **an der Stelle x_0 differenzierbar**.

Der Differenzenquotient kann interpretiert werden als **mittlere Änderungsrate** von f, wenn sich das Argument von x auf x_0 ändert.
Der Differentialquotient beschreibt dann die **momentane Änderungsrate**.

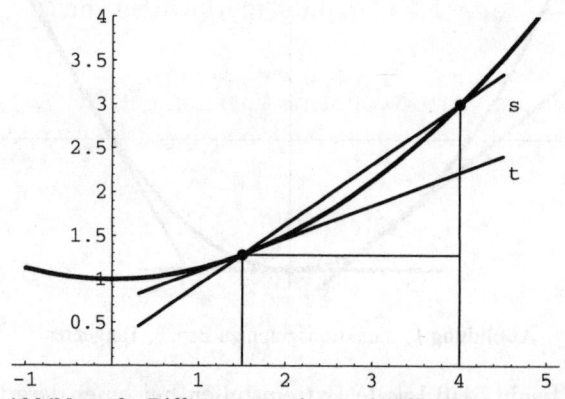

Abbildung 2: Differenzenquotient und Differentialquotient

In Abb. 2 entspricht die Steigung der Sekante s dem Differenzenquotienten und je näher man mit dem Wert x an x_0 heranrückt, desto mehr nähert sich die Steigung von s jener der Tangente t im Punkt $(x_0, f(x_0))$, also dem Differentialquotienten. Die Funktion mit diesem Funktionsgraphen ist folglich an der Stelle x_0 differenzierbar.

Es ist nun denkbar, wenn die Kurve „hinreichend glatt" ist, daß in einem Intervall I an jeder Stelle eine eindeutige Tangente gelegt werden kann und somit überall eine eindeutige Tangentensteigung festliegt, womit auf I eine Funktion $x \mapsto f'(x)$ erklärt wird, wobei der Funktionswert von f' gleich der Steigung der Tangente an die Funktionskurve im Punkt $(x, f(x))$ ist.

Das gibt Anlaß zur folgenden Definition.

4.3 Differentialrechnung und Kurvendiskussion

Definition 4.3.6 Die Funktion f sei auf dem Intervall I definiert.

(a) Ist f an jeder Stelle $x \in I$ differenzierbar, so heißt die Funktion f', die jedem $x \in I$ den Wert der Ableitung an dieser Stelle zuordnet, **erste Ableitung von f in I**. Man schreibt dafür f'(x) oder auch $\dfrac{df(x)}{dx}$, gelesen „df nach dx".

Ist diese Ableitung f' in ganz I eine stetige Funktion, so nennt man die Funktion f **im Intervall I stetig differenzierbar**.

(b) Ist f in I differenzierbar mit der Ableitung f', so kann diese erste Ableitung f' wiederum differenzierbar sein. Die Ableitung von f' nennt man dann die **zweite Ableitung von f in I** und schreibt dafür $\dfrac{d^2 f(x)}{dx^2}$, kurz f'' oder auch $f^{(2)}$.

(c) Ist die Funktion f im Intervall I (k–1)-mal differenzierbar, so heißt $\dfrac{df^{(k-1)}(x)}{dx}$, kurz $f^{(k)}(x)$, die **k-te Ableitung von f**.

Beispiel 4: Die auf ganz R definierte Funktion mit $f(x) = x^2$ ist differenzierbar in ganz R. Bildet man an einer beliebigen Stelle x_0 den Differenzenquotienten, so ergibt sich

$$\frac{f(x) - f(x_0)}{(x - x_0)} = \frac{x^2 - x_0^2}{x - x_0} = \frac{(x - x_0)(x + x_0)}{x - x_0} = (x + x_0).$$

Der Grenzwert dieses Differenzenquotienten ist für alle $x_0 \in R$ berechenbar:

$$\lim_{x \to x_0} \frac{f(x) - f(x_0)}{(x - x_0)} = \lim_{x \to x_0} (x + x_0) = 2x_0.$$

Also hat die Funktion $f(x) = x^2$ für alle $x \in R$ die erste Ableitung $f'(x) = 2x$.

Die zweite Ableitung f'' berechnet man analog:

$$\lim_{x \to x_0} \frac{f'(x) - f'(x_0)}{(x - x_0)} = \lim_{x \to x_0} \frac{2x - 2x_0}{x - x_0} = 2 \cdot \lim_{x \to x_0} (1) = 2.$$

Damit ist für alle $x \in R$ die zweite Ableitung von $f(x) = x^2$ die Funktion $f''(x) = 2$.

Für die dritte Ableitung erhält man, da $f''(x) - f''(x_0) = 2 - 2 = 0$, die Funktion $f'''(x) = 0$. Alle weiteren höheren Ableitungen sind ebenfalls identisch gleich null.

Differenzierbarkeit bedeutet: Die Kurve ist glatt, d. h. sie hat keine Knickstellen. Stetigkeit bedeutet nur: Die Kurve hat keine Sprungstellen. Daraus ergibt sich der folgende Satz.

Satz 4.3.7 Jede über dem Intervall I differenzierbare Funktion ist dort stetig, aber nicht jede über I stetige Funktion ist auch über ganz I differenzierbar.

Beispiel 5: Die Funktion mit $f(x) = 2 \cdot |x|$ ist an der Stelle $x = 0$ zwar stetig, aber nicht differenzierbar. Für alle positiven Argumentwerte ist $f(x) = 2x$ und hat somit die Ableitung $f'(x) = 2$, für alle $x < 0$ ist $f(x) = -2x$ mit der Ableitung $f'(x) = -2$. An der Stelle $x = 0$ läßt sich keine eindeutige Tangente an den Funktionsgraphen legen.

Satz 4.3.8 Rechenregeln für differenzierbare Funktionen
Die Funktionen f und g seien über dem Intervall I differenzierbar. Dann gilt:

(a) **Summenregel**: $(f+g)' = f' + g'$

(b) Differentiation einer **multiplikativen Konstanten** k: $(k \cdot f)' = k \cdot f'$ für alle $k \in R$

(c) **Produktregel**: $(f \cdot g)' = f' \cdot g + f \cdot g'$

(d) **Quotientenregel**: $\left(\dfrac{f}{g}\right)' = \dfrac{f' \cdot g - f \cdot g'}{g^2}$

(e) **Kettenregel**: $(f(g(x)))' = f'(g(x)) \cdot g'(x)$ oder, anders geschrieben:

$$\frac{df}{dx} = \frac{df}{dg} \cdot \frac{dg}{dx}.$$

Ist die Funktion $f: I \to Im(f)$ differenzierbar und besitzt sie eine Inverse Funktion $f^{-1}(y): Im(f) \to I$, so gilt:

(f) **Differenzieren der Inversen Funktion**: $(f^{-1}(y))' = \dfrac{1}{f'(f^{-1}(y))}$

Beispiel 6, zu den Rechenregeln (a) bis (d):
Die Ableitung von $f(x) = 6x^2 + 8x + 7$ lautet $f'(x) = 12x + 8$.

Unter Anwendung der Produktregel differenziert man $f(x) = x^2 \cdot (x^2 + x)$ und erhält die Ableitungsfunktion $f'(x) = 2x \cdot (x^2 + x) + x^2 \cdot (2x+1) = 4x^3 + 3x^2$.

Mit Hilfe der Quotientenregel differenziert man $f(x) = (x^4)/(2x+1)$ und errechnet dafür $f'(x) = ((4x^3)(2x+1) - (x^4) \cdot 2)/(2x+1)^2$, das ergibt beispielsweise an der Stelle $x = 1$ den Wert der Ableitung und damit die Steigung der Tangente an den Funktionsgraphen $f'(1) = 10/9$.

Unter Anwendung der Rechenregeln (a), (b) und (c) können alle Polynomfunktionen differenziert werden. Unter zusätzlicher Verwendung von (d) alle Rationalen Funktionen.

4.3 Differentialrechnung und Kurvendiskussion

Beispiel 7: Unter der hier nicht bewiesenen Annahme der Gültigkeit von Regel (a) auch für absolut konvergente unendliche Summen, läßt sich durch gliedweises Differenzieren der definierenden Reihe die Exponentialfunktion $f(x) = e^x$ ableiten und man erhält

$$f'(x) = \left(\frac{x^0}{0!}\right)' + \left(\frac{x^1}{1!}\right)' + \left(\frac{x^2}{2!}\right)' + \cdots + \left(\frac{x^n}{n!}\right)' + \left(\frac{x^{n+1}}{(n+1)!}\right)' + \cdots =$$

$$= 0 + \left(\frac{x^0}{0!}\right) + \left(\frac{x^1}{1!}\right) + \cdots + \left(\frac{x^n}{n!}\right) + \cdots = e^x.$$

Die Kurve der Exponentialfunktion $f(x) = e^x$ hat an jeder Stelle x die Steigung e^x. Die näherungsweise Zunahme des Funktionswertes bei Erhöhung des Argumentwertes um eine Einheit ist an jeder Stelle x gleich groß wie der Funktionswert.

Beispiel 8, zu den Rechenregeln (e) und (f):
Die erste Ableitung der Funktion $f(x) = e^{x^2/2}$ ergibt nach der Kettenregel
$f'(x) = e^{x^2/2} \cdot (2x/2) = x \cdot e^{x^2/2}$.
Sei nun $f(x) = e^x$. Dann ist die Umkehrfunktion dazu: $f^{-1}(y) = \ln(y)$. Also ergibt sich wegen $f'(x) = e^x$ die Ableitung der Logarithmusfunktion

$$(\ln(y))' = (f^{-1}(y))' = 1/f'((f^{-1}(y)) = \frac{1}{e^{(\ln y)}} = \frac{1}{y}.$$

Zusammenfassend werden in Tabelle 1 die Ableitungen einiger Funktionen angegeben.

$f(x)$		$f'(x)$
c		0
x^n	für $n \in N$	$n \cdot x^{n-1}$
x^α	mit $\alpha \in R_+$	$\alpha \cdot x^{\alpha-1}$
e^{ax}		$a \cdot e^{ax}$
a^x		$a^x \cdot \ln(a)$
$\text{Ln}(x)$	für $x \in R_{++}$	$1/x$
$\sin(x)$		$\cos(x)$
$\cos(x)$		$-\sin(x)$

Tabelle 1: Ableitungen einiger Funktionen

Jeder Graph einer Funktion f(x) enthält üblicherweise verschiedene für diese Funktion bzw. deren Kurve charakteristischen Punkte. Solche sind in der folgenden Abbildung dargestellt.

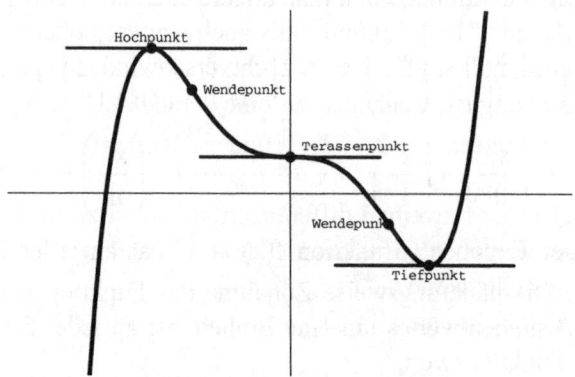

Abbildung 3: Zur Kurvendiskussion

Ein Hochpunkt, d. h. ein lokales Maximum liegt vor, wenn dort die Tangente an die Kurve parallel zur x- Achse verläuft und zumindest in einer Umgebung dieses Punktes oberhalb der Kurve liegt. Man sagt, die Kurve hat dort eine **negative Krümmung** - die Kurvensteigung wird mit größerem Argumentwert immer kleiner. Sie ist links von der Extremstelle noch positiv, wird null und wird rechts von der Extremstelle negativ.
Ein Tiefpunkt, d. h. ein lokales Minimum liegt vor, wenn die Tangente parallel zur x-Achse verläuft und die Kurve dort eine **positive Krümmung** hat, womit die Tangente zumindest in einer Umgebung dieses Punktes unterhalb der Kurve liegen muß. Ein **Wendepunkt** ist dadurch charakterisiert, daß die Kurve in diesem Punkt ihre Krümmung von positiv auf negativ (oder umgekehrt) ändert. Damit ist die Gerade, die im Wendepunkt die gleiche Steigung hat wie die Kurve, die sogenannte **Wendetangente**, keine Tangente im eigentlichen Sinn, sondern sie schneidet die Kurve. Ein Wendepunkt mit waagrechter Tangente heißt **Terrassenpunkt**. Das Aufsuchen von Nullstellen, Extremstellen und Wendepunkten einer Funktion nennt man zusammenfassend Kurvendiskussion.

Definition 4.3.9 Die Funktion f sei an der Stelle x_0 differenzierbar. Ist der Wert der Ableitung $f'(x_0)$ gleich null, so heißt x_0 **stationärer Punkt** von f

Zur präziseren Unterscheidung von Argument und Element des Funktionsgraphen wird im folgenden x_0 auch als **stationäre Stelle** und der Punkt $(x_0, f(x_0))$ als **stationärer Punkt** von f bezeichnet.
Ob eine stationäre Stelle x_0 nun lokale Extremstelle ist, und ob es sich bei dem stationären Punkt $(x_0, f(x_0))$ um einen Hochpunkt oder Tiefpunkt

4.3 Differentialrechnung und Kurvendiskussion

der Funktion handelt, kann mit Hilfe höherer Ableitungen der Funktion f überprüft werden.

Satz 4.3.10 Die Funktion f sei k-mal differenzierbar. Dann ist x_0 lokale Extremstelle, wenn $f'(x_0) = 0$ und, falls auch weitere höhere Ableitungen an dieser Stelle x_0 null sind, die erste nichtverschwindende Ableitung eine von gerader Ordnung ist, wenn also für eine gerade Zahl $k \in N$ gilt:

$$f^{(i)}(x_0) = 0 \text{ für } i=1, 2, ..., k-1 \text{ und } f^{(k)}(x_0) \neq 0.$$

Folgerung 4.3.11 Ist f zweimal differenzierbar, so ist x_0 Stelle eines lokalen Extremums, wenn $f'(x_0) = 0$ und $f''(x_0) \neq 0$ und zwar ist x_0
lokale Maximalstelle, wenn $f''(x_0) < 0$ und
lokale Minimalstelle, wenn $f''(x_0) > 0$.

Satz 4.3.12 Sei f dreimal differenzierbar. Die Stelle x_0 ist Wendestelle von f, der Punkt $(x_0, f(x_0))$ ist Wendepunkt, wenn $f''(x_0) = 0$ und $f^{(3)}(x_0) \neq 0$.

Wird nun - wie es in Anwendungen zumeist der Fall ist - eine Funktion f über einem abgeschlossenen Intervall I = [a, b] betrachtet, und die Frage nach globalen Extremstellen bzw. globalen Extremwerten gestellt, dann reicht die bloße Kurvendiskussion, insbesondere das Aufsuchen lokaler Extrema nicht aus. Ein globales Extremum liegt entweder - als lokales Extremum - im Inneren des Definitionsbereiches, dann kann es, wenn die Funktion ausreichend oft differenzierbar ist, mit den Methoden der Differentialrechnung gefunden werden, oder es liegt am Rand des Definitionsintervalles. Sobald also eine Funktion nicht auf ganz *R* definiert ist, müssen zur Ermittlung globaler Extremstellen auch die Funktionswerte an den Randpunkten des Definitionsbereiches berechnet werden.

Beispiel 9: Man betrachte die auf ganz *R* erklärte Funktion $f(x) = e^{-(x^2/2)}$. Um diese Funktion zu diskutieren, leitet man vorerst zweimal ab und erhält:

$f'(x) = e^{-(x^2/2)} \cdot (-x)$ und daraus $f''(x) = e^{-(x^2/2)} \cdot (-x)^2 + e^{-(x^2/2)} \cdot (-1) = e^{-(x^2/2)} \cdot (x^2 - 1)$.

Da $e^x \neq 0$ für alle x, hat die Funktion keine Nullstelle. $f'(x)$ hat nur die eine Nullstelle $x = 0$, damit ist $(0, f(0)) = (0, 1)$ der einzige stationäre Punkt von f. Wegen $f''(0) = -1 < 0$ ist $x = 0$ eine lokale Maximalstelle, der stationäre Punkt $(0, f(0)) = (0, 1)$ ist ein Hochpunkt.

$f''(x) = 0$ hat die beiden Lösungen $x = 1$ und $x = -1$. Da der Funktionsgraph die x-Achse nirgends schneidet, muß die im Hochpunkt negative Krümmung sowohl rechts als auch links von $x = 0$ mindestens einmal ihr

Vorzeichen ändern. Damit müssen die beiden Stellen x = 1 und x = – 1 Wendestellen sein. Eine Überprüfung anhand der dritten Ableitungen ist bei dieser Funktion nicht mehr nötig. Die Wendepunkte dieser Funktion sind also (1, 1/e) und (–1, 1/e). Der Graph von f ist eine **Glockenkurve**.

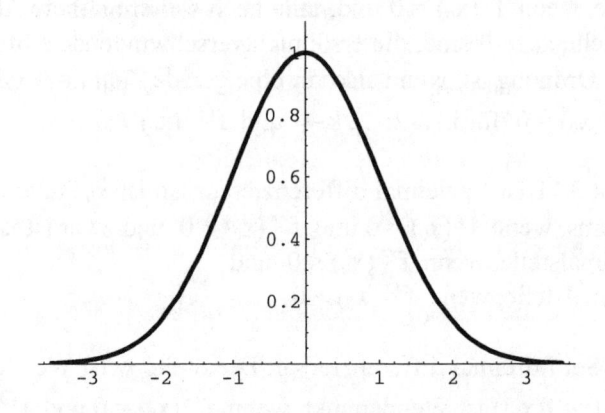

Abbildung 4: Graph der Glockenkurve f(x) = $e^{-(x^2/2)}$

Wird dieselbe Funktion nur auf dem Definitionsbereich I = [–0.2, 0.2] betrachtet, so liegt in I die lokale Maximalstelle bei x = 0. An den beiden Intervallgrenzen –0.2 und +0.2 hat die Funktion - auf 4 Stellen gerundet - den Wert f(–0.2) = f(+0.2) = 0.9802.
Damit ist x = 0 zugleich auch globale Maximalstelle und beide Intervallgrenzen sind globale Minimalstellen.

Um nach einer Kurvendiskussion den Funktionsgraphen einer auf ganz **R** definierten Funktion zeichnen zu können, benötigt man zusätzlich Kenntnis über das Verhalten der Funktion „im Unendlichen", d.h. über die Grenzwerte für x gegen plus und minus unendlich. Weiters interessiert gegebenenfalls das Verhalten der Funktion „in der Nähe" jener Stellen aus **R**, an denen die Funktion, etwa als rationale Funktion, nicht definiert ist.
In vielen Fällen machen derartige Grenzwertberechnungen keine Probleme:

Beispiel 9, Fortsetzung: Man bilde den Grenzwert von f(x) für x→∞: Da mit x→∞ auch $x^2/2$→∞, gilt wegen $\lim_{x \to \infty} e^x = \infty$ umso mehr, daß auch $e^{(x^2/2)}$ gegen unendlich strebt. Der Reziprokwert muß sich demnach der Null annähern, also erhält man: $\lim_{x \to \infty} e^{-(x^2/2)} = \lim_{x \to \infty} (1/e^{(x^2/2)}) = 0$.

4.3 Differentialrechnung und Kurvendiskussion

Dasselbe Ergebnis ergibt die Bildung des Grenzwertes für $x \to -\infty$, womit die x-Achse eine Asymptote zur Glockenkurve ist.
Multipliziert man den Funktionsterm f(x) mit einer positiven reellen Zahl, so ändern sich weder die lokale Maximalstelle noch die Wendestellen. Die Funktionswerte an diesen Stellen, damit die y-Koordinaten von Hochpunkt und Wendepunkten, werden allerdings genau um diesen Multiplikator verändert. Wählt man als Multiplikator $1/\sqrt{2\pi}$, dann ergibt sich die Gauß-Glockenkurve. Deren Graph schließt mit der x-Achse eine Fläche vom Flächeninhalt 1 ein (vgl. dazu das uneigentliche Integral, Kap. 4.4).

Beispiel 10: Sei $f(x) = \dfrac{(x+2)}{(x^2-4)}$. Will man für diese Funktion den Grenzwert für $x \to \infty$ bilden, so ergibt sich ein Quotient zweier „unendlich großer" Zahlen. Hier läßt sich der Funktionsterm f(x) umformen indem man den Nenner als Produkt schreibt und man erhält $f(x) = \dfrac{(x+2)}{(x+2)(x-2)} = \dfrac{1}{x-2}$. Man erkennt daraus, daß $\lim\limits_{x \to \infty} f(x) = 0$.

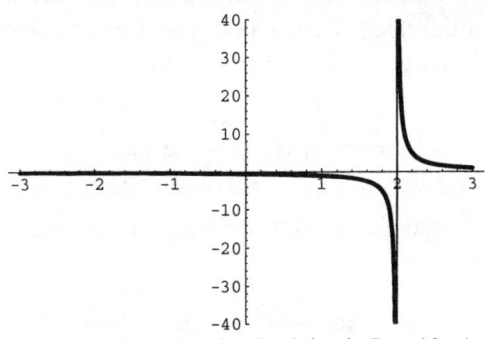

Abbildung 5: Graph der rationalen Funktion in Bsp. 10, Asymptoten

Bildet man den Grenzwert für $x \to 2$, erhält man vorerst einen Quotienten zweier Nullen (0/0) und nach der Umformung den Reziprokwert einer dem Betrag nach sehr kleinen Zahl, also $+\infty$, wenn $x > 2$ und $-\infty$, wenn $x < 2$.
Der Funktionsgraph besteht aus zwei Kurvenästen, welche beide die Gerade y=0 als waagrechte Asymptote besitzen und die gemeinsame senkrechte Asymptote ist die parallel zur y-Achse verlaufende Gerade x=2.

Beispiel 11: Man betrachte $f(x) = \dfrac{(x^2+x)}{e^x}$. Für den Grenzwert $\lim\limits_{x \to \infty} f(x)$ ergibt sich vorerst ein Quotient zweier „unendlich großer" Zahlen:
Man gelangt zu einem Ausdruck der Form ∞/∞. Dieser Bruch darf nicht gekürzt werden. Es handelt sich dabei um eine sogenannte **unbestimmte**

Form. Hier ist eine Umformung wie in Bsp. 10 nicht möglich. Zur Bestimmung solcher und ähnlicher Grenzwerte kann der folgende Satz dienen:

Satz 4.3.13 (Regel von de l'Hospital)
(a) Seien f und g in I differenzierbar und an einer Stelle $x_0 \in I$ seien sowohl $f(x_0) = 0$ und $g(x_0) = 0$. Ist dann die Ableitung des Nenners $g'(x_0) \neq 0$, so gilt,

$$\lim_{x \to x_0} \frac{f(x)}{g(x)} = \lim_{x \to x_0} \frac{f'(x)}{g'(x)}.$$

(b) Sind auch $g'(x_0)$ und $f'(x_0) = 0$, kann man Punkt (a) wiederholt anwenden, höhere Ableitungen bilden und das Verfahren solange fortgesetzt werden, bis erstmals ein $g^{(k)}(x_0) \neq 0$ ist. Dann gilt,

$$\lim_{x \to x_0} \frac{f(x)}{g(x)} = \lim_{x \to x_0} \frac{f^{(k)}(x)}{g^{(k)}(x)}.$$

Ein analoger Satz gilt auch, falls an einer Stelle $x_0 \in I$ die Grenzwerte von f und g beide unendlich sind: Sind f und g in I differenzierbar und ist der Grenzwert von g' an der Stelle x_0 endlich, dann ist

$$\lim_{x \to x_0} \frac{f(x)}{g(x)} = \lim_{x \to x_0} \frac{f'(x)}{g'(x)}.$$

Sind die Grenzwerte von g' und f' an dieser Stelle auch unendlich, kann das Verfahren solange fortgesetzt werden, bis erstmals eine Ableitung $g^{(k)}(x_0)$ endlich ist:

$$\lim_{x \to x_0} \frac{f(x)}{g(x)} = \lim_{x \to x_0} \frac{f^{(k)}(x)}{g^{(k)}(x)}.$$

Beispiel 11, Fortsetzung: $\lim_{x \to \infty} (x^2+x)/e^x =$ „∞/∞". Die Anwendung von 4.3.13 ergibt für den Grenzwert $\lim_{x \to \infty} (2x+1)/e^x$ wieder „∞/∞". Nochmalige Anwendung dieses Satzes führt zu $\lim_{x \to \infty} (2)/e^x =$ „$2/\infty$" $= 0$.

Unbestimmte Formen sind auch die folgenden Ausdrücke: ($\infty - \infty$), ($0 \cdot \infty$), 0^∞, ∞^0, und 0^0. Um Grenzwerte von Funktionen zu bestimmen, die vorerst auf diese unbestimmten Formen führen, wird man versuchen, durch Umformen der Funktionsterme auf Ausdrücke der Form 0/0 oder ∞/∞ zu gelangen und dann Satz 4.3.13 anzuwenden.

4.3 Differentialrechnung und Kurvendiskussion

Beispiel 12: $f(x) = \dfrac{x^2-1}{x} - 2x$. Hier streben mit $x \to \infty$ sowohl $\dfrac{x^2-1}{x}$ als auch $2x$ gegen ∞. Umformung auf $f(x) = \dfrac{x^2-1}{x} - \dfrac{2x^2}{x} = -\dfrac{x^2+1}{x}$ führt im Grenzwert auf die Form ∞/∞ und nach getrenntem Differenzieren von Zähler und Nenner erhält man $\lim\limits_{x \to \infty} f(x) = \lim\limits_{x \to \infty}(-2x/1) = -\infty$.

Satz 4.3.14 Mittelwertsatz der Differentialrechnung
Sei f eine auf dem abgeschlossenen Intervall [a, b] stetige, differenzierbare Funktion. Dann gibt es mindestens einen Argumentwert $x_0 \in \langle a, b \rangle$, sodaß

$$f'(x_0) = \frac{f(b) - f(a)}{b - a},$$

d. h. die Steigung der Tangente an den Funktionsgraphen an dieser Stelle ist gleich der Steigung der Sekante durch die Punkte (a, f(a)) und (b, f(b)) des Graphen.

Als Spezialfall ergibt sich der folgende, zur Feststellung der Existenz von Extremstellen einer Funktion oft nützliche Satz.

Satz 4.3.15 Satz von Rolle
Eine auf dem abgeschlossenen Intervall [a, b] stetige, differenzierbare Funktion f habe an den Stellen a und b denselben Funktionswert. Dann gibt es mindestens eine lokale Extremstelle im Inneren des Intervalles [a, b].

Beispiel 13: $f(x) = 7x^5 - 5x^2 - 2x + 2$ ist überall stetig und differenzierbar. Wegen $f(0) = f(1) = 2$ hat diese Funktion eine lokale Extremstelle im Inneren des Intervalls [0, 1].

4.4 Integralrechnung

Definition 4.4.1 Sei f(x) eine reelle Funktion f: D → R. Dann heißt eine Funktion S: D → R eine **Stammfunktion von f**, wenn S(x) differenzierbar ist und für alle x∈D gilt: Die Ableitung S'(x) = f(x). Die Menge aller Stammfunktionen von f nennt man **unbestimmtes Integral von f** und schreibt dafür $\int f(x)\,dx$.

Das Aufsuchen einer Stammfunktion ist die Umkehroperation zum Differenzieren einer Funktion. Man bezeichnet diese Operation als Integrieren. Das Aufsuchen der Ableitung einer Funktion war, wenn überhaupt möglich, eindeutig. Beim Integrieren ist das nicht der Fall. Da bei der Differentiation jede Konstante Null wird, gibt es zu einer Stammfunktion S von f beliebig viele weitere Stammfunktionen.

Folgerung 4.4.2 Ist S(x) Stammfunktion von f(x) und c∈R beliebig, dann ist auch S(x)+c eine Stammfunktion von f(x). Sind S(x) und F(x) verschiedene Stammfunktionen von f(x) dann unterscheiden sie sich nur um eine Konstante: F(x) = S(x) + c mit c∈R. Somit kann das unbestimmte Integral einer Funktion f(x) geschrieben werden als $\int f(x)dx = S(x) + c$.

Beispiel 1: Betrachtet wird die Funktion f: R → R mit f(x) = x/2–2. Man findet leicht, daß S(x) = $x^2/4$ – 2x eine Stammfunktion von f(x) ist. Dasselbe gilt beispielsweise auch für F(x) = $x^2/4$ – 2x + 5.
Zeichnet man nun den Graphen von f, also eine Gerade, und berechnet den Flächeninhalt des Trapezes, welches von der Geraden **oberhalb** des Intervalles I=[5, 7] gebildet wird, so erhält man dafür den Zahlenwert 2. Denselben Wert erhält man auch, indem man die Differenz der Werte der Stammfunktion F an den beiden Intervallgrenzen, F(7) – F(5) = (49/4–14+5) –(25/4–10+5) = 24/4 – 4 = 2 bestimmt.
Betrachtet man das Dreieck, welches **unterhalb** der x-Achse vom Intervall I=[2, 4] und der Geraden gebildet wird, so hat dieses den Flächeninhalt 1. Bildet man wieder die Differenz der Stammfunktionswerte, so ergibt sich dafür der Zahlenwert F(4)–F(2)= (4–8+5) – (1–4+5) = –1, man erhält also den Flächeninhalt, aber mit negativem Vorzeichen.
Schließlich soll betrachtet werden, welche geometrische Interpretation die Differenz der Stammfunktionswerte an den Intervallgrenzen von I = [2, 7], also F(7) –F(2) = (49/4 – 14+5) – (1 – 4+5) = 5/4 zuläßt.
Diese Zahl ist genau gleich der Differenz der Flächeninhalte zweier durch die Gerade gebildeter Dreiecke, jenem oberhalb der x-Achse (Flächeninhalt 9/4) und jenem unterhalb der x-Achse (Flächeninhalt 1).

4.4 Integralrechnung

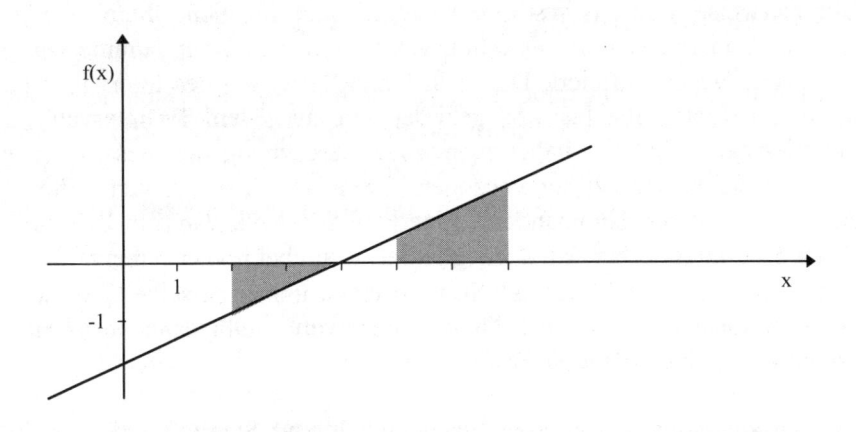

Abbildung 1: Flächeninhalte zu Bsp. 1

Derselbe Zusammenhang gilt auch für Funktionen, bei denen Flächeninhalte nicht so einfach aus geometrischer Anschauung bestimmt werden können, beispielsweise für die Funktion $f(x) = x^2 - 2x$. Eine Stammfunktion und die Inhalte der über dem Intervall I = [1, 3] gebildeten Flächenstücke werden in Bsp. 2 berechnet.

Folgerung 4.4.3 Ist S Stammfunktion von f, so gibt die Differenz $S(b)-S(a)$
(a) wenn f in ganz [a, b] positiv ist, den Inhalt der Fläche unter dem Funktionsgraphen über dem Intervall [a, b],
(b) wenn f in ganz [a, b] negativ ist, den mit -1 multiplizierten Inhalt des über dem Funktionsgraphen liegenden Flächenstückes an.
(c) Nimmt f in [a, b] sowohl positive als auch negative Werte an, so ergibt sich die Differenz der Inhalte jener Flächenstücke, welche oberhalb und unterhalb der x-Achse durch den Funktionsgraphen gebildet werden.

Definition 4.4.4 Sei f: D $\to$ *R* eine über dem abgeschlossenen Intervall [a, b]$\subseteq$D beschränkte, stückweise stetige Funktion. Dann bildet deren Graph mit der x-Achse eines oder mehrere geschlossene Flächenstücke. Man nennt die Differenz der Flächeninhalte oberhalb und unterhalb der x-Achse das **bestimmte Integral von f über dem Intervall [a, b]** und schreibt dafür $\int_a^b f(x)dx$. Eine derartige Funktion f heißt dann **über [a, b] integrierbar**.

Üblicherweise wird das bestimmte Integral auch für nicht überall stetige und nicht überall positive Funktionen als Grenzwert einer Summe von n Rechtecksflächen definiert. Dazu wird eine Zerlegung des Intervalles [a, b] in n Teilintervalle [a_i, a_{i+1}] gebildet und aus jedem Teilintervall ein Funktionswert $f(x_i)$ zur näherungsweisen Berechnung der Gesamtfläche bzw. Flächendifferenz herangezogen. Negative Funktionswerte führen dabei zu negativen Summanden. Eine Funktion heißt dann im Riemannschen Sinn integrierbar, kurz: integrierbar, wenn bei immer feinerer Zerlegung des Intervalles [a, b], also für n gegen ∞, immer derselbe Grenzwert dieser Summe erhalten wird. Dieser Grenzwert heißt dann *bestimmtes Integral von f über dem Intervall [a, b]*.

Der Zusammenhang zwischen Flächeninhalt und Stammfunktion, d. h. also zwischen unbestimmtem und bestimmtem Integral, gilt nicht nur für Funktionen wie in obigem Beispiel 1, sondern auch allgemein. Dies ist der Inhalt des folgenden Satzes.

Satz 4.4.5 Hauptsatz der Differential- und Integralrechnung
Sei f: D→*R* stetig und S: D→*R* eine Stammfunktion zu f. Dann gilt für alle Zahlen a, b aus D

$$\int_a^b f(x)dx = S(x)\Big|_a^b = S(b) - S(a).$$

Der mittlere Ausdruck wird gelesen „S(x) in den Grenzen von a bis b".

Um also ein bestimmtes Integral auszurechnen, sucht man zuerst eine Stammfunktion und bildet dann die Differenz der beiden Werte an den Integrationsgrenzen. Will man einen Flächeninhalt bestimmen, ist darauf Bedacht zu nehmen, ob die Funktion f über dem Integrationsintervall nur positive oder auch negative Werte annimmt und ggf. sind die Nullstellen von f zu bestimmen und die Flächeninhalte einzeln zu berechnen.

Folgerung 4.4.6

(a) Seien a<c< b. Dann ist $\int_a^b f(x)dx = \int_a^c f(x)dx + \int_c^b f(x)dx$

(b) Offensichtlich gilt bei Vertauschen der Integrationsgrenzen

$$\int_b^a f(x)dx = S(a) - S(b) = -\int_b^a f(x)dx.$$

4.4 Integralrechnung

Beispiel 2: Sei $f(x) = x^2 - 2x$. Eine Stammfunktion dazu ist beispielsweise $S(x) = x^3/3 - x^2$, wie man leicht durch Ableiten nachrechnet. (Das unbestimmte Integral über diese Funktion erhält man durch Addition irgendeiner Konstanten: $\int (x^2 - 2x)dx = x^3/3 - x^2 + c$ wobei $c \in R$, beliebig.)
Das bestimmte Integral in den Grenzen von 1 bis 3 errechnet sich dann als Differenz $S(3) - S(1) = (9 - 9 + c) - (1/3 - 1 + c) = 2/3$.

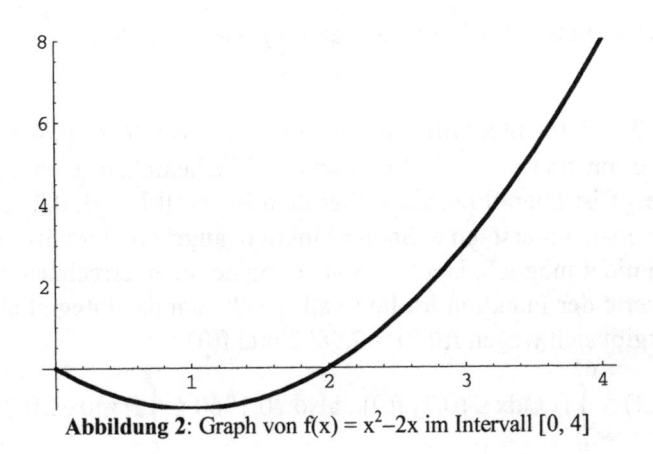

Abbildung 2: Graph von $f(x) = x^2 - 2x$ im Intervall [0, 4]

Will man hingegen den Flächeninhalt A der im Intervall I = [1, 3] zwischen Funktionsgraph und x-Achse entstehenden beiden Flächenstücke insgesamt errechnen, müssen vorerst die möglicherweise vorhandenen Nullstellen der Funktion im Integrationsintervall bestimmt werden: Die einzige derartige Nullstelle (vgl. Abb. 2) ist die Stelle x = 2. Nun sind die beiden bestimmten Integrale

$\int_1^2 f(x)dx$ und $\int_2^3 f(x)dx$ getrennt zu berechnen und deren Beträge zu addieren. Man erhält für den gesuchten Flächeninhalt:

A = |S(2) − S(1)| + |S(3) − S(2)| = |(8/3 − 4)−(1/3−1)| +|(9 −9) −(8/3 − 4)|
=
|−2/3| + 4/3 = +2.

Ist es schwierig oder unmöglich, eine Stammfunktion zu bestimmen, so läßt sich das bestimmte Integral in den meisten Fällen zumindest abschätzen oder auch näherungsweise berechnen. Dies geschieht gemäß folgendem, sich aus der Flächendefinition leicht ergebenden Satz.

Satz 4.4.7 Mittelwertsatz der Integralrechnung

Die Funktion f sei über [a, b] integrierbar und beschränkt mit dem globalen Minimalwert m und globalem Maximalwert M. Dann gilt:

(a) Das Integral kann abgeschätzt werden durch

$$m \cdot (b-a) \leq \int_a^b f(x)dx \leq M \cdot (b-a).$$

(b) Es gibt ein $\mu \in [m, M]$ derart, daß $\int_a^b f(x)dx = \mu \cdot (b-a)$.

Beispiel 3: Betrachtet wird die Funktion aus Bsp. 9, Kap, 4.3, die Glockenkurve mit $f(x) = e^{-(x^2/2)}$. Will man den Flächeninhalt unter der Funktionskurve - f ist überall positiv - über dem Intervall I = [0, 0.2] errechnen, so sollte man vorerst eine Stammfunktion angeben. Das ist bei dieser Funktion nicht möglich. Unter Verwendung der oben errechneten globalen Extremwerte der Funktion im Intervall I läßt sich das Integral abschätzen und es ergibt sich wegen f(0.2) = 0.9802 und f(0) = 1,

$$(0.2) \cdot f(0.2) \leq \int_0^{0.2} f(x)dx \leq (0.2) \cdot f(0), \text{ also } 0.1960 \leq \int_0^{0.2} f(x)dx \leq 0.2.$$

Der tatsächliche Wert dieses Integrals kann unter Verwendung einer Tabelle der Normalverteilung bestimmt werden und beträgt gerundet 0.1987.

Da das Integrieren als Umkehroperation des Differenzierens interpretiert werden kann, ergibt sich folgende Tabelle von Grundintegralen.

$f(x) = S'(x)$	$\int f(x)\,dx = S(x)+c$	
k	$kx + c$	
x^α	$\dfrac{x^{\alpha+1}}{\alpha+1} + c$	für reelle $\alpha \neq -1$
x^{-1}	$\ln\lvert x\rvert + c$	für $x \neq 0$
e^x	$e^x + c$	
$a^x \quad a>0$ und $a \neq 1$	$\dfrac{1}{\ln(a)} \cdot a^x + c$	
$\sin(x)$	$-\cos(x) + c$	
$\cos(x)$	$\sin(x) + c$	

Tabelle 1: Grundintegrale

4.4 Integralrechnung

Um auch komplizierte Funktionen integrieren zu können, sind die in den folgenden drei Sätzen zusammengefaßten Rechenregeln anwendbar.

Satz 4.4.8 Seien die Funktionen f und g über dem gemeinsamen Definitionsbereich D integrierbar mit den Stammfunktionen F und G. Weiters seien λ_1 und λ_2 beliebige reelle Zahlen. Dann gilt
(a) $\lambda_1 \cdot f + \lambda_2 \cdot g$ hat die Stammfunktion $\lambda_1 \cdot F + \lambda_2 \cdot G$.
Das unbestimmte Integral ist demzufolge
$$\int (\lambda_1 \cdot f + \lambda_2 \cdot g) dx = \lambda_1 \cdot \int f(x) dx + \lambda_2 \cdot \int g(x) dx + c = \lambda_1 \cdot F + \lambda_2 \cdot G + c$$
wobei $c \in R$.
(b) Für das bestimmte Integral gilt
$$\int_a^b (\lambda_1 \cdot f(x) + \lambda_2 \cdot g(x)) dx = \lambda_1 \cdot (F(b) - F(a)) + \lambda_2 \cdot (G(b) - G(a)).$$
Man sagt, das Integral ist linear.

Beispiel 4: Seien $f(x) = e^x$ und $g(x) = x^3$. Dann ist das unbestimmte Integral $\int (2f(x) + 4g(x)) dx = 2\int e^x dx + 4\int x^3 dx = 2e^x + x^4 + c$. Für das bestimmte Integral über dem Intervall I = [0, 3] errechnet man den Zahlenwert
$$\int_0^3 (2e^x + 4x^3) dx = (2e^3 + 3^4) - (2e^0 + 0^4) = 119.17.$$
Diese Zahl gibt, da die integrierte Funktion über ganz [0, 3] positiv ist, genau den Flächeninhalt des zwischen x = 0 und x = 3 unterhalb des Funktionsgraphen und oberhalb der x-Achse liegenden Flächenstückes an.

Satz 4.4.9 Partielle Integration
Es seien über demselben Definitionsbereich D die Funktion f(x) integrierbar mit Stammfunktion F(x) und die Funktion G(x) stetig differenzierbar mit der Ableitung g(x). Dann gilt für die Funktion $h(x) = f(x) \cdot G(x)$:
(a) Eine Stammfunktion dazu ist gegeben durch
$$\int h(x) dx = \int f(x) \cdot G(x) dx = F(x) \cdot G(x) - \int g(x) \cdot F(x) dx.$$
(b) Für das bestimmte Integral über [a, b]$\subseteq$D gilt
$$\int_a^b f(x) \cdot G(x) dx = (F(b) \cdot G(b) - F(a) \cdot G(a)) - \int_a^b g(x) \cdot F(x) dx.$$

Beweis: Dieser Satz folgt im wesentlichen aus der Produktregel des Differenzierens. Aus $(u \cdot v)' = u' \cdot v + v' \cdot u$ ergibt sich $u' \cdot v = (u \cdot v)' - v' \cdot u$. Integriert man beide Seiten dieser Gleichung, so erhält man

$\int u' \cdot v = u \cdot v - \int v' \cdot u$. Dies ist - mit anderen Bezeichnungen für die Funktionen - die Aussage von Teil (a). Teil (b) folgt aus dem Hauptsatz.

Beispiel 5: Gesucht ist eine Stammfunktion zu $h(x) = e^x \cdot x$. Man setzt nun $G(x) = x$ und $f(x) = e^x$. Damit ist $g(x) = G'(x) = 1$ und $F(x) = e^x$.
Man errechnet $\int (e^x \cdot x) dx = \int (f \cdot G) dx = e^x \cdot x - \int (e^x \cdot 1) dx = e^x \cdot x - e^x =$
$= e^x \cdot (x-1)$. Für das bestimmte Integral über $I = [-1, 1]$ ergibt sich durch Einsetzen der Grenzen in die Stammfunktion
$$\int_{-1}^{1} (e^x \cdot x) dx = (e^1 \cdot (1-1) - e^{-1} \cdot (-1-1)) = 2 \cdot e^{-1} = 2/e \approx 0.7358.$$
Diese Zahl ist interpretierbar als Differenz zweier Flächeninhalte, da $h(x)$ in $[-1, 0]$ negative, im Intervall $[0, 1]$ positive Werte annimmt.

Beispiel 6: Um eine Stammfunktion von $h(x) = \ln(x)$ zu bestimmen, kann ebenfalls Satz 4.4.9 verwendet werden. Man faßt dazu die Funktion $\ln(x)$ als Produkt der konstanten Funktion $f(x) = 1$ und $G(x) = \ln(x)$ auf, schreibt also $\ln(x) = 1 \cdot \ln(x)$, und erhält wegen $F(x) = x$ und $g(x) = 1/x$:
$$\int (1 \cdot \ln(x)) dx = x \cdot \ln(x) - \int \left(x \cdot \frac{1}{x} \right) dx = x \cdot \ln(x) - \int 1 dx = x \cdot \ln(x) - x.$$

Aus der Kettenregel für die Differentiation ergibt sich eine weitere Integrationsregel. Die Funktion $f(x)$ habe die Stammfunktion $F(x)$. Weiters sei $t = g(x)$ eine differenzierbare Funktion. Dann hat die zusammengesetzte Funktion $F(g(x))$ die Ableitung $\dfrac{dF(g(x))}{dx} = \dfrac{dF(g)}{dg} \cdot \dfrac{dg(x)}{dx} = f(g(x)) \cdot g'(x)$.
Integration führt zu dem folgenden Satz.

Satz 4.4.10 Substitutionsregel
Sei $h(x) = f(g(x))$ eine zusammengesetzte Funktion und die Funktion $g(x) = t$ habe die stetig differenzierbare Inverse Funktion $x = g^{-1}(t)$. Ist nun $S(t)$ eine Stammfunktion zu $f(t) \cdot (g^{-1})'(t)$, d.h. $\int f(t) \cdot (g^{-1})'(t) dt = S(t) + c$, so ergibt sich
(a) $\int h(x) dx = S(g(x)) + c$.
(b) Das bestimmte Integral
$$\int_a^b h(x) dx = S(g(b)) - S(g(a)) = \int_{g(a)}^{g(b)} (f(t) \cdot (g^{-1})'(t)) dt.$$

4.4 Integralrechnung

Um eine Funktion f(g(x)) zu integrieren, kann man gemäß diesem Satz folgendermaßen vorgehen: Man substituiert g(x) durch t. Erhält man dadurch eine Funktion $f(t) \cdot (g^{-1})'(t)$, welche integrierbar ist, so berechnet man dazu die Stammfunktion S(t) und führt anschließend die Rücksubstitution von t durch g(x) durch.

Beispiel 7: Man betrachte die Funktion $h(x) = (1+3x)^5$.
Mit $g(x) = (1+3x) = t$ läßt sich h(x) schreiben als $f(1+3x) = (1+3x)^5$. Weiters ist $x = g^{-1}(t) = \frac{t-1}{3}$ differenzierbar mit der Ableitung $(g^{-1})'(t) = \frac{1}{3}$.

Die Funktion $f(t) \cdot (g^{-1})'(t) = \frac{t^5}{3}$ hat die Stammfunktion $S(t) = \frac{t^6}{18}$.

Durch Rücksubstitution erhält man eine Stammfunktion zur ursprünglich gegebenen Funktion:

$$\int h(x)\,dx = \int (1+3x)^5 dx = \frac{(1+3x)^6}{18}.$$

Beispiel 8: Zur Funktion $f(x) = e^{(2x-7)}$ ermittelt man eine Stammfunktion, indem man $t = g(x) = 2x-7$ substituiert. Damit ist $f(t) = e^t$, $g^{-1}(t) = \frac{t+7}{2}$
und $(g^{-1})'(t) = \frac{1}{2}$. Damit ist $S(t) = \int f(t) \cdot (g^{-1})'(t)\,dt = \int e^t \cdot \frac{1}{2}\,dt = \frac{1}{2} \cdot e^t$.
Rücksubstitution liefert die Stammfunktion $S(x) = (e^{(2x-7)})/2$.
Für das bestimmte Integral in den Grenzen von 3.5 bis 5 ergibt sich der
Wert $\int_{3.5}^{5} f(x)\,dx = S(5) - S(3.5) = (e^3 - 1)/2 = 9.5428$.

Bemerkung: Die beiden Beispiele 7 und 8 sind jeweils ein Spezialfall zur Ermittlung einer Stammfunktion von f(kx + d), wenn eine Stammfunktion S(t) zu f(t) bekannt ist.
Sei S eine Stammfunktion von f und $g(x) = kx+d$ mit $k \neq 0$, $d \in R$. Dann ist die Ableitung der zusammengesetzten Funktion S(kx+d) gemäß Kettenregel zu bestimmen als $\frac{dS(k \cdot x + d)}{dx} = f(k \cdot x + d) \cdot k$. Also ist $\frac{1}{k} \cdot S(kx+d)$
Stammfunktion zu $f(k \cdot x + d)$.

Bemerkung: Sei g(x) eine positive Funktion. Dann ist die Ableitung von ln(g(x)) gemäß Kettenregel zu berechnen als $\frac{d}{dx}(\ln(g(x))) = \frac{1}{g(x)} \cdot g'(x)$.

Damit ist ln(g(x)) Stammfunktion zu $h(x) = \frac{g'(x)}{g(x)}$.

Falls die Funktion g auch negative Werte annimmt, ist in der Stammfunktion der Betrag von g(x) einzusetzen. Steht also in einem als Bruch gegebenen Funktionsterm h(x) im Zähler genau die Ableitung des Nenners, so ist eine Stammfunktion dazu H(x) = ln(|g(x)|).

Beispiel 9: Man suche eine Stammfunktion zu $f(x) = \frac{2x}{x^2+3}$. Dies ist ein Bruch der Form g'(x)/g(x) mit einer positiven Funktion g(x). Eine Stammfunktion dazu ist $\ln(g(x)) = \ln(x^2 + 3)$. Für das bestimmte Integral über dem Intervall [1, 2] errechnet man den Wert - zugleich einen Flächeninhalt, da f überall positiv ist - $\int_1^2 f(x)\,dx = \ln(7) - \ln(4) = 0.5596$.

Beispiel 10: Man berechne für die Funktion $f(t) = 3t^2 + 1$ zu beliebiger oberer Integrationsgrenze x das bestimmte Integral $\int_1^x (3t^2 + 1)\,dt$. Dieses ist eine Funktion F(x).
Eine Stammfunktion von f(t) ist $S(t) = t^3 + t$, für das bestimmte Integral erhält man in Abhängigkeit von x die Funktion $F(x) = x^3 + x - (3+1)$.
Man erkennt: Die Ableitung von F ergibt $F'(x) = 3x^2 + 1 = f(x)$.

Die Aufgabenstellung aus Bsp. 10 läßt sich dahingehend verallgemeinern, daß beide Integrationsgrenzen Funktionen von x sind. Hat die Funktion f(t) auf ganz *R* eine Stammfunktion, so ist mit zwei beschränkten Funktionen g(x) und h(x) der Ausdruck $\int_{g(x)}^{h(x)} f(t)\,dt$ sinnvoll und ordnet jedem x einen Funktionswert F(x) zu. Für deren Ableitung gilt der folgende Satz.

Satz 4.4.11 Sei f(t) eine Funktion mit der Stammfunktion S, g(x) und h(x) seien differenzierbare Funktionen. Dann ist die Funktion $F(x) = \int_{g(x)}^{h(x)} f(t)\,dt$ differenzierbar mit der Ableitung $F'(x) = f(h(x)) \cdot h'(x) - f(g(x)) \cdot g'(x)$.

4.4 Integralrechnung

Bemerkung: Ist insbesondere die untere Grenze g(x) = a konstant und h(x) = x, so erhält man für das Integral als Funktion der oberen Grenze

$$F(x) = \int_a^x f(t)dt \quad \text{die Ableitung} \quad F'(x) = f(x).$$

Der Begriff des bestimmten Integrals kann in zweierlei Hinsicht erweitert werden: Einerseits auf unbeschränkte Intervalle, andererseits auf Funktionen, die an einer Stelle im Inneren des Integrationsintervalles oder an dessen Rand unbeschränkt sind.

Beispiel 11: Zu integrieren sei die Funktion $f(x) = 1/x^2$ über dem Intervall $I = [1, \infty)$. Obwohl das Flächenstück unter dem Funktionsgraphen sich „ins unendliche erstreckt", (vgl. Abb. 3) bleibt sein Flächeninhalt endlich und hat den Wert 1.

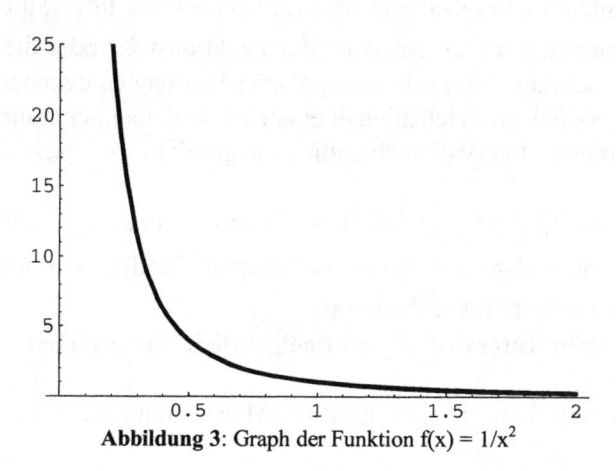

Abbildung 3: Graph der Funktion $f(x) = 1/x^2$

Um dies zu zeigen, berechnet man vorerst für eine feste, endliche obere Grenze b das bestimmte Integral

$$F(b) = \int_1^b \frac{1}{x^2} dx = -\frac{1}{x}\Big|_1^b = -\frac{1}{b} - \frac{-1}{1} = 1 - \frac{1}{b} \quad \text{und hat damit den Flächen-}$$

inhalt unter der Kurve über dem Intervall [1, b] für jedes b>1 berechnet. Anschließend bildet man den Grenzwert und erhält dafür $\lim_{b \to \infty} (F(b)) = 1$.

Ein ähnliches Problem stellt die Berechnung des Integrals von 0 bis 1 über dieselbe Funktion dar, da die Funktion an der Stelle x=0 nicht definiert ist und $\lim_{x \to 0} f(x) = \infty$ (also der Grenzwert von f(x) für x→0 nicht endlich ist).

Versucht man auch hier vorerst die Berechnung des bestimmten Integrals von einer Stelle a > 0 bis 1, so ergibt sich für die Funktion F(a) =

$$\int_a^1 \frac{1}{x^2} dx =$$

$= -(1/1)-(-1/a) = 1+1/a$. Bildet man nun den Grenzwert für a gegen null, so erhält man dafür $\lim_{x \to 0} (1+1/a) = \infty$, womit gezeigt ist, daß dieser Flächeninhalt keine endliche Zahl ist. Man sagt dieser Grenzwert existiert nicht.

In beiden Fällen spricht man von uneigentlichen Integralen. Man benötigt diese z.B. auch dann, wenn bei einer rationalen Funktion „über eine Polstelle hinweg" bestimmt integriert werden soll.

Ist eine Funktion f gegeben und sei $\langle a, b \rangle$ ein offenes Intervall derart, daß für beide Intervallgrenzen entweder der Funktionswert oder die Intervallgrenze unbeschränkt ist. Dann können unter Umständen dennoch Flächenstücke mit endlichem Flächeninhalt entstehen und man nennt die Funktion dann über diesem Intervall uneigentlich integrierbar.

Definition 4.4.12 Sei f eine über dem offenen Intervall $\langle a, b \rangle \subseteq R$ definierte und über jedem abgeschlossenen Teilintervall $[c, d] \subset \langle a, b \rangle$ integrierbare Funktion, dann heißt diese Funktion

(a) **über dem Intervall [c, b) uneigentlich integrierbar**, wenn der Grenzwert $\lim_{d \to b} \int_c^d f(x)dx$ existiert. Man schreibt dafür $\int_c^b f(x)dx$.

(b) Sie heißt **über ⟨a, d] uneigentlich integrierbar**, wenn der Grenzwert $\lim_{c \to a} \int_c^d f(x)dx$ existiert. Man schreibt dafür $\int_a^d f(x)dx$.

(c) Falls beide Grenzwerte endliche Zahlen ergeben, nennt man die Funktion **über ⟨a, b⟩ uneigentlich integrierbar**, man schreibt dafür

$$\int_a^b f(x)dx$$

und nennt diesen Ausdruck **Uneigentliches Integral von f über dem Intervall ⟨a, b⟩**.

In allen Fällen kann auch $a = -\infty$ bzw. $b = \infty$ sein.

4.4 Integralrechnung

Beispiel 12: Zu berechnen ist $\int_{-4}^{2} \frac{1}{x+1} dx$ Die zu integrierende Funktion (der Integrand) hat an der Stelle $x = -1$ eine Polstelle, d. h. das Integral muß in zwei uneigentliche Integrale aufgeteilt werden.

$\int_{-4}^{2} \frac{1}{x+1} dx = \int_{-4}^{-1} \frac{1}{x+1} dx + \int_{-1}^{2} \frac{1}{x+1} dx$. Falls auch nur eines dieser uneigentlichen Integrale nicht existiert, hat die ursprüngliche Aufgabe keine Lösung. Man berechnet z.B. das rechtsstehende Integral und erhält

$$\int_{-1}^{2} \frac{1}{x+1} dx = \lim_{c \to -1} (\ln(2+1) - \ln(c+1)) = \ln(3) - \lim_{c \to -1} (\ln(c+1)) = +\infty,$$

womit gezeigt ist, daß f über dem Intervall $\langle -1, 2]$ nicht uneigentlich integrierbar ist. Somit ist die Funktion auch über $[-4, 2]$ nicht integrierbar.

Beispiel 13: (Dichtefunktion einer Exponentialverteilung)
Der Graph der Funktion f: $R_+ \to R$ mit $f(x) = \lambda \cdot e^{-\lambda x}$ bildet über der x-Achse ein Flächenstück mit dem Flächeninhalt 1.

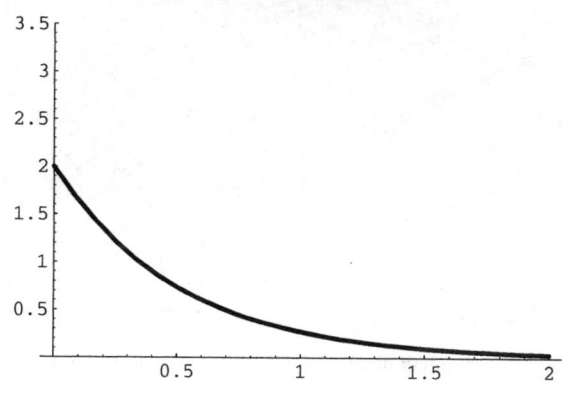

Abbildung 4: Graph der Funktion $f(x) = 2 \cdot e^{-2x}$

Dieser Flächeninhalt ist berechenbar mit Hilfe des uneigentlichen Integrals $\int_{0}^{\infty} f(x)dx$. Eine Stammfunktion zu $f(x) = \lambda \cdot e^{-\lambda x}$ ist, wie man durch Ableiten leicht erkennt oder durch Substitution berechnet, gegeben durch $F(x) = -e^{-\lambda x}$.

Man berechnet zunächst $\int_0^b f(x)dx = F(b)-F(0) = -e^{-\lambda \cdot b} - (-1)$ und erhält durch Grenzwertbildung $\int_0^\infty f(x)dx = \lim_{b\to\infty} \int_0^b f(x)dx = \lim_{b\to\infty} (1 - e^{-\lambda \cdot b}) = 1$.

Am Ende dieses Kapitels soll der Begriff des bestimmten Integrals auf Funktionen von mehreren Variablen erweitert werden.
Der Graph einer Funktion von einer Variablen ist durch eine Kurve in der Ebene darstellbar. Der Graph einer Funktion von zwei Variablen kann durch eine im Raum liegende Fläche dargestellt werden (vgl. Kap. 5). Falls diese Fläche zur Gänze oberhalb der Definitionsebene liegt, entsteht über einem abgeschlossenen Bereich dieser Ebene unter dem Funktionsgraphen ein Raumstück mit einem eindeutig definierten Volumen. Damit läßt sich ein zweifaches bestimmtes Integral erklären.

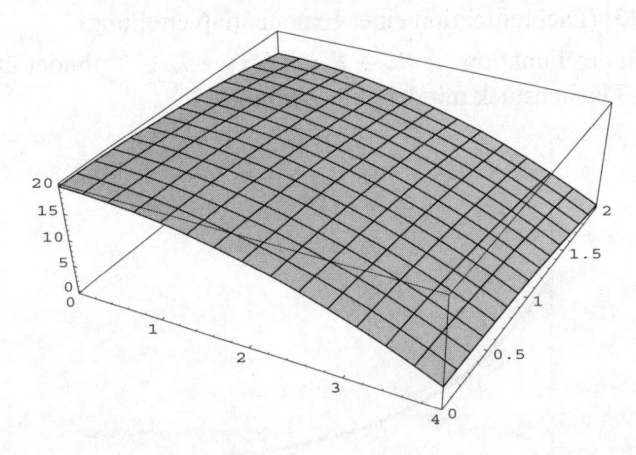

Abbildung 5: Rauminhalt des Volumsstückes unter einem Funktionsgraphen

Wird eine Funktion $f(x_1, x_2)$ über dem Rechteck $[a_1, a_2] \times [b_1, b_2]$ integriert, so wird dadurch, falls diese Funktion dort nirgends negative Werte annimmt, das Volumen des über diesem Rechteck unter der durch den Funktionsgraphen gegebenen Fläche bestimmt.

Definition 4.4.13 Der Ausdruck $\int_{b_1}^{b_2} \int_{a_1}^{a_2} f(x_1, x_2) \, dx_1 \, dx_2$ heißt **Doppelintegral** von f über dem (zweidimensionalen) Intervall $[a_1, a_2] \times [b_1, b_2]$.

4.4 Integralrechnung

Die Berechnung eines Doppelintegrals wird durchgeführt, indem man erst über eine Variable integriert, wobei die andere als Konstante betrachtet wird, und dann die Integration über die zweite Veränderliche durchführt. Was die Reihenfolge der Integration betrifft, gilt der folgende Satz.

Satz 4.4.14 Ist die Funktion f stetig in beiden Variablen, so ist die Integrationsreihenfolge unwesentlich.

Beispiel 14: Die Funktion von zwei Variablen $f(x, y) = x^2 \cdot e^y$ ist für alle Argumentstellen $(x, y) \in R^2$ nichtnegativ. Über dem Rechteck $[0, 3] \times [0, 1]$ wird durch den Funktionsgraphen ein Raumstück gebildet. Dessen Volumen kann als Doppelintegral berechnet werden.

$$\int_{y=0}^{1} \int_{x=0}^{3} x^2 e^y \, dx \, dy = \int_{y=0}^{1} \left. \frac{x^3}{3} \cdot e^y \right|_0^3 dy = \int_{y=0}^{1} 9 \cdot e^y \, dy = 9 \cdot e^y \Big|_0^1 = 9 \cdot (e-1) \approx 15.46.$$

Die Durchführung der Integration in anderer Reihenfolge führt zum selben Ergebnis,

$$\int_{x=0}^{3} \int_{y=0}^{1} x^2 \cdot e^y \, dy \, dx = \int_{x=0}^{3} x^2 \, e^y \Big|_0^1 dx = \int_{x=0}^{3} x^2 \left(e^1 - e^0\right) dx = \int_{x=0}^{3} x^2 (e-1) \, dx =$$

$$= \left. \frac{x^3}{3} \cdot (e-1) \right|_0^3 = 9 \cdot (e-1) \approx 15.46.$$

Bemerkung: Der Begriff des Doppelintegrals kann - unter Verlust der Interpretierbarkeit als Volumen im R^3 - erweitert werden auf Funktionen von mehr als zwei Variablen. Man spricht dann von einem **n-fachen Integral**. Die Berechnung erfolgt analog wie bei Doppelintegralen indem man sukzessive über alle Variablen integriert, also n bestimmte Integrationen durchführt.
Satz 4.4.14 bleibt sinngemäß gültig.

4.5 Ökonomische Anwendungen

Soweit in diesem Kapitel reelle Funktionen verwendet werden, wird immer davon ausgegangen, daß die Argumentwerte - jeweils ökonomisch interpretierbare Größen - stetig in einem Definitionsbereich variieren können.
Ebenso wird die Differenzierbarkeit immer dann, wenn sie benötigt wird, vorausgesetzt.

A Kosten- Erlös- und Gewinnfunktionen

Bei der Erzeugung eines Gutes fallen Kosten K an, deren Höhe von der erzeugten Menge x abhängt. Ordnet man jeder möglichen Erzeugungsmenge x, üblicherweise aus einem Intervall [0, b], die dabei erwachsenden Kosten zu, so erhält man die **Kostenfunktion K(x)**.
Diese Funktion setzt sich aus den konstanten **Fixkosten** $K_f = k$ (mit $k \in R_+$) und den ebenfalls positiven **variablen Kosten** $K_v = K_v(x)$ zusammen.
Jede Kostenfunktion $K(x) = K_v(x) + k$ wird nur positive Werte annehmen, die mindestens gleich den Fixkosten sind. Weiters soll sie monoton wachsend sein und es gilt das **Gesetz des schließlich zunehmenden Kostenzuwachses**. Von einer bestimmten erzeugten Menge an erfordert jede zusätzliche Mengeneinheit immer größere Kosten.
Die erste Ableitung $K'(x)$ einer Kostenfunktion K nennt man **Grenzkosten**. $K'(x_0)$ gibt näherungsweise die Kostenzunahme an, die entsteht, wenn die Erzeugungsmenge, ausgehend von x_0, um eine Einheit erhöht wird, d. h. K' ist überall positiv.
Die zweite Ableitung $K''(x)$ beschreibt dann die **Änderung der Grenzkosten**. Formuliert man das Gesetz des schließlich zunehmenden Kostenzuwachses unter Verwendung der Ableitungen von K, so heißt das: Die Grenzkosten K' werden schließlich, d. h. ab einer bestimmten Erzeugungsmenge x_w, monoton steigen und die zweite Ableitung K'' wird ab dort positiv. Die Stelle x_w ist x-Koordinate eines Wendepunktes von K, lokale Minimalstelle von K' und Nullstelle von K''.
Der Quotient $K(x)/x$ gibt zu jeder erzeugten Menge $x>0$ die **Durchschnittskosten** an.

Oft werden die Kosten gut durch eine Polynomfunktion dritten Grades beschrieben: $K(x) = ax^3 + bx^2 + cx + d$.
Dabei sind die Koeffizienten a, c und d positiv, der Koeffizient b ist üblicherweise negativ mit $b^2 < 3ac$. Diese Bedingungen gewährleisten, daß die Krümmung der Kostenfunktionskurve bis zu deren Wendepunkt negativ,

4.5 Ökonomische Anwendungen

ab diesem Punkt positiv ist und die Grenzkosten nirgends negativ werden. Der Graph von K'(x) ist eine nach oben offene Parabel. Die x-Koordinate des Scheitels fällt mit der des Wendepunktes von K(x) zusammen und gibt jene Menge an, ab welcher der Kostenzuwachs steigt. Von dort an gilt demgemäß das Gesetz des zunehmenden Kostenzuwachses.

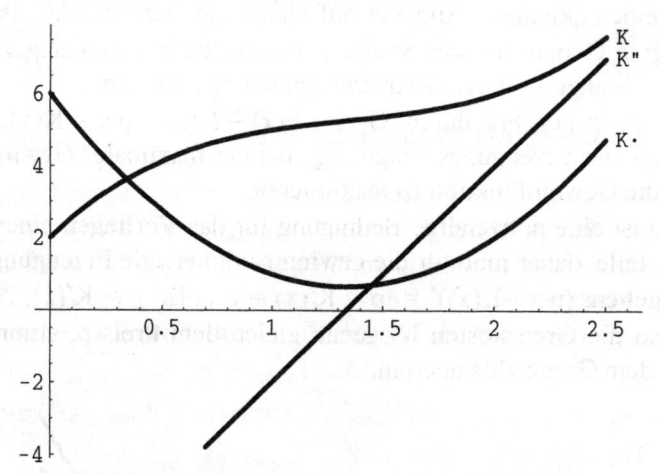

Abbildung 1: Kostenfunktion und deren Ableitungen

Beispiel 1: Man bestimme jene Kostenfunktion - eine Polynomfunktion dritten Grades - die folgenden Bedingungen genügt:
Die Fixkosten betragen 130 Geldeinheiten (GEH). Die Grenzkosten sind an der Stelle x=4 minimal und betragen dort 5 GEH. Die variablen Kosten an dieser Stelle betragen 360 GEH.
Zur Kostenfunktion $K(x) = ax^3 + bx^2 + cx + d$ ergeben sich die Ableitungen $K'(x) = 3ax^2 + 2bx + c$ und $K''(x) = 6ax + 2b$.
Aus den Vorgaben erhält man die vier Gleichungen
Fixkosten = 130: $\quad K(0) = d = 130$
Grenzkosten sind minimal bei x=4: $\quad K''(4) = 24a + 2b = 0$
Grenzkosten zu x=4 betragen 5: $\quad K'(4) = 48a + 8b + c = 5$
Variable Kosten zu x=4 betragen 360: $\quad K_V(4) = 64a + 16b + 4c = 360$.
Die Lösung dieses Systems von Gleichungen lautet:
$a = 85/16$, $\quad b = -255/4$, $\quad c = 260$ und $d = 130$. Damit ist die gesuchte Kostenfunktion $K(x) = \frac{85}{16} \cdot x^3 - \frac{255}{4} \cdot x^2 + 260 x + 130$.

Wird nun ein erzeugtes Gut am Markt verkauft, so wird damit ein Erlös erzielt. Die Funktion, die jeder verkauften Menge x den dabei erzielten Erlös (= Preis mal Menge) zuordnet, nennt man die **Erlösfunktion E(x)**.

Da der Preis im allgemeinen von der angebotenen Menge abhängt, gilt für den Erlös: $E(x) = x \cdot p(x)$.
Die erste Ableitung $E'(x)$ der Erlösfunktion heißt **Grenzerlös**. Der erzielte Gewinn, errechnet als Differenz von Erlös und Kosten, wird beschrieben durch die **Gewinnfunktion G(x)**: $G(x) = E(x) - K(x)$.
Für den Fall eines festen Preises p, etwa bei einem preisgeregelten Gut oder für einen „kleinen" Anbieter auf einem „großen" Markt, ist $E(x) = p \cdot x$ als eine Gerade mit der Steigung p darstellbar. Unabhängig von der verkauften Menge x ist der Grenzerlös gleich dem Preis p.
Der Gewinn ist gegeben durch $G(x) = E(x) - K(x) = p \cdot x - K(x)$. Zur Bestimmung jener Erzeugungsmenge x_{max}, bei der maximaler Gewinn erzielt wird, ist die Gewinnfunktion zu maximieren.
$G'(x) = 0$ ist eine notwendige Bedingung für das Vorliegen einer lokalen Maximalstelle, daher muß für die gewinnmaximierende Erzeugungsmenge $x = x_{max}$ gelten: $(p \cdot x - K(x))' = p - K'(x) = 0$, also $p = K'(x)$. An dieser Stelle sind die Grenzkosten K' genau gleich dem Preis p, stimmen also auch mit dem Grenzerlös überein.

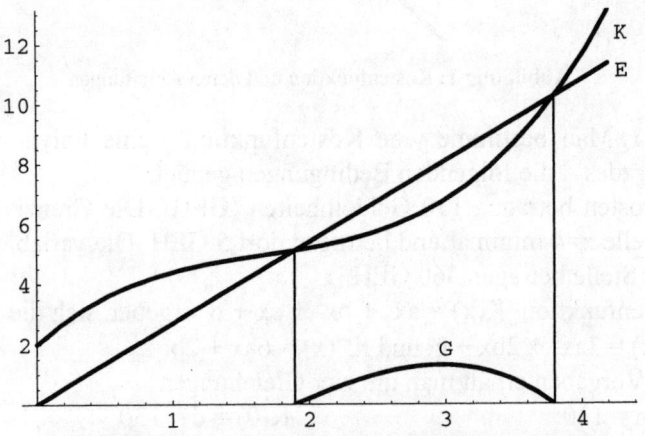

Abbildung 2: Kosten, Erlös und Gewinn bei festem Preis p

Beispiel 2: Die Kosten für die Erzeugung eines Gutes in Abhängigkeit der Menge x unterliegen der Funktion $K(x) = 4x^3 - x^2 + 8x + 20$.
Das Gut wird nun zu einem fixen Preis von $p = 32$ GEH verkauft. Dann ist die gewinnmaximierende Erzeugungsmenge jene, für die Grenzkosten und Preis übereinstimmen, d. h. $K'(x) = 12x^2 - 2x + 8 = 32$.
Diese quadratische Gleichung hat zwei Lösungen: $x_1 = 3/2$ und $x_2 = -4/3$. Die negative Lösung ist irrelevant, die optimale Erzeugungsmenge beträgt demnach $x = 3/2 = 1.5$ und der maximal erzielbare Gewinn ist gegeben durch $G(1.5) = E(1.5) - K(1.5) = 48 - 43.25 = 4.75$ GEH.

B Produktionsfunktionen

Unter Verwendung eines Gutes, **Produktionsfaktor** oder **Input** genannt, soll ein anderes Gut, das **Produkt** oder **Output**, hergestellt werden. Setzt man dabei eine bestimmte Menge x des Produktionsfaktors ein, so kann damit eine bestimmte Menge des Produktes erzeugt werden.
Die Abhängigkeit des Outputs vom Input wird durch die **Produktionsfunktion f(x)** beschrieben. Deren Definitionsbereich ist wieder ein Intervall [0, b] worin b die maximal verfügbare Menge des Inputs bezeichnet. Die Funktion nimmt nur nichtnegative Werte an und ist sicher monoton steigend. Auf Grund ökonomischer Überlegungen gilt aber das **Gesetz des schließlich abnehmenden Ertragszuwachses**, kurz auch nur **Ertragsgesetz** genannt: Von einer bestimmten Inputmenge an liefert jede weitere Einheit des Inputgutes immer geringere Produktionszuwächse.
Die erste Ableitung $f'(x)$ einer Produktionsfunktion nennt man **Grenzprodukt** oder **Grenzproduktivität**. Die zweite Ableitung $f''(x)$ ist die **Änderungsrate des Grenzprodukts**.
Das Ertragsgesetz bedeutet, daß die Kurve einer Produktionsfunktion f für kleine Argumentwerte eine positive, ab ihrem Wendepunkt eine negative Krümmung aufweist. Daher hat die Kurve des Grenzproduktes x_w als lokale Maximalstelle und es wird ab x_w die erste Ableitung f' monoton fallend und die zweite Ableitung f'' negativ sein.

Beispiel 3: Die auf R_+ definierte Funktion mit

$$f(x) = \begin{cases} x^2 & x \leq 1 \\ 4\sqrt{x} - 3 & x > 1 \end{cases}$$

erfüllt die Eigenschaften einer Produktionsfunktion.
Diese Funktion ist auch an der Stelle x = 1 stetig und einmal differenzierbar. Sie ist bis x = 1 monoton steigend und positiv gekrümmt und ab dort zwar immer noch monoton steigend, aber negativ gekrümmt. Ab der Inputmenge x = 1 wird das Ertragsgesetz wirksam.
Man beachte, daß f an der Stelle $x_w = 1$ zwar einen Wendepunkt hat, aber dieser nicht durch zweimaliges Differenzieren errechnet werden kann, da die Funktion an dieser Stelle nicht zweimal differenzierbar ist.

C Nutzenfunktionen

Wird ein Gut konsumiert, so erwächst dem Konsumenten daraus ein Nutzen, der umso höher ist, je mehr von diesem Gut zur Verfügung steht. Unter der nicht selbstverständlichen Annahme, man könne einen Nutzen durch eine reelle Zahl beschreiben, ordnet man jeder sinnvollen Menge x des Gutes den daraus resultierenden Nutzen (utility) zu und erhält somit die **Nutzenfunktion u(x)**. Die erste Ableitung u'(x) wird **Grenznutzen** genannt und gibt näherungsweise den Nutzenzuwachs an, welcher durch den Konsum einer weiteren Einheit des Gutes entsteht. Dieser Nutzenzuwachs wird bei einer kleinen konsumierten Menge x hoch sein, bei ohnehin schon großer Menge des Gutes wird ein weiterer Zuwachs nur geringe Nutzenerhöhung bringen: Wenn jemand eine Million ATS besitzt und er bekommt 1000.- dazu, dann ist sein Nutzenzuwachs kleiner als der von jemandem, der nur 1000.- ATS besitzt und weitere 1000.- dazubekommt.

Nutzenfunktionen haben also ähnliche Eigenschaften wie Produktionsfunktionen. Sie sind monoton steigend, aber es gilt das **Gesetz vom schließlich abnehmenden Grenznutzen**. Die erste Ableitung u'(x) ist überall positiv, wird aber schließlich, d. h. ab einem Punkt x*, monoton fallend. Ab dort ist demnach die zweite Ableitung u''(x) negativ.

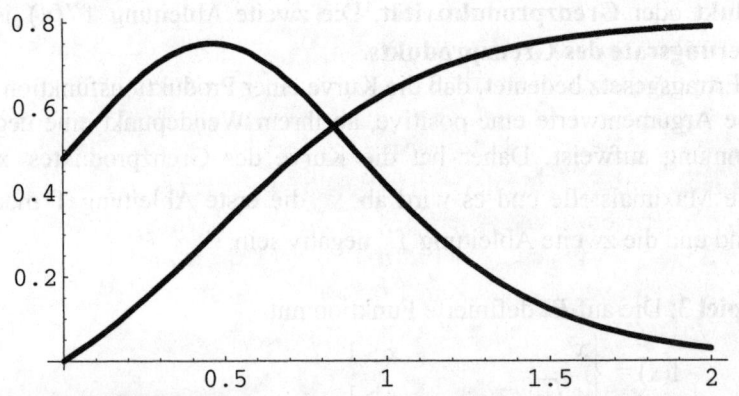

Abbildung 3: Graphen einer Nutzenfunktion (einer Produktionsfunktion) und deren Ableitung

D Konsumfunktionen

Das Volkseinkommen Y, angegeben in Geldeinheiten, kann konsumiert oder gespart (= investiert) werden. Ein geringes (pro Kopf) Volkseinkommen führt nur zu geringen gesparten Mengen. Es muß fast alles konsumiert werden. Bei höherem Einkommen kann mehr gespart werden.
Die **Konsumfunktion C(Y)** gibt nun den Wert des Konsums C an Gütern in Abhängigkeit vom Volkseinkommen Y an.
C(Y) kann also Werte zwischen Null und Y annehmen. Dasselbe gilt für die Differenz S(Y) = Y − C(Y), die als **Sparfunktion** bezeichnet wird.
Der Quotient C(Y)/Y heißt **Konsumquote**, die Ableitung C'(Y) nennt man **Grenzneigung zum Konsum**. Ihr Wert an einer Stelle Y_0 gibt an,

4.5 Ökonomische Anwendungen

wieviel von einer zusätzlichen Geldeinheit des Volkseinkommens konsumiert wird.

Analog nennt man die Funktion S(Y)/Y **Sparquote**. Die Ableitung S'(Y) heißt **Grenzneigung zum Sparen**.

Beispiel 4: In Österreich betrug das Volkseinkommen, beschrieben etwa durch das Bruttonationalprodukt (und angegeben auf Basis der Preise des Jahres 1983), in den Jahren 1993 bis 1995 zwischen 1540 und 1597 Milliarden ATS. Für den Konsum C der privaten Haushalte wurden davon 862 bis 902 Mrd. ATS ausgegeben. Die Konsumquote im Jahr 1995 betrug also 56.5 Prozent.

Die Grenzneigung zum Konsum lag bei 0.8, d. h. von einem zusätzlichen Schilling flossen 80 % in privaten Konsum.

Man kann nun auch überlegen, um wieviel Prozent C sich ändert, wenn die vorhandene Geldmenge - das BNP - um ein Prozent zunimmt.

Um diese Zahl zu berechnen, ist der Wert der Grenzneigung zum Konsum, hier errechnet aus den Daten der Jahre 1994 und 1995, durch die Konsumquote zu dividieren. Man erhält für das Jahr 1995 den gerundeten Zahlenwert 0.8/0.565 = 1.42 und nennt ihn **Einkommenselastizität des Konsums**.

Ein einprozentiger Einkommenszuwachs führt zu einer 1.42 - prozentigen Zunahme der Konsumausgaben.

Im Fall des Vorliegens einer differenzierbaren Konsumfunktion C(Y) kann für die Grenzneigung zum Konsum der Wert der Ableitung C' herangezogen werden.

Der im Beispiel 4 verwendete, aus einer ökonomischen Fragestellung entstandene Begriff der Elastizität kann allgemein für jede Funktion definiert werden.

Die Änderung eines Funktionswertes in Abhängigkeit vom Argument wird durch die erste Ableitung dieser Funktion näherungsweise beschrieben, geometrisch gesehen durch die Steigung der Tangente an den Funktionsgraphen im betrachteten Punkt. Es ist nun klar, daß diese Tangentensteigung von den Maßeinheiten, welche für Argument und Funktionswerte verwendet werden, abhängig ist.

Daher braucht man - um Vergleiche in ökonomischen Anwendungen überhaupt durchführen zu können - für das Änderungsverhalten von Funktionen eine von den Maßeinheiten unabhängige Größe.

Eine solche dimensionslose Größe erhält man, wenn die Ableitung durch den Durchschnittswert dividiert wird:

Definition 4.5.1 Sei a>0 und f : [a, b]→R eine differenzierbare Funktion, dann heißt die Funktion ε_f : [a, b]→R mit

$$\varepsilon_f(x) = \frac{f'(x)}{f(x)/x} = x \cdot (f'(x)/f(x))$$

die **Elastizität der Funktion f**. Ist klar, um welche Funktion es sich handelt, schreibt man kurz ε(x).

Der Wert ε(x_0) der Elastizität von f an einer Stelle x_0 gibt an, um wieviel Prozent sich der Funktionswert näherungsweise ändert, wenn der Argumentwert, ausgehend von x_0, um ein Prozent erhöht wird.

Beispiel 5: Eine Funktion sei gegeben durch f(x) = $3x^2$ + 1. Dann ist deren erste Ableitung f'(x) = 6x und man bestimmt daraus allgemein die Elastizität $\varepsilon(x) = \frac{6x}{3x^2+1} x$.

An der Stelle x = 2 ergibt sich der Wert ε(2)= 24/13 ≈ 1.85. Eine einprozentige Erhöhung des Argumentes führt dort zu einer etwa 1.85-prozentigen Erhöhung des Funktionswertes.

Bemerkung: Die Elastizität einer Funktion ist eine maßstabsunabhängige Größe. Der Zahlenwert ε(x_0) hängt nicht von den gewählten Einheiten für Argumente und Funktionswerte ab.

Angewandt auf die volkswirtschaftliche Konsumfunktion nennt man die Elastizität $\varepsilon_C(Y) = \frac{C'(Y) \cdot Y}{C(Y)}$ die **Einkommenselastizität des Konsums**.

Angewandt auf eine Produktionsfunktion nennt man $\varepsilon_f(x) = \frac{f'(x) \cdot x}{f(x)}$ die **Produktionselastizität** oder **Faktorelastizität** (des Produktes). Sie gibt zu jeder Inputmenge näherungsweise an, wie stark der Output prozentual auf eine einprozentige Erhöhung dieser Menge reagiert.

Besondere Bedeutung kommt dem Elastizitätsbegriff bei den nun folgenden Nachfragefunktionen zu.

E Nachfragefunktionen

Die Nachfrage nach einem Gut hängt vom Preis ab, zu dem dieses Gut angeboten wird. Eine Funktion, welche die nachgefragte Menge N eines Gutes in Abhängigkeit von p beschreibt, heißt **Nachfragefunktion N(p)**. Diese wird monoton fallend sein, d. h. zu höheren Preisen gehören geringere Nachfragemengen. Ihr Definitionsbereich ist ein Intervall [a, b] von

4.5 Ökonomische Anwendungen

„sinnvollen" Preisen, d. h. es wird a ≥ 0 sein und die obere Intervallgrenze b ist höchstens so groß, daß für den Preis p = b die Nachfrage null wird. Damit ist N eine streng monoton fallende Funktion N: [a, b]→**R**.
Die erste Ableitung N'(p) heißt **Grenznachfrage**. Die Elastizität einer Nachfragefunktion, $\varepsilon_N(p) = \dfrac{N'(p) \cdot p}{N(p)}$ bezeichnet man als **Preiselastizität der Nachfrage**.

Die Preiselastizität ε(p) gibt zu jedem Preis p an, wie stark die Nachfrage prozentual auf Preisänderungen reagiert. Da die Grenznachfrage N'(p) üblicherweise negativ ist, wird diese Elastizität ebenfalls immer negativ sein.

Da die Nachfragefunktion streng monoton ist, gibt es eine Umkehrfunktion N^{-1}: Im(N)→[a, b], die jeder Menge des Gutes jenen Preis zuordnet, zu dem diese Menge am Markt verkauft werden kann. Diese Umkehrfunktion $N^{-1}(x)$ von N(p) nennt man **Preis-Absatz-Funktion**.

Die einfachste Form einer Nachfragefunktion ist N(p) = a + b·p wobei b negativ ist und die Nachfrageminderung zur Preiserhöhung um eine GEH angibt. Die Konstante a gibt die maximale Nachfrage an, die bei einem minimalen Preis p = 0 vorliegt. Die zugehörige Preis-Absatzfunktion lautet

$$N^{-1}(x) = \frac{x-a}{b}$$

Die Grenznachfrage ist dann für jeden Preis p gleich b und gibt an, um wieviele Einheiten die Nachfrage abnimmt, wenn der Preis um eine Einheit steigt. (Man beachte, daß bei dieser einfachen Funktion die Ableitung nicht nur näherungsweise, sondern sogar exakt die Funktionswertänderung bei Zunahme des Argumentwertes beschreibt. Die Funktionskurve ist ja eine Gerade und somit stimmt sie mit ihrer Tangente überall überein!)
Allerdings hängt der Wert der Grenznachfrage von den gewählten Einheiten sowohl für den Preis als auch für die Menge ab. Hingegen ist die Preiselastizität der Nachfrage davon unabhängig.

Beispiel 6: Ein Gut wird zu einem Preis zwischen 0 und 100 DM angeboten. Die Nachfrage hänge vom Preis p (in DM) ab gemäß der Gleichung N(p) = 200 − 2p für p∈ [0, 100]. Damit ist N'(p) = −2 für alle p∈ [0, 100]. Wird nun der Preis in ATS angegeben - wobei der Einfachheit halber die Umrechnung 1 DM = 7 ATS angewandt wird - dann muß die Nachfragefunktion folgendermaßen geschrieben werden: N(p) = 200 − (2/7)·p, wobei jetzt p∈ [0, 700]. Damit ist N'(p) = −(2/7) für alle p∈ [0, 700].

Für die Elastizität zum Preis $p_0 = 20$ DM (= 140 ATS) berechnet man im ersten Fall:
$\varepsilon(20) = ((N'(20)/N(20))\cdot 20 = (-2/160)\cdot 20 = -0.25$.
Im zweiten Fall berechnet man für die umformulierte Nachfragefunktion den Wert der Elastizität an der Stelle 140 und erhält natürlich dasselbe Ergebnis: $\varepsilon(140) = ((N'(140)/N(140))\cdot 140 = (-2/7)/160)\cdot 140 = -0.25$.
Beide berechneten Zahlen sind folgendermaßen zu interpretieren: Erhöht sich der Preis, ausgehend von DM 20.- (das sind ATS 140.- oder 10.17 EURO) um ein Prozent, dann sinkt die Nachfrage um ein Viertel Prozent.

In diesem Beispiel ist die Reaktion der Nachfrage auf Preiserhöhungen eher gering, man nennt dies „unelastisch" und erklärt allgemein:
Ist der Betrag der Elastizität groß, genauer $|\varepsilon(p)|>1$, dann nennt man die Nachfrage **preiselastisch**, ist $|\varepsilon(p)|<1$, nennt man sie **preisunelastisch**. Ist dieser Betrag $|\varepsilon(p)| = 1$, dann führt eine einprozentige Erhöhung des Preises zu einer ebenfalls etwa einprozentigen Verringerung der Nachfrage. Man nennt die Nachfrage dann **eins-elastisch**.
Die Nachfrage wird bei verschiedenen Gütern mehr oder weniger stark auf Preisänderungen reagieren. So wird z.B. die Nachfrage nach Grundnahrungsmitteln eher preisunelastisch, jene nach Luxusartikeln eher preiselastisch sein.
Den Reziprokwert $1/\varepsilon(p)$ der Preiselastizität nennt man **Preisflexibilität**. Diese ist, ebenso wie die Preiselastizität, normalerweise negativ. Ihr Wert für einen Preis p^0 und die zugehörige Menge $x^0 = N(p^0)$ ist die Nachfrageelastizität des Preises zur Menge x^0 und gibt an, wie stark der Preis eines Gutes auf eine Mengenzunahme reagiert.

Nun wird folgende monopolistische Situation betrachtet: Ein einziger Anbieter eines Gutes bestimmt dessen Preis und dadurch auch die Nachfrage nach diesem Gut. Wie ist vom Monopolisten der Preis p festzusetzen, um maximalen Gewinn zu erzielen? Die notwendige Bedingung für das Vorliegen maximalen Gewinns ist wieder $G'(x) = E'(x) - K'(x) = 0$. Es muß also der Grenzerlös berechnet werden:
Sei $N(p)$ die vorliegende streng monotone Nachfragefunktion. Dann ist, mit $x = N(p)$ und $p = N^{-1}(x)$, der Erlös $E(x)$ gegeben als Produkt von Menge und Preis, also $E(x) = x \cdot N^{-1}(x)$. Unter Anwendung der Differentiationsregeln, insbesondre Produktregel und Ableitung einer Umkehrfunktion, erhält man für den Grenzerlös, ausgedrückt in Abhängigkeit vom Preis p, folgendes Ergebnis:

$$E'(x) = 1 \cdot N^{-1}(x) + x \cdot \left(1/N'\left(N^{-1}(x)\right)\right) = p + N(p) \cdot \left(1/N'(p)\right) \cdot \frac{p}{p} =$$

$$= p + p \cdot \frac{N(p)}{N'(p) \cdot p} = p \cdot (1 + 1/\varepsilon(p)).$$

Der Grenzerlös ist also abhängig vom Preis p und von der Preiselastizität der Nachfrage. An der Stelle maximalen Gewinns ist wegen G'(x) = 0 auch E'(x) – K'(x) = 0 und man erhält die Formel von **Amoroso-Robinson**: Für die gewinnmaximierende Erzeugungsmenge x gilt:

E'(x) = K'(x) = p·(1+1/ε).

Der Grenzerlös ist abhängig vom Preis und von der Preisflexibilität und ist kleiner als jener Preis, der sich durch die vom Monopolisten angebotene Menge am Markt einstellt.

Diese Formel scheint vorerst im Widerspruch zu dem Ergebnis aus Abschnitt A zu stehen. Für die gewinnoptimierende Erzeugungsmenge x wurde dort hergeleitet: E'(x) = K'(x) = p. Tatsächlich liegen aber nur andere Voraussetzungen vor. Oben wurde ein fix vorgegebener, durch den Anbieter nicht beeinflußbarer Preis angenommen, hier hingegen hat der Anbieter als Monopolist die Möglichkeit, über den Preis die Nachfrage zu steuern.

F Stetig verzinste Kapitalströme

Stetig Verzinsung bedeutet: die Zinsen werden kontinuierlich, sofort wenn sie anfallen, dem Kapital zugeschlagen. Dieses Konzept macht beispielsweise Sinn, wenn die Zahlungszeitpunkte nicht exakt bekannt sind. Geht man von der üblichen nachschüssigen jährlichen Verzinsung mit Zinsfuß p % bzw. dem zugehörigen Aufzinsfaktor q aus, so gehört dazu eindeutig ein äquivalenter stetiger Zinssatz, nämlich i = ln(q) (vgl. dazu Kap. 3.3). Mit diesem stetigen Zinssatz wird im folgenden gerechnet.

Unter einem **stetigen Kapitalstrom** versteht man Zahlungen, die, in bestimmter Höhe je Zeiteinheit, innerhalb dieser Zeitspanne kontinuierlich einlangen, wobei also keine exakten Zahlungszeitpunkte angegeben werden können. Um den Wert eines derartigen Kapitalstromes zu einem bestimmten Zeitpunkt berechnen zu können, ist demnach nur eine stetige Verzinsung sinnvoll. Der Zeitwert eines Kapitalstromes ist dann nicht als Summe einer endlichen Anzahl von auf- oder abgezinsten Beträgen, sondern nur als deren Grenzwert, d.h. als Integral berechenbar.

Beim stetigen Zinssatz i ist der Barwert K_0 eines zwischen den Zeitpunkten t = 0 und t = T einlaufenden Kapitalstromes K(t) gegeben durch

$$K_0 = \int_0^T e^{-it} \cdot K(t) dt.$$

Der Endwert - erhalten durch Aufzinsen - wird errechnet als

$$K_T = K_0 \cdot e^{iT} = \int_0^T e^{(T-t)i} \cdot K(t) dt.$$

Im Falle eines gleichbleibenden konstanten Kapitalstromes K(t) = c erhält man für den Endwert auch die Formel

$$K_T = \int_0^T e^{+it} \cdot K(t) dt.$$

Beispiel 7: Ein fünf Jahre lang fließender stetiger Kapitalstrom von 1.8 Millionen € pro Jahr hat bei stetiger Verzinsung mit 6 Prozent den Barwert

$$K_0 = \int_0^5 e^{(-0.06)t} \cdot 1.8 dt = \frac{-1}{0.06} 1.8 \cdot e^{-(0.06) \cdot t} \Big|_0^5 = -30 \cdot (e^{-0.3} - 1) = 7\,775\,453.-$$

Derartige Barwertberechnungen werden insbesondere in der Investitionsrechnung verwendet. Wird jetzt, d.h. im Zeitpunkt t=0, eine Investition getätigt, so erwachsen daraus einerseits Kosten. Deren Höhe werde mit a bezeichnet. Andererseits werden über die Lebensdauer der Investition hinweg Erträge erwirtschaftet, die in Form eines Kapitalstromes E(t) anfallen. Dessen Barwert K_0 muß mit den anfallenden Investitionskosten verglichen werden. Nur dann, wenn dieser Barwert die Kosten überschreitet, ist die Investition gewinnbringend. Natürlich ist der Barwert abhängig vom Kalkulationszinsfuß, der seiner Berechnung zugrundegelegt wird. Je höher der Zinssatz angesetzt wird, desto kleiner wird der Barwert. Jener Zinssatz, bei dem der Barwert der Erträge nur mehr die Investitionskosten abdeckt, gibt Auskunft über die Wirtschaftlichkeit der Investition.

Unter dem **Internen Zinssatz** eines Investitionsprojekts mit Nutzungsdauer T versteht man jenen stetigen Zinssatz ρ, für den der abgezinste Wert K_0 des aus dieser Investition fließenden Ertragsstromes E(t) - der Barwert aller Erträge - gleich den Investitionskosten a ist. Dieser interne Zinssatz wird berechnet als Lösung der Gleichung

$$\int_0^T e^{-\rho t} \cdot E(t) dt = a.$$

Diese Gleichung ist nicht ohne weiteres analytisch, d.h. mit Hilfe einer anzuwendenden Formel auflösbar. Wenn aber die darin auftretenden

4.5 Ökonomische Anwendungen

Funktionen stetig sind, kann der Zwischenwertsatz zur näherungsweisen Lösung herangezogen werden.

Beispiel 8: Eine Investition bringe als Erlöse über fünf Jahre den Kapitalstrom von 1.8 [Millionen €] aus Beispiel 7, hier mit E(t) bezeichnet. Betragen die Investitionskosten derzeit 4.8 Millionen ATS, so bestimmt man den internen Zinssatz aus der Gleichung $\int_0^5 e^{-\rho \cdot t} \cdot 1.8 \, dt = 4.8$.

Integration nach der Zeit t liefert für die linke Seite (1.8)$\frac{-1}{\rho} \cdot e^{-\rho \cdot t} \Big|_0^5$ und man erhält nach Einsetzen der Grenzen die stetige Funktion

$$f(\rho) = 1.8 \, \frac{-1}{\rho}(e^{-5\rho} - 1).$$

Um die Gleichung $f(\rho) = 4.8$ zu lösen, wendet man den Zwischenwertsatz an. Ausgehend von den Funktionswerten $f(0.2) \approx 5.68$ und $f(0.4) \approx 3.98$ ergeben sich nach mehrmaliger Intervallhalbierung die beiden Funktionswerte $f(0.275) \approx 4.89$ und $f(0.30) \approx 4.66$ und man schließt daraus, daß eine Lösung im Intervall $\langle 0.28 , 0.30 \rangle$ liegen muß.

Unter Verwendung eines Rechners kann die Lösung beliebig genau ermittelt werden, man erhält $\rho = 0.2846$ und somit einen internen Zinssatz von etwa 28.5 Prozent.

4.6 Differentialgleichungen

Ganz analog zu Kap. 3.4, in dem Beziehungen zwischen Zahlenfolgen und ihren Differenzenfolgen durch Differenzengleichungen angegeben wurden, werden hier Beziehungen zwischen Funktionen und ihren Ableitungen durch Differentialgleichungen beschrieben.

Beispiel 1: Vergleicht man bei der Funktion $f(x) = e^{3 \cdot x}$ die Funktionswerte mit den Werten der ersten Ableitung $f'(x) = 3 \cdot e^{3 \cdot x}$, so gilt offensichtlich $f'(x) = 3 \cdot f(x)$ für alle $x \in \mathbf{R}$. Indem man $y = f(x)$ und $y' = f'(x)$ setzt, erhält man die Differentialgleichung
$$y' = 3 \cdot y,$$
die als eine (spezielle) Lösung die obige Funktion $y = e^{3 \cdot x}$ besitzt. Ebenso ist, wie man durch Einsetzen verifiziert, jede Funktion
$$f(x) = c \cdot e^{3 \cdot x} \text{ mit beliebigem } c \in \mathbf{R},$$
eine Lösung. In dieser allgemeinen Form spricht man von der **allgemeinen Lösung**. Fixiert man einen bestimmten Wert für c, so sagt man, daß diese Funktion eine **spezielle Lösung** mit dem **Anfangswert f(0) = c** ist.

Definition 4.6.1 Eine **Differentialgleichung n-ter Ordnung** ist gegeben durch
$$G\left(x, y, y', y'', y^{(3)}, \ldots, y^{(n)}\right) = 0,$$
wobei die **Ordnung** der Differentialgleichung die höchste Ableitung ist, die in der Gleichung auftritt.
Eine **Lösung der Differentialgleichung ist eine über einem Definitionsbereich $D \subseteq \mathbf{R}$ n-mal differenzierbare Funktion**
$$y = f(x),$$
die mit ihren Ableitungen in die Differentialgleichung eingesetzt, diese für alle $x \in D$ erfüllt. Man unterscheidet die **allgemeine Lösung** (mit reellen Konstanten), und die **spezielle Lösung**, die durch eine spezielle Wertzuweisung für die Konstanten bestimmt ist.

Beispiel 2: Die Differentialgleichung $y + y'' = 0$ ist eine Differentialgleichung 2-ter Ordnung. Ihre Lösungen sind also alle Funktionen $y = f(x)$, die die Bedingung $f''(x) = -f(x)$ erfüllen. Spezielle Lösungen sind somit z.B. die Funktionen $f(x) = \sin(x)$ oder $f(x) = \cos(x)$.

Für die genaue Analyse von Differentialgleichungen mit einer Ordnung n > 1 (wie in Bsp.2) wird auf weiterführende Lehrbücher (z.B. Erwe, O-

pitz) verwiesen. Im Folgenden werden nur bestimmte, einfache Klassen von Differentialgleichungen erster Ordnung behandelt.
Die wohl einfachste Differentialgleichung erster Ordnung wurde bereits in der Integralrechnung behandelt, ohne sie dort als solche zu bezeichnen. Die Stammfunktion S(x) einer Funktion f(x) (vgl. Def. 4.4.1) ist definiert als eine differenzierbare Funktion, deren Ableitung die Bedingung
$$S'(x) = f(x)$$
erfüllt. D.h. die Stammfunktionen einer gegebenen Funktion f(x) sind gerade die Lösungen der Differentialgleichung erster Ordnung
$$y' = f(x),$$
die somit einfach durch Integrieren gelöst werden kann. Diese Differentialgleichung ist ein Spezialfall der im Folgenden allgemeiner definierten Klasse von Differentialgleichungen, die unter bestimmten Voraussetzungen durch Integrieren gelöst werden können.

Definition 4.6.2: Seien p(x) und q(y) reelle Funktionen, so heißt die Differentialgleichung erster Ordnung
$$y' = p(x) \cdot q(y)$$
eine **Differentialgleichung mit trennbaren Variablen**.

Der Lösungsweg für eine solche Differentialgleichung ist wie folgt: Indem man y' durch den Differentialquotienten ersetzt, erhält man
$$\frac{dy}{dx} = p(x) \cdot q(y).$$
Diese Gleichung kann man umformen zu
$$\frac{1}{q(y)} \cdot dy = p(x) \cdot dx.$$
Sind nun die beiden Funktionen $\frac{1}{q(y)}$ und p(x) integrierbar, so gilt
$$\int \frac{1}{q(y)} dy = \int p(x) dx$$
oder
$$H(y) = P(x) + c,$$
wobei H(y) eine Stammfunktion zu $\frac{1}{q(y)}$ und P(x) eine Stammfunktion zu p(x) ist. Ist die Funktion H(y) invertierbar, so ergibt sich damit die allgemeine Lösung der obigen Differentialgleichung als
$$y = H^{-1}(P(x) + c) \quad \text{für } c \in R \text{ beliebig},$$
wobei man hier darauf achten muß, daß man den Definitionsbereich auf

die Menge $D = \left\{ x \mid H^{-1}(P(x)+c) \text{ ist erklärt} \right\}$ einschränkt.

Bemerkung: Ist der Bildbereich der Funktion H die Menge aller reellen Zahlen, dann ist der Definitionsbereich der Lösungsfunktionen gleich dem der Funktion P(x). Ist dies jedoch nicht der Fall, so kann der Definitionsbereich für jede spezielle Lösung, also in Abhängigkeit vom Wert der Konstanten c, verschieden sein.

Beispiel 3: Die Differentialgleichung $y' = -2xy^2$ ist eine Differentialgleichung erster Ordnung mit trennbaren Variablen. Mit $p(x) = 2x$ und $q(y) = -y^2$ ergibt sich

$$\int (-y^{-2})\, dy = \int 2x\, dx.$$

Indem man auf beiden Seiten der Gleichung die jeweiligen Stammfunktionen $H(y) = y^{-1}$ und $P(x) = x^2 + c$ einsetzt, folgt:

$$y^{-1} = x^2 + c \text{ für } c \in \boldsymbol{R}.$$

Löst man diese Gleichung nach y auf, so erhält man die allgemeine Lösung der obigen Differentialgleichung

$$y = f(x) = \frac{1}{x^2 + c} \text{ für } c \in \boldsymbol{R},$$

mit den jeweiligen Definitionbereichen $D = \boldsymbol{R}$ (für c > 0) und (für c ≤ 0) $D = \boldsymbol{R} \setminus \left\{ +\sqrt{|c|}, -\sqrt{|c|} \right\}$.

In Abb.1 sind die Funktionsgraphen der Lösungen für c = 0, c = 0.3, c = 1, sowie c = −1 dargestellt. Die letztere Funktion besitzt die Polstellen bei +1 und −1.

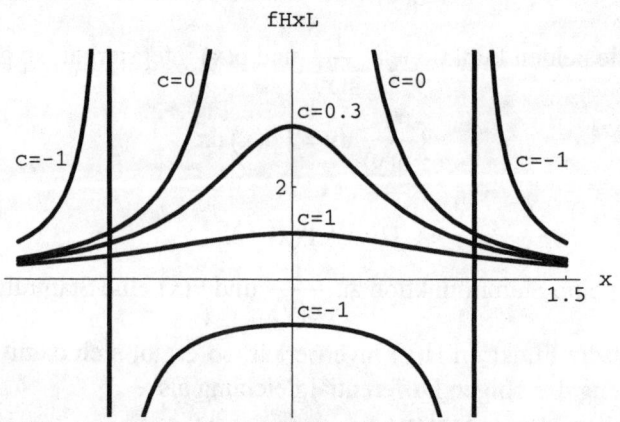

Abbildung 1: Lösungen der Differentialgleichung aus Beispiel 3

4.6 Differentialgleichungen

Folgerung 4.6.3 Für die Differentialgleichung mit trennbaren Variablen
$$y' = p(x) \cdot q(y)$$
sei die Funktion p(x) integrierbar mit der Stammfunktion P(x)+c, und die Funktion $\frac{1}{q(y)}$ integrierbar mit der **invertierbaren** Stammfunktion H(y).
Dann sind die **Lösungen der Differentialgleichung mit trennbaren Variablen** die Funktionen
$$f(x) = H^{-1}(P(x) + c) \quad \text{für } c \in R \text{ beliebig,}$$
mit den jeweiligen Definitionsbereichen
$$D = \left\{ x \mid H^{-1}(P(x) + c) \text{ ist erklärt} \right\}.$$

Beispiel 4: Die Preiselastizität einer Nachfragefunktion N(p) als Funktion des Preises ist (vgl. Kap. 4.5 Abschnitt E)
$$\varepsilon_N(p) = \frac{N'(p) \cdot p}{N(p)}.$$
Die Frage, welche Nachfragefunktionen eine **konstante Preiselastizität** ε besitzen, ist also gerade die Frage nach den Lösungen der Differentialgleichung
$$\varepsilon = \frac{N'(p) \cdot p}{N(p)},$$
bzw. mit den Variablen x für p und y für N(p) geschrieben:
$$y' = \varepsilon \cdot \frac{1}{x} \cdot y.$$
Diese Differentialgleichung ist ebenfalls eine mit trennbaren Variablen, und kann deshalb mit dem obigem Rechenverfahren gelöst werden. Zusätzlich ist sie jedoch, da q(y) = y eine lineare Funktion ist, ein spezielles Beispiel einer sogenannten linearen Differentialgleichung, die im Folgenden allgemein behandelt und gelöst werden soll.

Definition 4.6.4 Seien a(x) und b(x) stetige Funktione, so heißt
$$y' = a(x) \cdot y + b(x)$$
eine **lineare Differentialgleichung erster Ordnung**. Ist b(x) = 0, so heißt die Differentialgleichung **homogen**, sonst **inhomogen**.
Sind die Funktionen a(x) = a und b(x) = b konstante Funktionen, so heißt die Differentialgleichung
$$y' = a \cdot y + b$$
eine lineare Differentialgleichung erster Ordnung **mit konstanten Koeffizienten**.

Satz 6.4.4 Seien a(x) und b(x) über dem Definitionsbereich $D \subseteq R$ stetige Funktionen, und sei A(x) eine Stammfunktion zu a(x), so besitzt die lineare Differentialgleichung
$$y' = a(x) \cdot y + b(x)$$
die **allgemeine Lösung**
$$f(x) = e^{A(x)} \left(c + \int b(x) \cdot e^{-A(x)} dx \right) \text{ für } c \in R,$$
mit dem Definitionsbereich D.
Für die **homogene** Differentialgleichung (b(x) = 0) vereinfacht sich die allgemeine Lösung zu
$$f(x) = c \cdot e^{A(x)} \text{ für } c \in R,$$
ebenfalls mit dem Definitionsbereich D.

Beispiel 5: Bei der linearen Differentialgleichung erster Ordnung
$$y' = 2x \cdot y + 2x$$
ist a(x) = 2x, mit der Stammfunktion $A(x) = x^2$, und b(x) = 2x. Damit ist die allgemeine Lösung
$$f(x) = e^{x^2} \left(c + \int 2x \cdot e^{-x^2} dx \right) \quad \text{für } c \in R.$$
Durch Auswerten des Integrals
$$\int 2x e^{-x^2} dx = -e^{-x^2},$$
und Einsetzen, erhält man
$$f(x) = c \cdot e^{x^2} - 1 \quad \text{für } c \in R.$$
Interessiert man sich nur für eine spezielle Lösung mit einem bestimmten, vorgegebenen Anfangswert f(0), so setzt man diesen Wert in die Funktionsgleichung ein, hier $f(0) = c \cdot e^0 - 1 = c - 1$. Daraus berechnet man den Wert der Konstanten c. Es ergibt sich c = f(0) + 1. Also erhält man z.B. für f(0) = 1 die spezielle Lösung $f(x) = 2 \cdot e^{x^2} - 1$.

Fortsetzung von Beispiel 4: Die Nachfragefunktionen mit konstanter Preiselastizität $\varepsilon < 0$ erfüllen die homoge, lineare Differentialgleichung
$$y' = \frac{\varepsilon}{x} \cdot y.$$
Da $a(x) = \frac{\varepsilon}{x}$ über dem Definitionsbereich $D = R \backslash \{0\}$ die Stammfunktion $A(x) = \varepsilon \cdot \ln(x)$ besitzt, ist nach Satz 6.4.4 die allgemeine Lösung
$$f(x) = c \cdot e^{\varepsilon \cdot \ln(x)} = c \cdot x^\varepsilon \text{ für } c \in R$$
mit dem Definitionsbereich $D = R \backslash \{0\}$. Dies sind also sämtliche Funktionen mit der konstanten Preiselastizität ε der Nachfrage.

4.6 Differentialgleichungen

Die Lösungen der linearen Differentialgleichungen mit konstanten Koeffizienten erhält man aus Satz 6.4.4, indem man in der allgemeinen Lösung für A(x) die Stammfunktion A(x) = a·x einsetzt, und mit b(x) = b das Integral ausrechnet.

Folgerung 4.6.5 Die lineare Differentialgleichung erster Ordnung **mit konstanten Koeffizienten**

$$y' = a \cdot y + b$$

besitzt die **allgemeine Lösung**

$$f(x) = \begin{cases} c \cdot e^{ax} - \dfrac{b}{a} & \text{für } a \neq 0, b \neq 0 \\ c \cdot e^{ax} & \text{für } a \neq 0, b = 0 \\ c + b \cdot x & \text{für } a = 0 \end{cases} \quad \text{für } c \in \mathbf{R}$$

mit dem Definitionsbereich D = **R**.

Beispiel 6: Gesucht ist eine spezielle Lösung mit Anfangswert f(0) = 5 der Differentialgleichung

$$y' = 2 \cdot y - 7.$$

Nach Folgerung 4.6.5 ist die allgemeine Lösung der Differentialgleichung mit den konstanten Koeffizienten a = 2 und b = –7

$$f(x) = c \cdot e^{2x} + \frac{7}{2} \quad \text{für } c \in \mathbf{R}.$$

Indem man den Anfangswert f(0) = 5 einsetzt, erhält man die Bestimmungsgleichung $f(0) = c \cdot e^0 + \dfrac{7}{2} = 5$ für die Konstante c. Somit ergibt sich c = 1.5, und die gesuchte spezielle Lösung ist $f(x) = \dfrac{3}{2} \cdot e^{2x} + \dfrac{7}{2}$.

Beispiel 7: Das in Kap. 3.4 im Beispiel 4 formulierte Wachstumsmodell für das Volkseinkommen Y in Abhängigkeit von den **diskreten** Zeitpunkten t = 0, 1, ... kann man analog für das Volkseinkommen **Y(t)** in Abhängigkeit von der **stetigen** Zeit t ∈ **R** wie folgt beschreiben:
1. S(t) = α Y(t) mit 0 < α < 1
   (gespart wird der konstante Anteil α des Volkseinkommens).
2. I(t) = β Y'(t) mit 0 < β
   (die Investition ist proportional zur Änderung des Vollkseinkommen).
3. S(t) = I(t)
   (investiert wird genau das Gesparte).

Indem man die beiden ersten Beziehungen in die Gleichung unter Punkt 3 einsetzt, erhält man die Differentialgleichung

$$Y' = \frac{\alpha}{\beta} Y.$$

Die Antwort auf die Frage, wie sich das Volkseinkommen bei gegebener Sparquote α und gegebenem Proportionalitätsfaktor β entwickelt, erhält man also durch die Lösung dieser homogenen, linearen Differentialgleichung mit konstanten Koeffizienten.

Die allgemeine Lösung ist $\quad Y(t) = c \cdot e^{(\alpha/\beta) \cdot t}\quad$ für $c \in \mathbf{R}$.

Eine spezielle Lösung zu dem Anfangswert $Y(0) = Y_0$ ist

$$Y(t) = Y_0 \cdot e^{(\alpha/\beta) \cdot t},$$

und die zeitliche Entwicklung der Investition sowie der Sparmenge ergibt sich zu

$$I(t) = S(t) = \alpha \cdot Y_0 \cdot e^{(\alpha/\beta) \cdot t}.$$

4.7 Übungsaufgaben

1. a. Geben Sie die stationären Punkte der folgenden Funktion an:
$$g: R \to R \quad \text{mit} \quad g(x) = 70 \cdot x^3 \cdot e^{-1.8x}$$
b. Bestimmen Sie Im(g).
c. Bestimmen Sie die globalen Extremstellen und Extremwerte dieser Funktion über dem abgeschlossenen Intervall I = [1, 4].

Lsg.: a. SP (5/3, ≈16.135) b. Im(f) =] –∞, 16.135]
c. x_{max} = 5/3, x_{min} = 4, f_{max} = 16.135 f_{min} ≈ 3.345

2. Man betrachte die Funktion f mit
$$f(x) = \frac{4x - 3}{2x^2 - 3x}$$
a. Bestimmen Sie Nullstelle(n) und Polstelle(n) dieser Funktion sowie deren Grenzwerte an den Polstellen bzw. im Unendlichen!

b. Berechnen Sie das bestimmte Integral $\int_{1/2}^{1} f(x)dx$!

Lsg.: a. N(0.75, 0), Polstellen 0, 1.5, $(x \to \infty) \Rightarrow f(x) \to 0$ b. 0

3. Betrachtet wird die auf [0, +∞ [definierte Funktion mit
$$f(t) = \begin{cases} 2t - 2 & \text{für} \quad t < 1 \\ t^2 - 1 & \text{für} \quad t \in [1, 2] \\ 3 \cdot e^{(2-t)} & \text{sonst} \end{cases}$$
a. Ist diese Funktion überall stetig und/oder differenzierbar?
b. Wie groß ist für x = ½, x = 2 und für x = 3 der jeweils der Wert der Funktion $F(x) = \int_0^x f(t)dt$?
c. Ist die Funktion f(t) über [0, +∞ [uneigentlich integrierbar? Wie groß ist der Wert dieses uneigentlichen Integrals?

Lsg.: a. überall stetig, nicht differenzierbar an t = 2 b. – 0.75, 1/3, ≈2.23

c. Ja, $\int_0^{\infty} f(t)dt = 10/3$

4. Die Nachfrage f(x) nach einem Produkt hänge vom durchschnittlichen Pro-Kopf- Einkommen x ab und zwar in der Form:
$$f(x) = 20 \cdot \left(1 - e^{-x/100}\right).$$
 a. Man bestimme die Einkommenselastizität der Nachfrage.
 b. Man berechne näherungsweise mit Hilfe der Einkommenselastizität um wie viel Prozent p die Nachfrage steigt, wenn sich das durchschnittliche Einkommen, ausgehend von $x_0 = 200$, um 3 % erhöht.
 c. Vergleichen Sie die errechnete genäherte prozentuale Änderung mit der exakten Lösung!

Lsg.: b. $p = \varepsilon(200) \cdot 3 \approx 0.313 \cdot 3 = 0.939$ c. exakt ≈ 0.91

5. Einem europäischen Alleinhersteller von Kraftfutter für Wüstenspringmäuse entstehen bei der Produktion von x Tonnen Futter Kosten in der Höhe von $K(x) = a \cdot x + b$.
Die von Preis abhängige Nachfrage auf dem EU-Markt beträgt
$x = N(p) = c - p \cdot d$ (Alle Koeffizienten a, b, c, d > 0).
 a. Man beschreibe den Gewinn in Abhängigkeit von der hergestellten und abgesetzten Menge x.
 b. Man ermittle den Preis p*, der maximalen Gewinn sichert. Welche Menge x* ermöglicht diesen Maximalgewinn?
 c. Man berechne den zugehörigen maximalen Gewinn in Abhängigkeit von a für b = 20, c = 10, d = 1.

Lsg.: b. $p^* = \dfrac{c}{2d} + \dfrac{a}{2}$; $x^* = \dfrac{c}{2} - \dfrac{a \cdot d}{2}$ c. $G(a) = 5 - 5a + \dfrac{a^2}{4}$

6. Die Nachfrage nach einem Gut sei preisabhängig gemäß der Nachfragefunktion $N(p) = 400 - \dfrac{p^2}{2}$.
 a. Bestimmen Sie Grenznachfrage und Preiselastizität zum Preis von 15.- €. Wie ändern sich die Grenznachfrage und die Preiselastizität, wenn der Preis nicht in €, sondern in US$ angegeben wird?
 (1 € sei gleich 1.27 US$)
 b. Bestimmen Sie die Preis-Absatzfunktion und dafür den größten ökonomisch sinnvollen Definitionsbereich!

Lsg.: a. $N'(15) = -15$ $\varepsilon(15) \approx -0.783$; Elastizität bleibt gleich
 b. $p(x) = \sqrt{(800 - 2x)}$,   Definitionsbereich = [0, 400]

4.7 Übungsaufgaben

7. Eine Grenzkostenfunktion sei gegeben als
$$K'(x) = 6x^2 - 2x + 3$$
a. Bestimmen Sie die Kostenfunktion, wenn Fixkosten von 15.- € vorliegen und dazu die Kosten und Grenzkosten zur Menge x = 4.
b. Zum selben Gut laute die Preis-Absatz-Funktion
$$p(x) = 200 - 20x$$
Bestimmen Sie die Erlös- und die Gewinnfunktion und berechnen Sie die gewinnmaximierende Erzeugungsmenge x* und den erzielbaren Maximalgewinn.

Lsg: a. $K(x) = 2x^3 - x^2 + 3x + 15$, $K(4) = 139.-$ $GK(4) = 91.-$
b. $x^* \approx 3.38$ $G(3.38) \approx 356.57$

8. Eine stetige Nachfragefunktion sei gegeben durch
$$N(p) = \begin{cases} c - \dfrac{p^2}{10} & \text{für } 0 \le p \le 10 \\ -4 \cdot p + 120 & \text{für } p > 10 \end{cases}$$
a. Begründen Sie: c = 90.
b. Bis zu welchem Preis macht diese Nachfragfunktion Sinn?
c. Ist die nun vorliegende Funktion überall differenzierbar?
d. Man bestimme Grenznachfrage und Preiselastizität der Nachfrage zum Preis p = 12.- €.

Lsg.: b. $p \le 30$ c. nein d. $N'(12) = -4$ $\varepsilon(12) = 2/3$

9. Eine Produktionsfunktion sei gegeben durch die logistische Funktion
$$f(x) = \frac{13}{1 + 2.8 \cdot e^{-0.3 \cdot x}} - 3.42$$
über dem Definitionsbereich (zulässige Faktoreinsatzmengen) [0, 10].
a. Bestimmen Sie die Grenzproduktivität und Produktionselastizität allgemein und an der Stelle x = 3.
b. Man bestimme (näherungsweise oder mit Rechnerunterstützung) die Stelle maximaler Grenzproduktivität.

Lsg.: a. $f'(3) \approx 0.97$ $\varepsilon(3) \approx 1.09$ b. ≈ 3.43

10. Eine Kostenfunktion und eine Erlösfunktion zur Herstellung bzw. dem Verkauf eines Gutes seien gegeben:

$$K(x) = x^3 - 9x^2 + 99x + k_f$$
$$E(x) = 18.19 \cdot x \cdot (20 - x)$$

a. Bestimmen Sie die Fixkosten a so, dass die minimalen Durchschnittskosten an der Stelle x = 9 erzielt werden.
b. Ermitteln Sie die zugehörige Preis-Absatzfunktion
c. Für welches x wird der Erlös, für welches x* der Gewinn maximal?

Lsg.: a. $k_f = 729$ c. x = 10, x* ≈ 6.82

11. Der Absatz N_A eines Artikels A hängt von dessen Preis p ab:

$$N_A(p) = 9 - 0.5 \cdot p - 0.1 \cdot p^2$$

Ein weiterer Artikel B, dessen Preis konstant gleich 3 gehalten wird, erfährt eine umso stärkere Nachfrage, je höher der Preis p für den Artikel A ist. Die Verbraucher weichen dann nämlich in zunehmendem Maß auf B als Ersatz für A aus. Für den Absatz des Gutes B gelte:

$$N_B(p) = 15 + 0.2 \cdot p$$

Für welchen Preis aus dem Intervall [5, 8] – nur für dieses Intervall seien die angegebenen Funktionen als Näherung genau genug – nimmt der Gesamterlös aus den Artikeln A und B sein absolutes Maximum an?

Lsg.: Gesamterlös $E(p) = -0.1 \cdot p^3 - 0.5 \cdot p^2 + 9.6 \cdot p + 45$, globales Maximum bei p = 5

12. a. Bestimmen sie den Barwert eines acht Jahre hindurch stetig einlangenden Kapitalstromes von 1.2 Millionen €/Jahr, unter Zugrundelegung von stetiger Verzinsung mit einem stetigen Zinssatz i = 0.06.
b. Auf welche Summe erhöht sich dieser Barwert, wenn in den ersten beiden Jahren je 1.2 Mio. €, ab dann aber sechs Jahre lang ein Kapitalstrom von 1.5 Mio €/Jahr einlangt?

Lsg.: a. 7 624 332.-. b. 8 965 017.-

13. Die Elastizität einer Nachfragefunktion in Bezug auf den Preis lautet $\varepsilon_N(p) = a - b.p$. Wie lautet die Nachfragefunktion?

Lsg.: $N(p) = c \cdot p^a \cdot e^{-b \cdot p}$

5 Funktionen von mehreren reellen Variablen
5.1 Eigenschaften von Funktionen von n Variablen

Beispiel 1: Ein Warenkorb enthalte drei verschiedene Güter. Diese werden mit 1, 2 und 3 bezeichnet. Von Gut i = 1, 2, 3 seien x_i Mengeneinheiten in diesem Korb. Man faßt die x_i in einem Vektor $x = (x_1, x_2, x_3)$ zusammen und nennt diesen ein **Güterbündel**. Hat nun jedes Gut i seinen Preis p_i pro Einheit, so kann zu jedem Güterbündel x sein Preis $P(x) = P(x_1, x_2, x_3) = x_1 \cdot p_1 + x_2 \cdot p_2 + x_3 \cdot p_3$ angegeben werden.
Jedem Vektor des R^3 mit nichtnegativen Komponenten x_i, d. h. allen Elementen des $(R_+)^3$, wird auf diese Weise eine reelle Zahl zugeordnet. Damit wird $P(x) = P(x_1, x_2, x_3)$ nicht als Funktion nur einer Variablen x, sondern als Funktion dreier Variablen x_1, x_2, x_3 erklärt.

Definition 5.1.1 Eine Zuordnung f: D $\to$ *R* mit D $\subseteq R^n$, wobei jedem n-tupel $(x_1, x_2, ..., x_n)$ genau eine reelle Zahl zugeordnet wird, nennt man **reelle Funktion von n reellen Variablen**.
Man schreibt f: D$\to$ *R*, $(x_1, x_2, ..., x_n) \mapsto f(x_1, x_2, ..., x_n)$
Verwendet man die Schreibweise wie in Def. 4.1.1, so ist die Funktion f das Tripel (D, B, F) mit dem **Definitionsbereich** D$\subseteq R^n$, dem **Wertevorrat** B = *R* und dem **Graphen** F$\subseteq R^n \times R$.

Jede Variable x_i heißt eine **unabhängige Variable**, $x = (x_1, x_2, ..., x_n) \in D$ nennt man **Argument, (Argument-)Stelle** oder **(Argument-)Punkt**. Die diesem Punkt zugeordnete Zahl $f(x_1, x_2, ..., x_n)$ ist dann der **Funktionswert** oder das **Bild** von $(x_1, x_2, ..., x_n)$.
Die Menge aller Funktionswerte wird **Bildmenge** genannt. Man schreibt:
$\text{Im}(f) = \{z \in R \mid \exists x \in D \text{ sodaß } z = f(x)\}$.

Definition 5.1.2 Eine Funktion f: D $\to$ *R* mit D$\subseteq R^n$ heißt **beschränkt**, wenn ihr Bildbereich Im(f) eine beschränkte Menge ist.

Werden Funktionen in nur zwei oder drei Variablen betrachtet, so benützt man häufig die Schreibweise f(x, y) bzw. f(x, y, z) um die Verwendung von Indizes zu vermeiden.

Beispiel 2: Betrachtet wird die auf R^2 erklärte Funktion $f(x, y) = y - 2x^2$. Eine Wertetabelle enthält nun einige Argumentstellen (d.s. Punkte des R^2) und die zugehörigen Funktionswerte:

(x, y)	(0, 0)	(1, 0)	(−2, −1)	(1, 1)	(1, 2.5)	(0, 1.8)	(2, 4)	(−1, 0)
f(x, y)	0	−2	−9	−1	0.5	1.8	−4	−2

Diese Tabelle ist nicht gerade anschaulich. Eine grafische Darstellung des Funktionsgraphen im Raum ist zwar prinzipiell möglich, verlangt aber ein räumliches Bild und wird daher selten verwendet. Man kann dennoch eine anschauliche Form der Darstellung finden.

Beispiel 3: Der Definitionsbereich D sei die Fläche der Insel Teneriffa. Jeder Punkt aus D hat als x-Koordinate seine westliche Länge und als y-Koordinate seine nördliche Breite. Der Funktionswert f(x, y) sei die Seehöhe des Punktes (x, y). Die Darstellung des Graphen der Funktion mit Hilfe von Höhenschichtenlinien, das sind Linien, welche Punkte gleicher Höhe verbinden, wird bei jeder Wanderkarte verwendet.

Diese Funktion ist beschränkt, da alle Funktionswerte im Intervall [0, 3718] liegen. (Die höchste Erhebung Teneriffas, der Pico Teide, ist 3718 m hoch.)

Der Begriff der Menge der Punkte mit gleichem Funktionswert läßt sich verallgemeinern auf Funktionen von mehr als zwei Variablen.

Definition 5.1.3 Gegeben sei eine Funktion von n Variablen f: D → R, $(x_1, x_2, ..., x_n) \mapsto f(x_1, x_2, ..., x_n)$. Dann nennt man die Menge aller Punkte mit dem Funktionswert c die **Isoquante von f zum Wert c** und schreibt dafür kurz $I_c = \{(x_1, x_2, ..., x_n) \in D \mid f(x_1, x_2, ..., x_n) = c\}$.

Beispiel 4: Zur Funktion $f(x, y) = y - 2x^2$ aus Bsp. 2 ergibt sich die Isoquante zu einem beliebigen Wert c, indem man $f(x, y) = y - 2x^2 = c$ setzt.

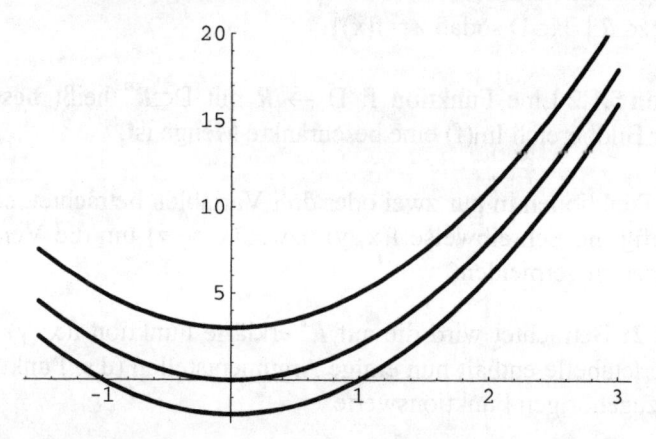

Abbildung 1: Isoquanten der Funktion $f(x, y) = y - 2x^2$ zu verschiedenen Werten von c

5.1 Eigenschaften von Funktionen von n Variablen

Man schreibt dafür $I_c = \{(x, y) \in R^2 \mid y - 2x^2 = c\}$. Die Isoquante zum Wert $c = 0$ ist die Parabel $I_0 = \{(x, y) \in R^2 \mid y - 2x^2 = 0\}$.
Diese Funktion ist auf R^2 nicht beschränkt. Zu jedem beliebigen Funktionswert c ist die Isoquante eine nichtleere Menge.

Man beachte, daß diese grafische Darstellung von Isoquanten in der Ebene bei Funktionen von mehr als zwei Variablen nicht mehr möglich ist. Der Begriff der Isoquante ist aber für derartige Funktionen sehr wohl sinnvoll. Man vergleiche dazu auch die grafische Lösung von Linearen Programmen in zwei Variablen unter Verwendung der Isoquanten der Zielfunktion (Kap. 6.1). Lineare Programme mit mehr als zwei Variablen entziehen sich im allgemeinen der grafischen Lösbarkeit.

Betrachtet man eine Funktion $f: (x_1, x_2, ..., x_n) \mapsto f(x_1, x_2, ..., x_n)$ von mehreren Variablen an einer Stelle $x^0 = (x_1, x_2, ..., x_n)^0 = (x_1^0, x_2^0, ..., x_n^0)$ und verändert man das Argument nur in einer, etwa der i-ten Komponente, so wird daraus die Funktion $x_i \mapsto f(x_1^0, x_2^0, ..., x_{i-1}^0, x_i, x_{i+1}^0, ..., x_n^0)$, also eine Funktion nur mehr der einen Variablen x_i.
Daher lassen sich einige Begriffe aus Kap. 4.1 verallgemeinern.

Definition 5.1.4 Eine Funktion von n Veränderlichen heißt **monoton** in der i-ten Variablen, wenn $f(x_1^0, x_2^0, ..., x_{i-1}^0, x_i, x_{i+1}^0, ..., x_n^0)$, unabhängig von den Werten der anderen Variablen, eine monotone Funktion von x_i ist.

Die Funktion aus Bsp. 3 ist in keiner der beiden Variablen monoton, jene aus Bsp. 2 ist monoton steigend in y. Die Funktion aus Bsp. 1 ist monoton steigend in allen drei Variablen - jedenfalls solange alle Preise positiv sind.

Für reelle Funktionen einer reellen Variablen wurde in Kap. 4.1 die Stetigkeit an einer Stelle x_0 erklärt: f ist genau dann an x_0 stetig, wenn sowohl der rechts- als auch der linksseitige Grenzwert der Funktion für $x \to x_0$ gleich dem Funktionswert $f(x_0)$ sind, d.h. wenn für jede gegen x_0 konvergierende Folge (x_n) von Argumenten die Folge der zugehörigen Funktionswerte $f(x_n)$ gegen $f(x_0)$ strebt. Diese Formulierung kann wörtlich übernommen werden.

Definition 5.1.5
(a) Eine Funktion $f: D \to R$ mit $D \subseteq R^n$ heißt **stetig an einer Stelle** $x^0 \in D$, wenn für jede Folge (x_n) mit $x_n \in D$ und $x_n \to x^0$ auch $f(x_n) \to f(x^0)$.
Man schreibt dafür: $\lim_{x \to x^0} f(x) = f(x^0)$.

(b) Die Funktion heißt **stetig in D**, wenn sie an jeder Stelle aus D stetig ist.

Eine Funktion $f(x_1, x_2, ..., x_n)$ heißt stetig in der i-ten Variablen, wenn die Funktion $f(x_i) = f(x_1^0, x_2^0, ..., x_{i-1}^0, x_i, x_{i+1}^0, ..., x_n^0)$ stetig ist. Ist eine Funktion von n Variablen stetig, so ist sie auch stetig in jeder einzelnen Variablen x_i, für $i = 1, ..., n$.

Bemerkung: Eine Funktion von n Variablen auf Stetigkeit zu überprüfen ist ein mühsames Unterfangen und daher soll darauf nicht eingegangen werden. Allerdings läßt sich in vielen Fällen die Stetigkeit sofort erkennen: Sind die Funktionen (einer Variablen) $g(x)$ und $h(y)$ stetig, dann sind auch die daraus gebildeten Funktionen in zwei Variablen $f(x, y) = g(x) + h(y)$, $g(x) \cdot h(y)$, sowie deren Differenz und Quotient stetig auf ihrem Definitionsbereich.

Beispiel 5: Da die Exponentialfunktion e^x, die Logarithmusfunktion $\ln(y)$, und Polynomfunktionen stetige Funktionen einer Variablen sind, ist auch die Funktion in drei Variablen mit $f(x, y, z) = e^x + \ln(x^2+y) + z^3$ stetig auf dem ganzen Definitionsbereich $D = \{(x, y, z) \subseteq \mathbf{R}^3 \mid x^2+y > 0\}$. Insbesondere strebt für jede gegen $(0, 1, 2)$ konvergierende Punktfolge (P_n) die Folge der zugehörigen Funktionswerte $f(P_n)$ gegen den Funktionswert $f(0, 1, 2) = 9$.

Nun wird wieder die Funktion $P(x_1, x_2, x_3) = x_1 \cdot p_1 + x_2 \cdot p_2 + x_3 \cdot p_3$ aus Bsp. 1 betrachtet, wobei die x_i Mengeneinheiten der Güter $i = 1, 2, 3$ bezeichnen. Wie ändert sich nun der Funktionswert, wenn alle x_i mit demselben Faktor $\lambda \in \mathbf{R}$ multipliziert werden? Man erkennt sofort, daß $P(\lambda x_1, \lambda x_2, \lambda x_3) = \lambda x_1 \cdot p_1 + \lambda x_2 \cdot p_2 + \lambda x_3 \cdot p_3 = \lambda \cdot P(x_1, x_2, x_3)$, d. h. der Funktionswert ändert sich um den gleichen Multiplikator λ. Diese Eigenschaft nennt man Homogenität, genauer: **Homogenität vom Grad eins**.

Definition 5.1.6
Die Funktion $f: (x_1, x_2, ..., x_n) \mapsto f(x_1, x_2, ..., x_n)$ ist **homogen vom Grad r**, wenn es eine Zahl $r \in \mathbf{R}$ gibt, sodaß für alle $\lambda \in \mathbf{R}$
$$f(\lambda x_1, \lambda x_2, ..., \lambda x_n) = \lambda^r \cdot f(x_1, x_2, ..., x_n)$$
Die Hochzahl r nennt man den **Homogenitätsgrad** der Funktion f.

Die Funktion aus Bsp. 1 ist, wie oben gezeigt, homogen vom Grad 1.
Die Funktion aus Bsp. 5 ist nicht homogen: Setzt man statt der Argumentstelle (x, y, z) deren Vielfaches $(\lambda x, \lambda y, \lambda z)$, so läßt sich aus dem Ausdruck $f(\lambda x, \lambda y, \lambda z) = e^{\lambda x} + \ln((\lambda x)^2+\lambda y) + (\lambda z)^3$ kein λ^k herausheben.

5.1 Eigenschaften von Funktionen von n Variablen

Beispiel 6: $f(x, y) = x/y$ ist homogen vom Grad null, da $f(\lambda x, \lambda y) = \lambda x/\lambda y = 1 \cdot (x/y) = \lambda^0 \cdot f(x, y)$. Der Funktionswert ist nur vom Verhältnis x:y der beiden Komponenten des Argumentes abhängig.

Beispiel 7: Daß der Homogenitätsgrad keine ganze Zahl zu sein braucht, sieht man an der Funktion $f(x_1, x_2, x_3) = \sum_{i=1}^{3} \sqrt[3]{x_i} = \sqrt[3]{x_1} + \sqrt[3]{x_2} + \sqrt[3]{x_3}$.

Diese Funktion ist homogen vom Grad r = 1/3, da $f(\lambda x_1, \lambda x_2, \lambda x_3) =$
$= \sqrt[3]{\lambda \cdot x_1} + \sqrt[3]{\lambda \cdot x_2} + \sqrt[3]{\lambda \cdot x_3} = \sqrt[3]{\lambda} \cdot f(x_1, x_2, x_3)$.

Im Folgenden werden zwei Typen homogener Funktionen genauer untersucht. Ist eine Funktion homogen vom Grad eins und gilt zusätzlich, daß der Funktionswert einer Summe zweier Argumente gleich der Summe der beiden Funktionswerte ist, so nennt man diese Funktion linear.

Definition 5.1.7 Eine Funktion f: $D \subseteq R^n \to R$ heißt **linear**, wenn für alle x, y $\in$ D und alle $\lambda \in R$ gilt: $f(x+y) = f(x) + f(y)$ und $f(\lambda x) = \lambda f(x)$.

Betrachtet man k Punkte $x^1, x^2, \ldots, x^k$ des R^n und seien $\lambda_1, \lambda_2, \ldots, \lambda_k$ beliebige reelle Zahlen, dann ist der Punkt $z = \sum_{j=1}^{k} \lambda_j \cdot x^j$ eine **Linearkombination** (vgl. Kap. 2.2) dieser k Punkte und es gilt:

Folgerung 5.1.8 Sei f eine lineare Funktion. Dann ist für jede Linearkombination $z = \lambda_1 x^1 + \lambda_2 x^2 + \ldots + \lambda_k x^k$ deren Funktionswert

$$f(z) = \sum_{j=1}^{k} \lambda_j \cdot f(x^j).$$

Eine lineare Funktion ist leicht an der einfachen Form ihres Funktionsterms zu erkennen.

Satz 5.1.9
(a) Seien $c_1, c_2, \ldots, c_n$ reelle Zahlen, dann ist die Funktion

$$f(x_1, \ldots, x_n) = c_1 \cdot x_1 + c_2 \cdot x_2 + \ldots + c_n \cdot x_n = \sum_{i=1}^{n} c_i \cdot x_i$$

linear.
(b) Jede lineare Funktion von n Variablen kann in dieser Form als Skalarprodukt eines Zeilenvektors $c^T = (c_1, c_2, \ldots, c_n)$ mit dem Spaltenvektor der n Variablen dargestellt werden. Sie lautet demzufolge: $f(x) = c^T \cdot x$.

Beispiel 8: Gegeben sei die lineare Funktion f(x, y) = 6x + 2y. Der Funktionsgraph ist eine schräg liegende Ebene im Raum und enthält - wie bei jeder linearen Funktion - den Punkt (0, 0, 0). Man bestimmt aus f(x, y) = c die Isoquante zu einem Wert c und erhält dafür I_c = {(x, y) $\subset R^2$ | y = c/2 − 3x}. Die Isoquanten sind parallele Geraden in der Ebene. Einige dieser Isoquanten sind in folgender Abbildung dargestellt.

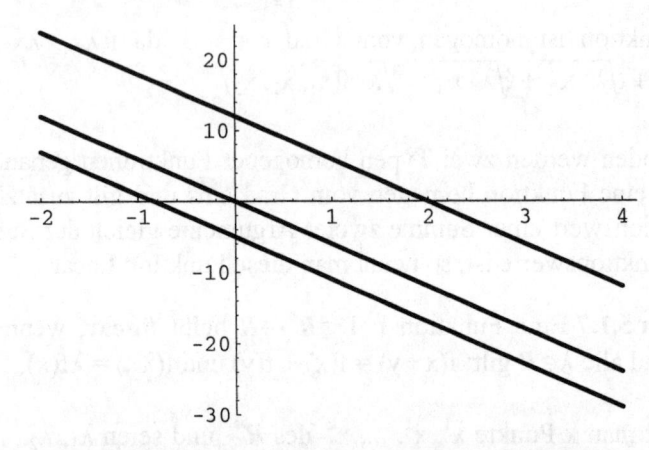

Abbildung 2: Isoquanten einer linearen Funktion

Beispiel 9: Man bestimme die Funktionsgleichung jener linearen Funktion in zwei Variablen, deren Graph die Punkte (1, 1, 3) und (2, 3, 7) enthält. Der Funktionsterm lautet f(x, y) = cx + dy und man hat das lineare Gleichungssystem c + d = 3 und 2c + 3d = 7 nach den Koeffizienten c und d aufzulösen. Die Lösung lautet c = 2 und d = 1. Damit ist f(x, y) = 2x + y.

Jede lineare Funktion ist homogen vom Grad eins, aber nicht jede Funktion, die den Homogenitätsgrad eins besitzt, ist linear.

Beispiel 10: $f(x, y, z) = \sqrt[3]{x \cdot y \cdot z}$ ist keine lineare Funktion, hat aber den Homogenitätsgrad eins, da $f(\lambda x, \lambda y, \lambda z) = \sqrt[3]{\lambda x \cdot \lambda y \cdot \lambda z} = \lambda^1 \cdot f(x, y, z)$.

Als Funktionen vom Homogenitätsgrad 2 werden speziell die Quadratischen Formen betrachtet.

Definition 5.1.10 Es sei C eine symmetrische n×n-Matrix. Dann heißt die auf ganz R^n definierte Funktion mit $f(x) = x^T \cdot C \cdot x$ **Quadratische Form**.

5.1 Eigenschaften von Funktionen von n Variablen

Der Argumentvektor x muß, damit die Matrizenmultiplikationen durchführbar sind, links von C als Zeilenvektor x^T, rechts von C als Spaltenvektor geschrieben werden.

Bezeichnet man die Elemente der Matrix C mit c_{ij}, so ist wegen der Symmetrie von C $c_{ij} = c_{ji}$ und für f(x) ergibt sich, ausführlich geschrieben:

$$f(x) = \sum_{i=1}^{n}\sum_{j=1}^{n} c_{ij} \cdot x_i \cdot x_j = \sum_{i=1}^{n} c_{ii} \cdot x_i^2 + 2 \cdot \sum_{i<j}^{n} c_{ij} \cdot x_i \cdot x_j \ .$$

Beispiel 11: Die Quadratische Form zur Matrix $C = \begin{pmatrix} 4 & 2 \\ 2 & 7 \end{pmatrix}$ ist gegeben durch $f(x) = (x_1, x_2) \begin{pmatrix} 4 & 2 \\ 2 & 7 \end{pmatrix} \begin{pmatrix} x_1 \\ x_2 \end{pmatrix} = 4x_1^2 + 7x_2^2 + 2x_1x_2 + 2x_2x_1$.

Offensichtlich gilt für diese Funktion, daß $f(\lambda x) = \lambda^2 \cdot f(x)$, sie ist homogen vom Grad r = 2.

Umformung ergibt $f(x) = 4x_1^2 + x_2^2 + 6x_2^2 + 4x_1x_2 = (2x_1 + x_2)^2 + 6x_2^2$ und man erkennt daraus, daß die Funktion den Wert Null nur an der Stelle (0, 0) annimmt und für alle anderen Argumente der Funktionswert positiv ist.

Eine quadratische Form mit dieser Eigenschaft nennt man positiv definit. Dieselbe Bezeichnung verwendet man auch für die Matrix C, welche diese Funktion bestimmt.

Definition 5.1.11 Eine quadratische Form $f(x) = x^T \cdot C \cdot x$ bzw. die symmetrische n×n-Matrix C heißt

(a) **positiv definit**, wenn $f(x) > 0$ für alle $x \neq 0$,
(b) **negativ definit**, wenn $f(x) < 0$ für alle $x \neq 0$,
(c) **positiv semidefinit**, wenn $f(x) \geq 0$ für alle x,
(d) **negativ semidefinit**, wenn $f(x) \leq 0$ für alle x.
(e) In allen anderen Fällen heißt f(x) bzw. die Matrix C **indefinit**.

In Bsp. 11 konnte man die Definitheit der Funktion durch Umformung auf eine Summe von Quadraten feststellen. Dieses Verfahren ist nicht immer durchführbar.

Da aber durch die Matrix C die Funktion vollständig bestimmt ist, läßt sich die Definitheit von f(x) schon alleine durch Betrachtung von C überprüfen. Man benötigt dazu bestimmte Unterdeterminanten der Matrix C, die sogenannten **Hauptabschnittsdeterminanten** $D_1, D_2, ..., D_n$. Die Determinante $D_i(C)$ ist dabei die Determinante jener Teilmatrix von C, welche nur aus den ersten i Zeilen und den ersten i Spalten von C besteht.

Die Vorzeichen all dieser Hauptabschnittsdeterminanten geben dann Auskunft über die Definitheitseigenschaften der Matrix C bzw. der Funktion $f(x_1, ..., x_n)$. (Zur Berechnung von Determinanten vgl. Kap. 2.1.)

Die Hauptabschnittsdeterminante D_i ist gegeben durch

$$D_i = \begin{vmatrix} c_{11} & c_{12} & c_{13} & \cdots & c_{1i} \\ c_{21} & c_{22} & c_{23} & \cdots & c_{2i} \\ \cdot & & & & \\ c_{i1} & c_{i2} & c_{i3} & \cdots & c_{ii} \end{vmatrix}.$$

Satz 5.1.12 Für eine Quadratische Form $f(x) = x^T \cdot C \cdot x$ gilt:
(a) $f(x)$ positiv definit $\Leftrightarrow D_i(C) > 0$ für $i = 1, ..., n$,
(b) $f(x)$ negativ definit $\Leftrightarrow$ die D_i haben alternierende Vorzeichen, beginnend mit Minus, d. h. $(-1)^i \cdot D_i > 0$ für $i = 1, ..., n$.

Beispiel 11, Fortsetzung: Für diese Funktion erhält man $D_1 = 4 > 0$ und
$D_2 = \begin{vmatrix} 4 & 2 \\ 2 & 7 \end{vmatrix} = 28-4 = 24 > 0$. Damit ist, da beide Determinanten positiv sind, nochmals gezeigt, daß f positiv definit ist.

Falls eine oder mehrere der Hauptabschnittsdeterminanten gleich Null, aber alle $D_i(C)$ bzw. alle $(-1)^i \cdot D_i(C)$ nichtnegativ sind, kann daraus nicht auf die Semidefinitheit der Funktion geschlossen werden. Diese Eigenschaft ist für die Semidefinitheit nur notwendig, aber nicht hinreichend.

Satz 5.1.13 Für eine Quadratische Form $f(x) = x^T \cdot C \cdot x$ gilt:
(a) $f(x)$ positiv semidefinit $\Rightarrow D_i \geq 0$ für $i = 1, ..., n$,
(b) $f(x)$ negativ semidefinit $\Rightarrow (-1)^i \cdot D_i \geq 0$ für $i = 1, ..., n$.

Beispiel 12: Zur Quadratischen Form $f(x) = x^T \cdot \begin{pmatrix} +4 & -2 \\ -2 & +1 \end{pmatrix} \cdot x$ errechnet man $D_1 = 4 > 0$ und $D_2 = 0$. Daraus folgt, daß die Funktion nicht positiv definit ist. Weiters kann man vermuten, daß sie positiv semidefinit ist. Dies folgt tatsächlich aus der Umformung auf $f(x) = (2x_1-x_2)^2$. Die Funktion nimmt den Wert Null an der Stelle $(0, 0)$ und entlang der Geraden g: $x_2 = 2x_1$ an.

Bei einer semidefiniten quadratischen Form besteht die Isoquante zum Wert $c = 0$ nicht nur aus dem Nullpunkt.

5.2 Partielle Ableitungen und Lokale Extremstellen

Um das Änderungsverhalten einer Funktion f(x) von einer Variablen zu beschreiben, wurde in Kap. 4.3 der Begriff der Ableitung f'(x) eingeführt. Der Wert dieser Ableitung an einer Stelle x_0 gibt die Steigung des Graphen der Funktion an eben dieser Stelle an. Wenn das Argument, ausgehend von der Stelle x_0, um eine Einheit erhöht wird, wenn man sich also in die positive x-Richtung von der Stelle x_0 wegbewegt, so ändert sich die lineare Approximation von f um $f'(x_0)$, die Funktion f selbst ändert sich näherungsweise um diesen Wert.

Wie ist das nun bei mehreren, z.B. zwei Variablen, zu präzisieren? Der Graph einer Funktion von zwei Variablen ist eine Fläche im Raum. Der Anstieg einer Fläche an einer Stelle x_0 hängt von der Richtung ab, in die man sich von dieser Stelle x_0 wegbewegt. Wird eine Funktion von zwei Variablen durch ihre Isoquanten zu verschiedenen Werten, etwa c=1, c=2, ... dargestellt, sowie eine Richtung in der (x_1, x_2) - Ebene durch einen Pfeil mit dem Anfangspunkt (x_1, x_2) und der Länge eins vorgegeben, so wird die Steigung der Funktion in diese Richtung daraus erkennbar, wieviele der Isoquanten von diesem Pfeil geschnitten werden: je näher die Isoquanten einander sind, desto steiler verläuft die Funktionsfläche. Verläuft ein Richtungspfeil tangential zu einer Isoquante, so ist die Steigung in diese Richtung gleich null. Verläuft ein Richtungspfeil normal auf die Isoquanten, so bedeutet das eine starke Änderung der Funktionswerte „in dieser Richtung". Die folgende Abbildung zeigt Isoquanten zu einer Funktion von zwei Variablen sowie Pfeile in die Richtungen (1, 0), (0, 1), und $(1/\sqrt{2}, 1/\sqrt{2})$, ausgehend von verschiedenen Punkten der Ebene.

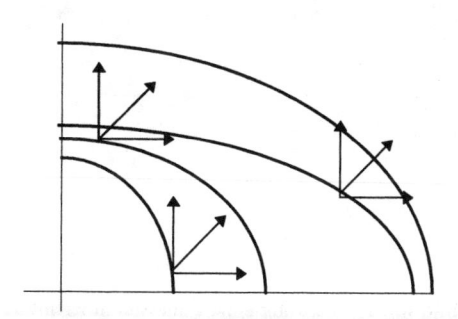

Abbildung 1: Isoquanten und Richtungen in der (x_1, x_2) - Ebene

Man erkennt: Der Begriff der Ableitung einer Funktion von zwei oder mehreren Variablen ist genauer zu formulieren als Ableitung der Funktion in eine bestimmte Richtung, kurz gesagt als **Richtungsableitung.**

Es ergeben sich zwei Fragen, die vorerst für eine Funktion von nur zwei Variablen formuliert werden.

Erstens: Wie groß ist die Steigung der Funktion in eine vorgegebene Richtung, insbesondere wie ändert sich der Funktionswert, wenn nur eine Variable um eine Einheit erhöht wird und die andere unverändert bleibt?

Zweitens: In welche Richtung soll man sich, ausgehend von einer Argumentstelle, etwa dem Punkt (x_1^0, x_2^0), wegbewegen, um einen maximalen Zuwachs des Funktionswertes zu erzielen? In welchem Verhältnis sind dazu die beiden Variablen zu verändern?

Vorerst werde die Funktionsänderung nur in Richtung der zweiten Variablen x_2 betrachtet. Die Variable x_1 behalte einen festen Wert, etwa $x_1 = c$, bei. Man betrachtet dazu den Funktionsgraphen nur über jenen Punkten, die genau auf der zur x_2-Achse parallelen Geraden mit fester erster Komponente $x_1 = c$ liegen. Zu diesen Argumentpunkten $(c, x_2) \in \mathbb{R}^2$ gehören die Funktionswerte $f(c, x_2)$, also liegt nur mehr eine Funktion einer Variablen vor. Deren Graph erscheint als Schnittkurve des Funktionsgraphen der ursprünglichen Funktion $f(x_1, x_2)$ mit jener auf die x_1, x_2 - Ebene normalen Ebene, welche die in der (x_1, x_2) - Ebene liegende Gerade $x_1 = c$ enthält. Diese Kurve hat (wenn sie ausreichend glatt ist) in jedem auf ihr gelegenen Punkt eine eindeutig bestimmbaren Steigung.

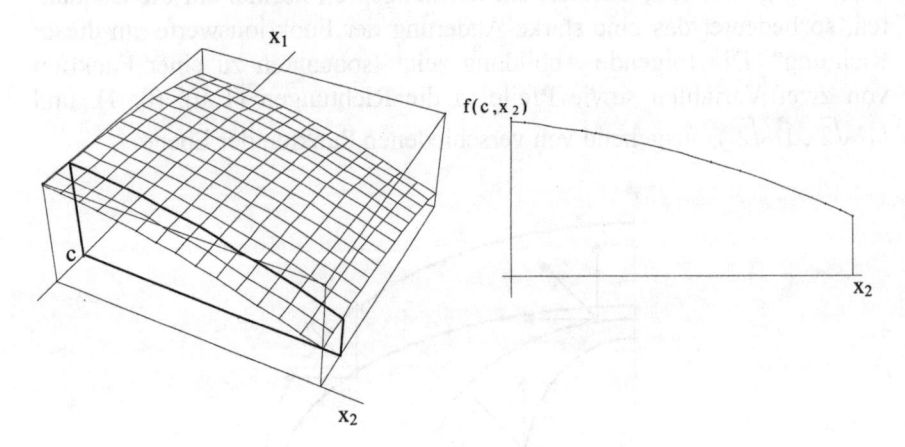

Abbildung 2: Ableitung einer Funktion in Richtung x_2

Nach der verbleibenden Variablen x_2 wird nun nach den schon bekannten Regeln differenziert.

5.2 Partielle Ableitungen und Lokale Extremstellen

Beispiel 1: Man betrachte die Funktion $f(x_1, x_2) = x_1^2 \cdot x_2^2 + 2x_2 + 3$. Wird x_1 festgehalten, etwa gleich c gesetzt, so erhält man die Funktion $f(c, x_2) = c^2 \cdot x_2^2 + 2x_2 + 3$. Diese ist nur mehr von x_2 abhängig und kann nach x_2 differenziert werden. Man erhält $f'(c, x_2) = 2 \cdot c^2 \cdot x_2 + 2$ als erste Ableitung. Diese Ableitung kann für jedes c- also jedes beliebige x_1- errechnet werden und die Ableitung von f (nach x_2) lautet $2 \cdot x_1^2 \cdot x_2 + 2$.
Analog kann verfahren werden, wenn nach x_1 differenziert werden soll.

Unter Verlust der geometrischen Anschaulichkeit läßt sich dieses Ableiten nach einer Variablen auch für Funktionen von mehr als zwei Veränderlichen erklären.

Definition 5.2.1 Wenn eine Funktion $f(x_1, ..., x_n)$ von n Veränderlichen unter Festhalten aller übrigen Variablen nach x_i abgeleitet werden kann, nennt man diese Ableitung **(erste) partielle Ableitung von f nach x_i** und schreibt dafür $\dfrac{\partial f}{\partial x_i}$ oder kurz f_{x_i}, gelesen „**df nach dx$_i$**" oder „**f nach x$_i$**".
Die Funktion f heißt dann **nach x_i partiell differenzierbar**.

Für die Berechnung von partiellen Ableitungen braucht man keine weiteren Rechenregeln, man behandelt einfach all jene Variablen, nach denen gerade nicht differenziert werden soll, wie Konstanten.

Bemerkung:

(a) Jede partielle Ableitung $\dfrac{\partial f}{\partial x_i}$ ist wieder eine Funktion von n Variablen.

(b) Sind alle partiellen Ableitungen von f stetige Funktionen, so nennt man die Funktion f **stetig partiell differenzierbar**.

(c) Es kann n erste partielle Ableitungen einer Funktion von n Variablen geben.

(d) Der Wert der Ableitung nach x_i an einer Stelle $x^0 = \left(x_1^0, \cdots, x_n^0\right)$ gibt die näherungsweise Änderung der Funktion an dieser Stelle in Richtung des i-ten Einheitsvektors e_i an.

Beispiel 1, Fortsetzung: Für die Funktion $f(x_1, x_2) = x_1^2 \cdot x_2^2 + 2x_2 + 3$ ergibt sich demgemäß $\dfrac{\partial f}{\partial x_1} = 2 \cdot x_1 \cdot x_2^2$. An der Stelle $\left(x_1^0, x_2^0\right) = (4, 5)$ ergeben sich die Zahlenwerte $f_{x_1}(4, 5) = 200$ und $f_{x_2}(4, 5) = 162$.

Diese beiden Zahlen geben an, um wieviele Einheiten sich der Funktionswert näherungsweise verändert, wenn - ausgehend von der Stelle (4, 5) - entweder x_1 oder x_2 um eine Einheit erhöht wird.

Auch partielle Ableitungen von Funktionen von mehr als zwei Variablen sind mit Hilfe schon bekannter Ableitungsregeln bestimmbar.

Beispiel 2: Für die Funktion mit $f(x) = e^{x_1} + x_3 \cdot \ln(x_2) + 3x_1^2 \cdot x_2$ errechnet man die folgenden drei partiellen Ableitungen nach den drei Variablen:

$$\frac{\partial f}{\partial x_1} = e^{x_1} + 6x_1 \cdot x_2, \quad \frac{\partial f}{\partial x_2} = \frac{x_3}{x_2} + 3x_1^2 \quad \text{und} \quad \frac{\partial f}{\partial x_3} = \ln(x_2).$$

Den Funktionswert und die Werte dieser partiellen Ableitungen an der Stelle $x^0 = (1, 1, 0)$ erhält man durch Einsetzen: $f(1, 1, 0) = e + 3 = 5.718.. \approx 5.72$.

$f_{x_1}(x^0) = e + 6 = 8.718... \approx 8.72$, $f_{x_2}(x^0) = 3$ und $f_{x_3}(x^0) = 0$.

Die letzten drei Zahlen geben wieder näherungsweise die Änderungen des Funktionswertes an, wenn, ausgehend vom Argument (1, 1, 0), genau eine der Variablen x_1, x_2 oder x_3 um eine Einheit erhöht wird.

Die erste der beiden anfangs gestellten Fragen ist somit schon teilweise beantwortet. Die Richtungsableitungen einer Funktion von n Variablen an einer Stelle $x_0 = \left(x_1^0, \cdots, x_n^0\right)$ in Richtung der n Einheitsvektoren e_i sind gerade die Werte der partiellen Ableitungen an dieser Stelle.
Mit Hilfe dieser Werte kann aber auch die zweite Frage beantwortet werden. Wieder soll vorerst eine Funktion von nur zwei Variablen betrachtet werden.

Beispiel 1, Fortsetzung: Die oben berechneten Werte der Ableitungen der Funktion an der Stelle (4, 5) sind folgend zu interpretieren: Erhöht man nur die erste Komponente um eine Einheit, d. h. bewegt man sich auf die Stelle (5, 5) zu, so nimmt der Funktionswert um etwa 200 zu. (Offensichtlich wird er etwa um 200 abnehmen, wenn man sich in die entgegengesetzte Richtung zur Stelle (3, 5) bewegt.) Erhöht man hingegen nur die zweite

5.2 Partielle Ableitungen und Lokale Extremstellen

Komponente um eine Einheit, so nimmt der Funktionswert um etwa 162 zu.
Die stärkste Zunahme des Funktionswertes wird dann erreicht, wenn die beiden Komponenten des Argumentes genau im Verhältnis 200 zu 162 erhöht werden. Diese beiden Zahlen bekommen damit eine inhaltliche Bedeutung. Zusammengefaßt zum Vektor (200, 162) beschreiben sie eine Richtung im R^2 und können als Pfeil in dieser Ebene dargestellt werden: „200 nach vorne und 162 nach rechts". Dies ist die Richtung der stärksten Zunahme der Funktion an der Stelle (4, 5).

Für Funktionen von mehr als zwei Variablen lassen sich, wiederum unter Verlust der geometrischen Anschaulichkeit, dieselben Überlegungen durchführen. Auch ein Vektor im R^n kann als Richtung interpretiert werden, wobei diese Richtung wiederum das Verhältnis beschreibt, in welchem die n Komponenten des Argumentes erhöht werden müssen, um maximalen Funktionswertzuwachs zu erzielen.

Definition 5.2.2 Der Zeilenvektor der (ersten) partiellen Ableitungen von f heißt **Gradient von f**, man schreibt

$$\text{grad}(f) = \left(\frac{\partial f}{\partial x_1}, \frac{\partial f}{\partial x_2}, \cdots, \frac{\partial f}{\partial x_n} \right).$$

Damit ist der Gradient ein Vektor, dessen Komponenten Funktionen von n Variablen sind.
Der **Gradient von f an einer Stelle x^0**, geschrieben

$$\text{grad}(f)\left(x^0\right) = \left(\frac{\partial f}{\partial x_1}(x^0), \frac{\partial f}{\partial x_2}(x^0), \cdots, \frac{\partial f}{\partial x_n}(x^0) \right).$$

ist dann ein n-dimensionaler Vektor, dessen Komponenten Zahlen sind.

Dieser Vektor grad(f)(x^0) gibt die Richtung der größten Steigung der Funktion an der Stelle x^0 an.

Beispiel 2, Fortsetzung: Werden die partiellen Ableitungen zu einem Vektor zusammengefaßt, so erhält man für die Funktion aus Bsp. 2

$$\text{grad}(f) = \left(e^{x_1} + 6 \cdot x_1 \cdot x_2, \frac{x_3}{x_2} + 3 \cdot x_1^2, \ln(x_2) \right).$$

An der Stelle (1, 1, 0) ergibt sich die Richtung des steilsten Funktionsanstieges als grad(f)(1, 1, 0) = (8.72, 3, 0).
Soll der Funktionswert, ausgehend von der Stelle (1, 1, 0), maximal erhöht werden, so sind die Komponenten x_1 und x_2 im Verhältnis 8.72 zu 3 zu erhöhen, die dritte Komponente ist nicht zu verändern.

Unter Verwendung des Gradienten (d. h. aller partiellen Ableitungen) einer Funktion kann auch der noch verbleibende zweite Teil der anfangs gestellten ersten Frage beantwortet werden: Wie groß ist die Steigung einer Funktion in eine beliebige Richtung? Wieder kann anhand einer Funktion $f(x_1, x_2)$ von nur zwei Variablen der Sachverhalt geometrisch dargestellt werden. Der Graph einer derartigen Funktion ist eine Fläche im Raum. Ist diese Fläche „hinreichend glatt", so kann an sie in jedem ihrer Punkte $(x_1, x_2, f(x_1, x_2))$ eine berührende Ebene gelegt werden. An der Stelle (x_1^0, x_2^0) sind die Steigungen dieser Tangentialebene in die beiden Achsenrichtungen genau die Werte der partiellen Ableitungen von f nach x_1 und x_2 im Punkt (x_1^0, x_2^0). Andrerseits liegt durch die beiden Steigungen in die Achsenrichtungen (d. h. durch grad(f) (x_1^0, x_2^0)) die Tangentialebene und damit auch deren Steigung in jede beliebige Richtung - also jede Richtungsableitung - fest.

Für die Steigungen der Tangentialebene in Richtung der beiden Einheitsvektoren $e_1 = (1, 0)^T$ und $e_2 = (0, 1)^T$ gilt nach den Regeln der Vektormultiplikation (vgl. Kap. 2.1) offensichtlich:

$$\frac{\partial f}{\partial x_1}(x_1^0, x_2^0) = \left(\frac{\partial f}{\partial x_1}(x_1^0, x_2^0), \frac{\partial f}{\partial x_2}(x_1^0, x_2^0)\right) \cdot \binom{1}{0} = \text{grad}(f)(x_1^0, x_2^0) \cdot \binom{1}{0}$$

beziehungsweise $\frac{\partial f}{\partial x_2}(x_1^0, x_2^0) = \text{grad}(f)(x_1^0, x_2^0) \cdot \binom{0}{1}$.

In Worten: Das Skalarprodukt des Gradienten von f an der Stelle x^0 mit einem Einheitsvektor ergibt näherungsweise die Änderung der Funktion in Richtung dieses Einheitsvektors.

Diese Beziehung läßt sich verallgemeinern auf Änderungen der Funktion nicht nur in Richtung der Einheitsvektoren e_i, sondern in jede beliebige Richtung.

Sei eine Richtung in der Ebene gegeben durch einen Vektor $z = (z_1, z_2)^T$ mit der Länge eins, d. h. $|z| = 1$. Dann ist die Steigung der Tangentialebene an einer Stelle (x_1^0, x_2^0) in Richtung des Vektors $z = \binom{z_1}{z_2}$, also die gesuchte Richtungsableitung der Funktion f in Richtung dieses Vektors, zu berechnen als $\text{grad}(f)(x_1^0, x_2^0) \cdot \binom{z_1}{z_2}$. Man schreibt dafür $\frac{\partial f}{\partial z}(x^0)$.

5.2 Partielle Ableitungen und Lokale Extremstellen

Beispiel 1, Fortsetzung: Man berechne die Richtungsableitung der Funktion $f(x_1, x_2) = x_1^2 \cdot x_2^2 + 2x_2 + 3$ an der Stelle $\left(x_1^0, x_2^0\right) = (4, 5)$ in Richtung des Vektors $z = (1/\sqrt{2}, 1/\sqrt{2})^T$. Dieser Vektor ist normiert, d. h. er hat die Länge eins. Die Richtungsableitung erhält man als Skalarprodukt

$$\frac{\partial f}{\partial \vec{z}}(x^0) = \text{grad}(f)(x_1^0, x_2^0) \cdot \begin{pmatrix} z_1 \\ z_2 \end{pmatrix} = (200, 162) \cdot \begin{pmatrix} 1/\sqrt{2} \\ 1/\sqrt{2} \end{pmatrix} = 362/\sqrt{2} \approx 256.$$

Diese Methode zur Berechnung einer Richtungsableitung gilt, Differenzierbarkeit vorausgesetzt, auch für Funktionen von n Variablen.

Satz 5.2.3 Die Funktion $f(x_1, ..., x_n)$ sei nach allen Variablen stetig partiell differenzierbar. z sei ein Vektor des R^n mit $|z| = 1$. Dann berechnet man die Richtungsableitung von f an einer Stelle $x^0 = \left(x_1^0, \cdots, x_n^0\right)$ in Richtung dieses Vektors z als $\dfrac{\partial f}{\partial \vec{z}}(x^0) = \text{grad}(f)(x^0) \cdot \begin{pmatrix} z_1 \\ \vdots \\ z_n \end{pmatrix}.$

Folgerung 5.2.4 Ist zur Bestimmung einer Richtungsableitung der Vektor z nicht in normierter Form gegeben, d. h. ist $|z| \neq 1$, so ist der gemäß Satz 5.2.3 erhaltene Wert noch durch den Betrag des Vektors z zu dividieren:

$$\frac{\partial f}{\partial \vec{z}}(x^0) = \frac{1}{|z|} \cdot \text{grad}(f)(x^0) \cdot \begin{pmatrix} z_1 \\ \vdots \\ z_n \end{pmatrix}.$$

Damit ist auch die erste der oben gestellten Fragen vollständig beantwortet.

Im Fall n = 2 läßt sich eine Richtungsableitung auch geometrisch darstellen, indem man eine zur (x_1, x_2)- Ebene normale Schnittebene durch das Funktionsgebirge legt, und zwar genau über der durch x^0 und den vorgegebenen Richtungsvektor z bestimmten Geraden. Man erhält als Schnittkurve den Graphen einer Funktion g von nur einer Veränderlichen λ, welche die Entfernung vom Punkt x^0 angibt: $g(\lambda) = f(x^0 + \lambda \cdot z)$.
Wird diese Funktion g nach λ differenziert, so erhält man damit den Wert der gesuchten Richtungsableitung als Steigung der Schnittkurve im Punkt $(x^0, f(x^0))$. Damit ist $\dfrac{\partial f}{\partial \vec{z}}(x^0) = \dfrac{d}{d\lambda}\left(f(x^0 + \lambda \cdot z)\right) = \dfrac{\partial g}{\partial \lambda}(x^0).$
Dieser Sachverhalt ist in Abb. 3 dargestellt.

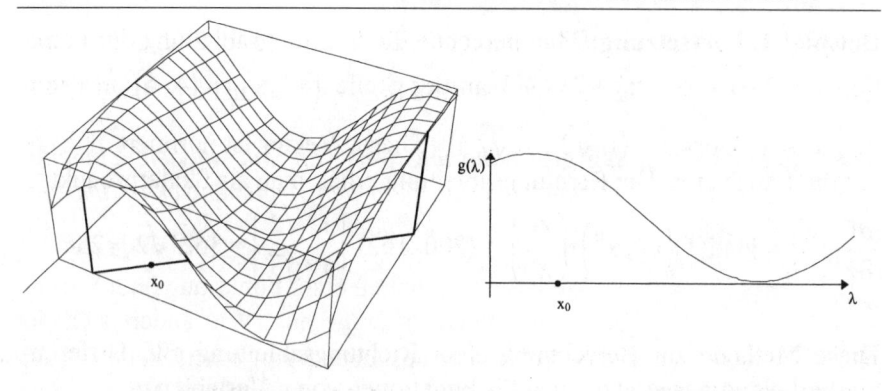

Abbildung 3: Richtungsableitung einer Funktion von zwei Variablen

Setzt man für die Richtung z genau den Gradienten von f an einer Stelle x^0 ein, so ergibt sich

Folgerung 5.2.5 Die größte Steigung einer Funktion an einer Stelle x^0, also jene in Richtung $z = \text{grad}(f)(x^0)$, ist gegeben durch den Betrag des Gradienten an dieser Stelle, $\dfrac{\partial f}{\partial \vec{z}}(x^0) = |\text{grad}(f)(x^0)|$.

Beispiel 1, Fortsetzung: $\text{grad}(f)(x^0) = (200, 162)$. Damit hat die Ableitung in diese Richtung den Wert $|(200, 162)| = \sqrt{200^2 + 162^2} \approx 257.4$. Diese Zahl ist etwa die maximal erreichbare Zunahme des Funktionswertes, wenn man sich von der Stelle $x^0 = (4, 5)$ um eine Einheit wegbewegt.

Beispiel 3: Sei $f(x_1, x_2, x_3) = x_1^2 + 6 \cdot x_1 \cdot x_2 + \ln(x_3) + x_1 \cdot x_3^2$ und es soll das Änderungsverhalten von f an der Stelle (3, 2, 1) betrachtet werden. Man berechnet grad (f) $= \left(2 \cdot x_1 + 6 \cdot x_2 + x_3^2,\ 6 \cdot x_1,\ 1/x_3 + 2 \cdot x_1 \cdot x_3\right)$ und durch Einsetzen grad (f)(3, 2, 1) = (19, 18, 7). Eine Erhöhung der Komponenten x_1, x_2 und x_3 im Verhältnis 19 zu 18 zu 7 führt zur maximalen Erhöhung des Funktionswertes, $|(19, 18, 7)| = \sqrt{19^2 + 18^2 + 7^2} \approx 27$. Um die Steigung der Funktion in eine andere Richtung, etwa $z = (-1, -1, 3)$ zu ermitteln, berechnet man vorerst $|z| = \sqrt{1+1+9} = \sqrt{11}$ und dann die Richtungsableitung $\dfrac{\partial f}{\partial \vec{z}} = \dfrac{1}{\sqrt{11}} \cdot (19, 18, 7) \cdot \begin{pmatrix} -1 \\ -1 \\ +3 \end{pmatrix} \approx -4.8$.

5.2 Partielle Ableitungen und Lokale Extremstellen

Ändert man den Argumentpunkt (3, 2, 1) auf (3–d, 2–d, 1+3d), mit $\sqrt{d^2 + d^2 + (3d)^2} = 1$, so sinkt der Funktionswert um näherungsweise 4.8.

Eine Richtungsableitung gibt näherungsweise an, um wieviele Einheiten der Funktionswert sich ändert, wenn man den Argumentvektor um eine Einheit in die vorgegebene Richtung verändert.

Ein anderer Zugang, das Änderungsverhalten einer Funktion von n Variablen zu beschreiben, geht von folgender Frage aus: Wie ändert sich der Funktionswert, wenn das Argument, ausgehend von einer Stelle $x^0 \in R^n$, um komponentenweise vorgegebene Unterschiede variiert? Wie reagiert die Funktion auf kleine Änderungen der Argumentstelle?
Es ist klar, daß dabei die partiellen Ableitungen der Funktion an der Stelle x^0, die ja Steigungen darstellen, eine Rolle spielen werden.
Vorerst soll nur eine Variable, etwa x_i, um den Wert Δx_i erhöht werden. Die Änderung des Funktionswertes Δf beträgt exakt

$$\Delta f = f\left(x_1^0, \cdots, x_{i-1}^0, x_i^0 + \Delta x_i, x_{i+1}^0, \cdots, x_n^0\right) - f\left(x_1^0, \cdots, x_n^0\right)$$

und ist (vgl. Abb.4) näherungsweise gegeben durch

$$\Delta f = \frac{\partial f}{\partial x_i}\left(x^0\right) \cdot \Delta x_i.$$

Je kleiner nun $|\Delta x_i|$ ist, desto besser wird diese Näherung sein. Setzt man nun dx_i statt Δx_i, dann nennt man den Ausdruck $\frac{\partial f}{\partial x_i}\left(x^0\right) \cdot dx_i$ das **partielle Differential** von f bezüglich x_i an der Stelle x^0.

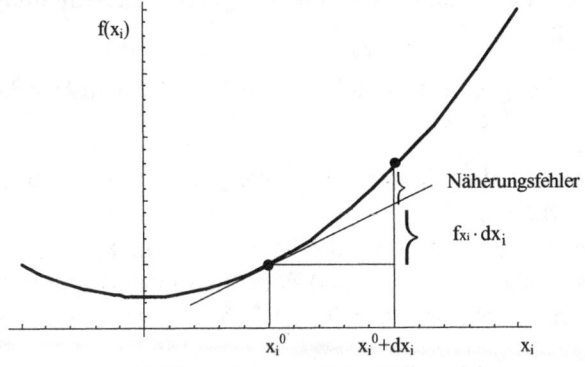

Abbildung 4: Das partielle Differential.

Ändert sich nun nicht nur eine Variable, sondern jedes x_j jeweils um dx_j, dann kann die Funktionswertänderung Δf näherungsweise berechnet werden als Summe aller partiellen Differentiale

$$\Delta f \approx \frac{\partial f}{\partial x_1}(x^0) \cdot dx_1 + \frac{\partial f}{\partial x_2}(x^0) \cdot dx_2 + \cdots + \frac{\partial f}{\partial x_n}(x^0) \cdot dx_n.$$

Das gilt nicht nur an einer Stelle x^0, sondern für eine beliebige Argumentstelle x. Unabhängig von der geometrischen Deutung nennt man die rechte Seite der obigen Gleichung totales Differential.

Definition 5.2.6 Sei $f(x_1, \ldots, x_n)$ eine Funktion mit stetigen ersten partiellen Ableitungen $\frac{\partial f}{\partial x_1}, \ldots, \frac{\partial f}{\partial x_n}$. Dann heißt die Funktion

$$df = \sum_{j=1}^{n} \frac{\partial f}{\partial x_j}(x) \cdot dx_j = \frac{\partial f}{\partial x_1}(x) \cdot dx_1 + \ldots + \frac{\partial f}{\partial x_n}(x) \cdot dx_n$$

das **totale Differential von f**.

Bemerkung: Das totale Differential stellt eine Funktion der 2n Variablen $x_1, \ldots, x_n$ und $dx_1, \ldots, dx_n$ dar. Wie man leicht sieht, ist df bei festem Wert von x linear bezüglich der Zuwächse $dx_1, \ldots, dx_n$.

Das totale Differential von f an einer Stelle x^0 zu vorgegebenen (kleinen) Änderungen dx_i der Komponenten von x^0 gibt näherungsweise an, um wieviel der Funktionswert sich ändert, wenn man die Argumentstelle x^0 genau um den Vektor der dx_i verändert.

Beispiel 4: Das totale Differential der Funktion $f(x_1, x_2) = x_1^2 \cdot x_2^2 + 2x_2 + 3$ an der Stelle (4, 5) mit $dx_1 = 0.3$ und $dx_2 = -0.2$ errechnet man unter Verwendung der oben berechneten Ableitungen gemäß
df(4, 5, 0.3, – 0.2) =
$$= \frac{\partial f}{\partial x_1}(4, 5) \cdot 0.3 + \frac{\partial f}{\partial x_2}(4, 5) \cdot (-0.2) = 200 \cdot 0.3 + 162 \cdot (-0.2) = 27.6.$$

Mit Hilfe des totalen Differentials kann man eine Erweiterung der Kettenregel herleiten.
Sind bei einer Funktion $f(x_1, x_2)$ die beiden Variablen x_1, x_2 selbst wieder Funktionen $x_1 = x_1(t)$ und $x_2 = x_2(t)$ derselben unabhängigen Variablen t, so ergibt sich die Funktion $h(t) = f(x_1(t), x_2(t))$. Deren Ableitung

5.2 Partielle Ableitungen und Lokale Extremstellen

$h'(t) = \dfrac{dh}{dt} = \dfrac{df(x_1(t), x_2(t))}{dt}$ läßt sich unter Verwendung des totalen Differentials $df(x_1(t), x_2(t)) = \dfrac{\partial f}{\partial x_1} \cdot dx_1(t) + \dfrac{\partial f}{\partial x_2} \cdot dx_2(t)$ schreiben als

$$\dfrac{dh}{dt} = \dfrac{\partial f}{\partial x_1} \cdot \dfrac{dx_1(t)}{dt} + \dfrac{\partial f}{\partial x_2} \cdot \dfrac{dx_2(t)}{dt}.$$

Allgemein ergibt sich auch für eine derartige Funktion von mehreren Variablen die im folgenden Satz formulierte Ableitungsregel.

Satz 5.2.7 Sei $f(x_1, ..., x_n)$ eine Funktion mit stetigen partiellen Ableitungen $\dfrac{\partial f}{\partial x_1}, ..., \dfrac{\partial f}{\partial x_n}$. Sind dann die Funktionen $x_1(t), ..., x_n(t)$ differenzierbar nach t und existiert die Funktion $h(t) = f(x_1(t), ..., x_n(t))$, so gilt für die Ableitung dieser Funktion

$$h'(t) = \dfrac{dh}{dt} = \dfrac{\partial f}{\partial x_1} \cdot \dfrac{dx_1(t)}{dt} + ... + \dfrac{\partial f}{\partial x_n} \cdot \dfrac{dx_n}{dt} = \sum_{i=1}^{n} \dfrac{\partial f}{\partial x_i} \cdot \dfrac{dx_i}{dt}.$$

Wie bei Funktionen einer Variablen erklärt man auch für solche von n Variablen den Begriff der höheren Ableitungen. Jede erste partielle Ableitung von f ist wieder eine Funktion von n Variablen, kann also eventuell wieder partiell differenziert werden, und man kann dann höhere Ableitungen bilden.

Definition 5.2.8 Die Funktion $f(x_1, ..., x_n)$ sei nach allen Variablen partiell differenzierbar.

(a) Ist nun auch die partielle Ableitung $\dfrac{\partial f}{\partial x_i} = f_{x_i}$ nach der Variablen x_j differenzierbar, so nennt man die Funktion $\dfrac{\partial f_{x_i}}{\partial x_j}$ **zweite (gemischte) partielle Ableitung von f**.

Man schreibt $\dfrac{\partial^2 f}{\partial x_i \partial x_j}$ oder kürzer $f_{x_i x_j}$, gelesen „f nach x_i nach x_j".

Für i = j schreibt man $\dfrac{\partial^2 f}{\partial x_i^2}$.

Man sagt, f ist **zweimal partiell differenzierbar**. Sind alle zweiten Ableitungen stetige Funktionen, so nennt man die Funktion **zweimal stetig partiell differenzierbar**.

(b) Die quadratische Matrix aller zweiten partiellen Ableitungen

$$H = \begin{pmatrix} f_{x_1 x_1} & f_{x_1 x_2} & \cdots & f_{x_1 x_n} \\ f_{x_2 x_1} & f_{x_2 x_2} & \cdots & f_{x_2 x_n} \\ \vdots & \vdots & & \vdots \\ f_{x_n x_1} & f_{x_n x_2} & \cdots & f_{x_n x_n} \end{pmatrix} = \left(f_{x_i x_j} \right)$$

heißt **Hessesche Matrix der Funktion f**.

Bemerkung: Die Matrix H enthält als Elemente n^2 Funktionen. Ist f zweimal stetig partiell differenzierbar, so ist die Reihenfolge der Differentiation gleichgültig, also $f_{x_i x_j} = f_{x_j x_i}$ und damit ist H symmetrisch.

Betrachtet man die Hessesche Matrix an einer Stelle x^0, so enthält diese als Elemente n^2 reelle Zahlen.

Ist f(x) eine Funktion nur einer Variablen, also n = 1, dann ist die Hessesche Matrix einfach die zweite Ableitung $f''(x)$. Durch diese wird das Krümmungsverhalten der Funktion beschrieben. Der Wert von $f''(x)$ an einer Stelle x^0 gibt Auskunft darüber, ob der Funktionsgraph dort positiv oder negativ gekrümmt ist. Dasselbe leistet die Hessesche Matrix bei Funktionen von mehreren Variablen.

Anhand dreier Beispiele von Funktionen einer Veränderlichen soll nun der Begriff einer konvexen oder einer konkaven Funktion erläutert werden.

Beispiel 5a: Sei $f(x) = x^2$. Die ersten beiden Ableitungen dieser Funktion sind $f'(x) = 2x$ und $f''(x) = 2$. Die zugehörige Kurve ist über ganz ***R*** positiv gekrümmt, da $f''(x) > 0$. Die oberhalb des Funktionsgraphen liegende Teilmenge des ***R²*** ist eine konvexe Menge (vgl. dazu Kap. 1.2). Man nennt die Funktion konvex.

Beispiel 5b: Sei $f(x) = -x^2$. Die ersten beiden Ableitungen dieser Funktion sind $f'(x) = -2x$ und $f''(x) = -2$. Die zugehörige Kurve ist über ganz ***R*** negativ gekrümmt, da $f''(x) < 0$. Die unterhalb des Funktionsgraphen liegende Teilmenge des ***R²*** ist eine konvexe Menge. Man nennt f konkav. Die beiden schraffierten Mengen sind konvexe Teilmengen der Ebene.

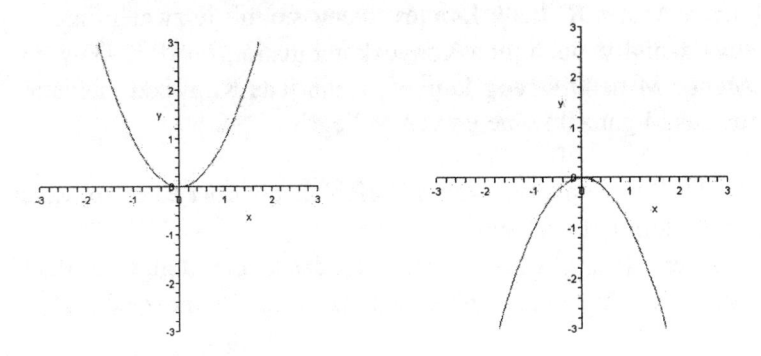

5.2 Partielle Ableitungen und Lokale Extremstellen

Abbildung 5: Graphen der Funktionen $f(x) = x^2$ und $f(x) = -x^2$

Beispiel 5c: Sei $f(x) = x^3$. Die ersten beiden Ableitungen dieser Funktion sind $f'(x) = 3x^2$ und $f''(x) = 6x$. Für x<0 ist $f''(x)$ negativ und der Funktionsgraph von f(x) negativ gekrümmt. Dort ist die unterhalb des Funktionsgraphen liegende Teilmenge des R^2 eine konvexe Menge. Man sagt, f ist konkav über R_-. Für positive Argumentwerte ist $f''(x) > 0$, d. h. für diese ist die Kurve positiv gekrümmt und dort ist die oberhalb des Funktionsgraphen liegende Teilmenge des R^2 eine konvexe Menge. Die Funktion f ist konvex über R_+. Insgesamt ist also die Funktion f weder konvex noch konkav über ganz R, wohl aber über Teilmengen des Definitionsbereiches.

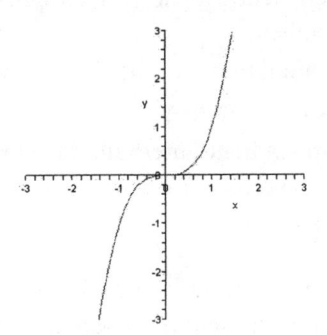

Abbildung 6: Graph der Funktion $f(x) = x^3$

Im Folgenden soll der in Kap.1.2 definierte Begriff der Konvexität einer Menge nochmals erklärt und verschärft werden.

Seien x und y $\in R^n$. Dann ist auch jeder Punkt s = $\lambda \cdot x + (1-\lambda) \cdot y$ mit beliebigem $\lambda \in \langle 0, 1 \rangle$ ein Punkt des R^n. All diese Punkte s liegen auf der Verbindungsstrecke von x und y und heißen **Konvexkombination** von x und y.

Eine Teilmenge M des R^n heißt **konvex**, wenn sie mit je zweien ihrer Elemente, etwa x und y, auch jede Konvexkombination $\lambda \cdot x + (1-\lambda) \cdot y$ enthält. Die Menge M heißt **streng konvex**, wenn jede Konvexkombination von Punkten aus M ganz im Inneren von M liegt.

Definition 5.2.9 Eine Funktion f von n Variablen, die über einer konvexen Menge $M \subseteq R^n$ definiert ist, heißt
(a) **konvex**, wenn $\{(x, y)| x \in M$ und $y \geq f(x)\}$, das ist die Menge der Punkte oberhalb des Funktionsgraphen, eine konvexe Teilmenge des $R^{(n+1)}$ ist,
(b) **konkav**, wenn $\{(x, y)| x \in M$ und $y \leq f(x)\}$, das ist die Menge der Punkte unterhalb des Funktionsgraphen, eine konvexe Teilmenge des $R^{(n+1)}$ ist,
(c) **streng konvex (konkav)**, wenn die in (a) und (b) angegebenen Mengen streng konvex sind.

Folgerung 5.2.10
(a) Sei f eine über M definierte konvexe Funktion, dann gilt: Der Funktionswert einer Konvexkombination zweier beliebiger Punkte aus M ist nicht größer als dieselbe Konvexkombination der Funktionswerte dieser Punkte. Formal schreibt man:
Für $\forall$ x, y$\in$ M und $\forall$ $\lambda \in \langle 0, 1 \rangle$ ist $f(\lambda x+(1-\lambda)y) \leq \lambda \cdot f(x) + (1-\lambda) \cdot f(y)$.
Mit anderen Worten, jede Sehne des Graphen von f liegt oberhalb dieses Funktionsgraphen.
(b) Ist f eine konkave Funktion, so gilt für $\forall$ x, y $\in$ M und $\forall$ $\lambda \in \langle 0, 1 \rangle$:
$f(\lambda x+(1-\lambda)y) \geq \lambda \cdot f(x) + (1-\lambda) \cdot f(y)$.
Jede Sehne des Graphen liegt unterhalb des Funktionsgraphen.
(c) Für streng konvexe (konkave) Funktionen gilt das Ungleichheitszeichen in (a) bzw. (b) streng.

Eine Funktion kann über ihrem ganzen Definitionsbereich oder Teilmengen davon konvex oder konkav sein. Eine konkave Menge gibt es nicht!
Wie im Fall von Funktionen einer Variablen, bei denen das Vorzeichen der zweiten Ableitung Auskunft über das Krümmungsverhalten - und damit über die Konvexitätseigenschaften - gab, wird auch bei Funktionen von mehreren Variablen die Konvexität mit Hilfe der zweiten Ableitungen, hier also der Hesseschen Matrix, untersucht. Es gelten die folgenden Sätze.

5.2 Partielle Ableitungen und Lokale Extremstellen

Satz 5.2.11 Sei die Funktion $f(x_1, ..., x_n)$ zweimal stetig partiell differenzierbar und H die Hessesche Matrix von f, dann gilt
(a) f konvex $\Rightarrow$ H positiv semidefinit
(b) f konkav $\Rightarrow$ H negativ semidefinit.

Satz 5.2.12 Sei die Funktion $f(x_1, ..., x_n)$ zweimal stetig partiell differenzierbar und H die Hessesche Matrix von f, dann gilt
(a) f streng konvex $\Leftrightarrow$ H positiv definit
(b) f streng konkav $\Leftrightarrow$ H negativ definit
(c) f weder konvex noch konkav $\Leftrightarrow$ H indefinit.

Beispiel 6: Für die Funktion $f(x_1, x_2) = x_1^2 \cdot x_2^2 + 2x_2 + 3$ bestimmt man die partiellen Ableitungen und die Hessesche Matrix H = $\begin{pmatrix} 2x_2^2 & 4x_1x_2 \\ 4x_1x_2 & 2x_1^2 \end{pmatrix}$.

Deren erste Hauptabschnittsdeterminante $D_1 = 2x_2^2$ ist immer positiv. Die zweite Hauptabschnittsdeterminante $D_2 = |H| = 4x_1^2 x_2^2 - 16x_1^2 x_2^2$ ist immer negativ. Die Hessesche Matrix H ist indefinit, somit ist diese Funktion f weder konvex noch konkav.

Beispiel 7: Eine lineare Funktion $f(x) = c^T \cdot x$ ist sowohl konvex als auch konkav, aber beides nicht streng. Die Hessesche Matrix von f ist die Nullmatrix, deren Hauptabschnittsdeterminanten sind sämtlich gleich null; H ist sowohl positiv als auch negativ semidefinit.

Beispiel 8: Die Quadratische Form $f(x, y) = x^2 + 2xy + 4y^2$ hat die Hessesche Matrix H = $\begin{pmatrix} 2 & 2 \\ 2 & 8 \end{pmatrix}$. Alle ihre Elemente sind konstant. Man berechnet $D_1 = 2$ und $D_2 = |H| = 12$. Die Matrix H ist positiv definit, daraus folgt die Konvexität der Funktion f.
Man nennt dann auch f selbst positiv definit (vgl. Kap. 5.1).

Die Quadratische Form in Bsp. 8 kann unter Verwendung der Koeffizientenmatrix $C = \begin{pmatrix} 1 & 1 \\ 1 & 4 \end{pmatrix}$ geschrieben werden und man erkennt, daß $H = 2 \cdot C$. Diese Eigenschaft haben auch Quadratische Formen in mehreren Variablen.

Folgerung 5.2.13 Für jede quadratische Form $f(x) = x^T \cdot C \cdot x$ ist die Hessesche Matrix $H = 2 \cdot C$.

Damit kann die Konvexität ebenso wie die Definitheit einer Quadratischen Form sowohl anhand der Koeffizientenmatrix C als auch mit Hilfe der Hesseschen Matrix H untersucht werden. Die entsprechenden Hauptabschnittsdeterminanten D_i unterscheiden sich immer nur um den Faktor zwei, sie haben also für beide Matrizen jeweils dieselben Vorzeichen.

Beispiel 9: Die Funktion mit $f(x_1, x_2) = x_1 - x_1^4 - 4x_1x_2 - x_2^2$ ist zwar nicht über ganz $\boldsymbol{R^2}$, wohl aber über Teilmengen davon konkav.

Für die Ableitungen ergibt sich $f_{x_1} = 1 - 4x_1^3 - 4x_2$, $f_{x_2} = -(4x_1 + 2x_2)$

und daraus die Hessesche Matrix $H = \begin{pmatrix} -12x_1^2 & -4 \\ -4 & -2 \end{pmatrix}$. Deren erste

Hauptabschnittsdeterminante $D_1 = -12x_1^2$ ist für alle Argumentpunkte negativ. Somit könnte H negativ definit, also f konkav sein. Dazu müßte D_2 positiv sein. Man sieht aber, daß $D_2 = 24x_1^2 - 16$ für alle Argumentstellen mit $|x_1| < \sqrt{2/3}$ negativ ist.

Die Funktion f ist nicht konkav über ganz $\boldsymbol{R^2}$, wohl aber streng konkav über $\langle -\infty, -\sqrt{2/3} \rangle \times \boldsymbol{R}$ und über $\langle +\sqrt{2/3}, \infty \rangle \times \boldsymbol{R}$.

Aus den Abbildungen 5 und 6 sollte ersichtlich sein, daß die Konvexität einer Funktion mit dem Vorliegen von Tief- oder Hochpunkten, also lokalen Extrema, zu tun hat. Der Begriff der lokalen Extremstelle wird nun auch für Funktionen von mehreren Variablen erklärt.

Definition 5.2.14 Sei $f: D \to \boldsymbol{R}$, $D \subseteq \boldsymbol{R}^n$ und x^0 ein innerer Punkt des Definitionsbereiches D.
(a) Die Stelle x^0 heißt **lokale Maximalstelle** von f, wenn für ein hinreichend kleines ε gilt:
$$f(x^0) \geq f(x) \text{ für alle x mit } |x - x^0| < \varepsilon.$$
Der zugehörige Funktionswert $f(x^0)$ heißt dann **lokales Maximum**.
(b) Die Stelle x^0 heißt **lokale Minimalstelle** von f, wenn für ein hinreichend kleines ε gilt:
$$f(x^0) \leq f(x) \text{ für alle x mit } |x - x^0| < \varepsilon.$$
Der zugehörige Funktionswert $f(x^0)$ heißt dann **lokales Minimum**.

Zusammenfassend spricht man wieder von **lokalen Extremstellen** beziehungsweise **lokalen Extremwerten**.

Eine lokale Extremstelle kann jedenfalls nicht vorliegen, wenn die Funktion an dieser Stelle in irgendeine Richtung eine Steigung aufweist, die von null verschieden ist. Insbesondere müssen auch die Ableitungen in die Achsenrichtungen sämtlich gleich null sein, der Gradient von f an dieser Stelle ist der Nullvektor.

Definition 5.2.15 Sei f: $D \to R$, $D \subseteq R^n$ und x^0 sei innerer Punkt von D. Man nennt x^0 **stationäre Stelle** von f(x), wenn $\text{grad}(f)(x^0) = (0, ..., 0)$. Der Punkt $\left(x^0, f(x^0)\right)$ heißt **stationärer Punkt**.

Folgerung 5.2.16 An einer stationären Stelle x^0 ist jede Richtungsableitung gleich Null.

Folgerung 5.2.17 Ist die Funktion f nach allen Variablen partiell differenzierbar und x^0 lokale Extremstelle von f, dann ist x^0 auch stationäre Stelle. Andrerseits braucht aber nicht jede stationäre Stelle auch lokale Extremstelle zu sein.

Beispiel 9, Fortsetzung: Zur Funktion $f(x_1, x_2) = x_1 - x_1^4 - 4x_1 x_2 - x_2^2$ bestimmt man die stationären Stellen, indem man die partiellen Ableitungen null setzt und die beiden Gleichungen nach x_1 und x_2 auflöst:
$f_{x_2} = -4x_1 - 2x_2 = 0$ ergibt $x_2 = -2x_1$. In die andere Gleichung eingesetzt erhält man eine Gleichung in x_1: $f_{x_1} = 1 - 4x_1^3 - 4x_2 = 1 - 4x_1^3 + 8x_1 = 0$.
Mit Hilfe des Zwischenwertsatzes läßt sich diese Gleichung dritten Grades zumindest näherungsweise lösen und man erhält dafür die drei Lösungen $x_{11} \approx -1.347$, $x_{12} \approx -0.126$ und $x_{13} \approx 1.473$.
Damit gibt es drei stationäre Stellen der Funktion, der Reihe nach geschrieben, $S_1 = (-1.347, 2.694)$, $S_2 = (-0.126, 0.252)$ und $S_3 = (1.473, -2.946)$. Die jeweiligen Funktionswerte sind 2.6168, -0.0627 und 5.444.
Sind das nun Extremwerte? Man stelle sich dazu die Tangentialebene an den Funktionsgraphen in einem der stationären Punkte vor. Wenn diese oberhalb des Funktionsgraphen liegt - also die Funktion f in der Nähe der stationären Stelle konkav ist - so handelt es sich dabei um eine lokale Maximalstelle. Wenn diese Tangentialebene aber den Funktionsgraphen im stationären Punkt schneidet - also die Funktion dort nicht konkav oder konvex ist - liegt kein lokales Extremum vor. Diese Überlegung ist für alle drei stationären Punkte durchzuführen.

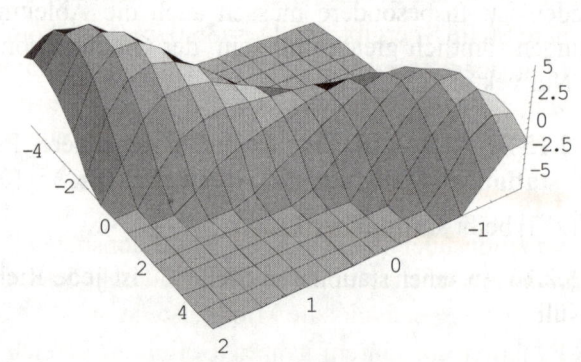

Abbildung 7: Räumliche Darstellung des Funktionsgraphen zu Bsp. 9

Anhand der Konvexitätseigenschaft der Funktion in der Nähe des stationären Punktes kann auch bei Funktionen von mehreren Variablen entschieden werden, ob es sich um eine lokale Extremstelle handelt. Liegt eine stationäre Stelle in einem Bereich, in welchem die Funktion konvex ist, so ist diese Stelle lokale Minimalstelle, liegt sie in einem Konkavitätsbereich von f, so ist sie lokale Maximalstelle.

Da die Konvexität einer Funktion in der Nähe einer Stelle x^0 mit Hilfe der Definitheitseigenschaften der Hesseschen Matrix an eben dieser Stelle überprüft wird, gilt folgender Satz.

Satz 5.2.18 Sei f: $D \to R$, $D \subseteq R^n$. Ist f zweimal stetig partiell differenzierbar und x^0 stationärer Punkt von f, dann gilt in Abhängigkeit von der Definitheit der Hesseschen Matrix an der Stelle x^0,

(a) $H(x^0)$ ist positiv definit $\Leftrightarrow$ x^0 ist lokale Minimalstelle, $f(x^0)$ ist lokales Minimum, $+,+,+,\ldots,+,+$
(b) $H(x^0)$ ist negativ definit $\Leftrightarrow$ x^0 ist lokale Maximalstelle, $f(x^0)$ ist lokales Maximum, $-,+,-,+,-,\ldots,?$
(c) $H(x^0)$ ist indefinit $\Leftrightarrow$ x^0 ist keine Extremstelle.
(d) Im Fall der Semidefinitheit kann nicht ohne weiteres entschieden werden. mit null.

Beispiel 9, Fortsetzung: Für jede der drei stationären Stellen ist H auf Definitheit zu überprüfen. Da D_1 jedenfalls negativ ist, ist H möglicherweise negativ definit und es muß für die drei stationären Stellen noch untersucht werden, ob $|H| = D_2 = 24x_1^2 - 16$ dort positiv ist.

Für $S_1 = (-1.347, 2.694)$ erhält man $D_2 = 27.5 > 0$. Damit ist S_1 lokale Maximalstelle und $f(S_1) = 2.6168$ ein lokaler Maximalwert.

Die stationäre Stelle $S_2 = (-0.126, +0.252)$ liegt nicht im Konkavitätsbereich der Funktion. Diese ist in deren Nähe weder konvex noch konkav, $H(-0.126, 0.252)$ ist indefinit und somit liegt hier kein Extremum vor.

Für die stationäre Stelle S_3 ergibt sich $D_2 = 36.07 > 0$ und somit ist auch S_3 eine lokale Maximalstelle und $f(S_3) = 5.444$ ein lokaler Maximalwert der Funktion f. Man beachte, daß diese stetige Funktion zweier Variablen zwei lokale Maximalstellen, aber keine lokale Minimalstelle besitzt.

Folgerung 5.2.19

(a) Ist eine Funktion über ihrem ganzen Definitionsbereich $D \subseteq R^n$ konvex, so kann sie höchstens einen stationären Punkt besitzen. Dieser ist dann lokale und zugleich globale Minimalstelle.

(b) Ist eine Funktion über ihrem ganzen Definitionsbereich $D \subseteq R^n$ konkav, so kann sie höchstens einen stationären Punkt besitzen. Dieser ist dann lokale und zugleich globale Maximalstelle.

Beispiel 10: Um lokale Extremstellen der Funktion von drei Variablen mit $f(x, y, z) = 3x^2 + y^3 - 4xy + xz - z$ zu bestimmen, ermittelt man alle partiellen Ableitungen, setzt diese gleich null und errechnet die stationären Punkte. Die drei Gleichungen

$$\frac{\partial f}{\partial x} = 6x - 4y + z = 0, \quad \frac{\partial f}{\partial y} = 3y^2 - 4x = 0 \quad \text{und} \quad \frac{\partial f}{\partial z} = x - 1 = 0.$$

besitzen zwei Lösungen, die Funktion hat zwei stationäre Stellen,

$$S_1 = \left(1, +\frac{2}{\sqrt{3}}, +\frac{8}{\sqrt{3}} - 6\right) \quad \text{und} \quad S_2 = \left(1, -\frac{2}{\sqrt{3}}, -\frac{8}{\sqrt{3}} - 6\right).$$

An diesen beiden Stellen ist die Hessesche Matrix auf Definitheit zu untersuchen. Allgemein erhält man $H = \begin{pmatrix} 6 & -4 & 1 \\ -4 & 6y & 0 \\ 1 & 0 & 0 \end{pmatrix}$. Ohne die stationären Punkte tatsächlich einsetzen zu müssen, sieht man: $D_1 = 6 > 0$. Die Werte der beiden weiteren Hauptabschnittsdeterminanten hängen von y ab.

$D_2(y) = 36y - 16$ und $D_3 = -6y$. Damit ist an der stationären Stelle S_1 $D_2 \approx 25.6$ und $D_3 = \det(H) \approx -6.9$. Somit ist H indefinit und die erste stationäre Stelle ist keine Extremstelle.

An der zweiten stationären Stelle S_2 ist schon D_2 negativ, auch hier ist die Hessesche Matrix indefinit, die Funktion hat keine lokale Extremstelle.

Wie auch immer man y wählt, es können nicht alle drei Hauptabschnittsdeterminanten positiv sein. Diese Funktion ist nirgends konvex oder konkav. Ihr Definitionsbereich ist - solange man ihn nicht explizit einschränkt

- der ganze R^3. Auf diesem Definitionsbereich besitzt f dann auch keine globale Extremstelle. Auf einem beschränkten Definitionsbereich hingegen bleibt f beschränkt und nimmt dort auch einen globalen Maximalwert an (vgl. dazu auch Kap. 6.2 und 6.3).

Die Hessesche Matrix einer Funktion von zwei Variablen kann nur definit sein, wenn ihre Determinante det(H) positiv ist. Ob positive oder negative Definitheit vorliegt, entscheidet sich durch die erste Hauptabschnittsdeterminante $D_1 = |(f_{x_1 x_1})| = f_{x_1 x_1}$. Damit ergeben sich als Spezialfall von Satz 5.2.18 die folgenden hinreichenden Bedingungen für das Vorliegen einer lokalen Minimal- bzw. Maximalstelle.

Folgerung 5.2.20 Ist für eine Funktion von zwei Variablen an einer stationären Stelle x^0 die Determinante det(H) > 0, dann ist diese Stelle

(a) lokale Maximalstelle, wenn $\dfrac{\partial^2 f}{\partial x_1^2} < 0$

(b) lokale Minimalstelle, wenn $\dfrac{\partial^2 f}{\partial x_1^2} > 0$.

Der Fall $\dfrac{\partial^2 f}{\partial x_1^2} = 0$ ist nicht möglich, wenn $\det(H(x^0))$ positiv sein soll !

Beispiel 11: Die Funktion $f(x_1, x_2) = x_1^2 + 2x_1 x_2 + 3x_2^2 - 2x_1$ ist auf lokale Extremstellen zu untersuchen. Nullsetzen der partiellen Ableitungen ergibt die beiden Gleichungen $f_{x_1} = 2x_1 + 2x_2 - 2 = 0$ und $f_{x_2} = 2x_1 + 6x_2 = 0$. Man errechnet die (einzige) Lösung und somit die stationäre Stelle (3/2, –1/2). Zur Überprüfung der hinreichenden Bedingung ermittelt man die Hessesche Matrix $H = \begin{pmatrix} 2 & 2 \\ 2 & 6 \end{pmatrix}$. Es sind - unabhängig von der Stelle x^0 - beide Hauptabschnittsdeterminanten positiv: $D_1 = 2$ und $D_2 = 12 - 4 = 8$. H ist positiv definit, die Funktion konvex über R^2 und der Punkt (3/2, –1/2) ist lokale und zugleich globale Minimalstelle. Der Minimalwert von f beträgt – 1.5.

5.3 Ökonomische Anwendungen

Viele ökonomische Größen sind nicht nur von einer, sondern von mehreren Variablen abhängig. Es bietet sich folglich an, die Begriffe aus Kapitel 4.5 auch bei Funktionen von mehreren Variablen anzuwenden, um solche Abhängigkeiten zu beschreiben und zu quantifizieren.

A Kostenfunktionen

Es sei $(x_1, ..., x_n)$ ein Vektor des $\boldsymbol{R^n}$. Interpretiert man dessen Komponenten als Mengen von n Gütern, auch **Güterbündel** genannt, so fallen bei Herstellung dieses Güterbündels Kosten K an, die von jeder einzelnen Produktionsmenge x_i abhängig sind.

Diese Abhängigkeit wird durch die **Kostenfunktion** $K(x_1, ..., x_n)$ beschrieben. Höhere Erzeugungsmengen jedes Gutes werden üblicherweise zu höheren Kosten führen. Eine Kostenfunktion ist demnach monoton steigend in allen Variablen. Alle ersten partiellen Ableitungen sind positiv.

Der Wert der partiellen Ableitung nach x_i an einer Stelle $x^0 = (x_1^0, ..., x_n^0)$ gibt dann näherungsweise die zusätzlichen Kosten an, welche erwachsen, wenn vom i-ten Gut um eine Mengeneinheit mehr erzeugt wird.

Man bezeichnet demzufolge die partielle Ableitung $\dfrac{\partial K}{\partial x_i}$ als **Grenzkostenfunktion des i-ten Gutes** und es gilt: $\dfrac{\partial K}{\partial x_i} > 0$ für alle $i = 1, ... n$.

Läßt man im Ausdruck $K(x_1^0, ..., x_n^0)$ alle Variablen bis auf die i-te unverändert, so ergibt sich eine Funktion von nur mehr einer Variablen x_i. Der Verlauf dieser Funktion wird wieder (vgl. Kap. 4.5) dem Gesetz der schließlich zunehmenden Grenzkosten genügen. Die Grenzkosten des i-ten Gutes sind eine schließlich, d.h. für alle $x_i > x_i^*$, wachsende Funktion. Die zweite partielle Ableitung $\dfrac{\partial^2 K}{\partial x_i^2}$ wird ab dieser Stelle positiv sein.

B Produktionsfunktionen

Ein Betrieb (eine Papiermaschine, ein Hochofen, etc.) stelle ein Erzeugnis her. Dazu werden in einem Produktionsprozeß n Güter eingesetzt, diese werden **Inputfaktoren** genannt. In Abhängigkeit von den Mengen all dieser eingesetzten Güter wird weniger oder mehr erzeugt werden. Die erzeugte Quantität nennt man den **Output**. Dieser Output könnte z.B. auch der Geldwert des hergestellten Gutes sein.

Bezeichnet man den Inputvektor für einen Produktionsprozeß mit r, also r = (r_1, ..., r_n), so wird die produzierte Menge, der Output, von allen Inputgrößen r_j abhängen. Diese werden auch **Faktoreinsatzmengen** der einzelnen Faktoren genannt. Die Annahme eines funktionalen Zusammenhanges zwischen Input und Output ist naheliegend.

Die **Mikroökonomische Produktionsfunktion** f(r_1, ..., r_n) beschreibt den Output eines Betriebes oder einer Produktionsanlage in Abhängigkeit von den n Faktoreinsatzmengen r_1 bis r_n.

Die erste partielle Ableitung $\frac{\partial f}{\partial r_i}$ heißt **Grenzproduktivität** oder auch kurz **Grenzprodukt des i-ten Faktors**.

Höhere Mengen von irgendeinem der Inputgüter werden höheren oder zumindest den gleichen Output nach sich ziehen, damit sind alle partiellen Ableitungen $\frac{\partial f}{\partial r_i} \geq 0$, d. h. kein Grenzprodukt ist negativ.

Der Wert von $\frac{\partial f}{\partial r_i}$ an einer Stelle (r_1^0, ..., r_n^0) gibt dann an, um wieviele Einheiten der Output näherungsweise steigt, wenn vom i-ten Gut eine Einheit mehr eingesetzt wird.

Für jeden einzelnen Inputfaktor gilt wieder (vgl. Kap. 4.5) das **Ertragsgesetz**: Von einer bestimmten Menge r_i^* an wird „ceteris paribus" - wenn alle anderen Inputgütermengen unverändert beibehalten werden - der Zuwachs an Output immer geringer werden.

Damit ist ab r_i^* die erste Ableitung $\frac{\partial f}{\partial r_i}$ monoton fallend und die zweite Ableitung $\frac{\partial^2 f}{\partial r_i^2}$ negativ.

Betrachtet man nicht den Output eines einzelnen Betriebes, sondern die von einer gesamten Volkswirtschaft erbrachte Leistung in Abhängigkeit von den Mengen der Produktionsfaktoren Arbeit (A) und Kapital (K), so nennt man die Funktion Y = f(A,K) **Makroökonomische Produktionsfunktion**.

Y kann darin als das Bruttonationalprodukt oder eine ähnliche volkswirtschaftliche Größe gedeutet werden. Der Wert von Y ergibt sich in Abhängigkeit von der eingesetzten Arbeits- bzw. Kapitalmenge.

5.3 Ökonomische Anwendungen

Die partielle Ableitung $\dfrac{\partial f}{\partial A}$ ist dann die **Grenzproduktivität des Faktors Arbeit**.

Analog nennt man $\dfrac{\partial f}{\partial K}$ die **Grenzproduktivität des Kapitals**.

Auch bei Makroökonomischen Produktionsfunktionen gilt für beide Faktoren: Das Grenzprodukt ist positiv und es gilt das Gesetz der schließlich abnehmenden Grenzerträge.

C Nutzenfunktionen

Einem Konsumenten, dem n verschiedene Güter in den Mengen $x_1, ..., x_n$ zur Verfügung stehen, erwächst daraus ein Nutzen, der von jeder einzelnen Gütermenge x_i, also dem gesamten Güterbündel, abhängt. Wenn man nun diesen Nutzen - und hier soll nicht untersucht werden, unter welchen Voraussetzungen das möglich ist - durch eine reelle Zahl ausdrückt, so ergibt sich eine Funktion $u(x_1, ..., x_n)$, welche **Nutzenfunktion** genannt wird.

Diese Funktion hat im allgemeinen ähnliche Eigenschaften wie eine Produktionsfunktion: Sie ist monoton steigend in jeder Variablen, d. h. alle partiellen Ableitungen $\dfrac{\partial u}{\partial x_i}$ sind positiv. Man nennt diese Ableitung den **Grenznutzen des i-ten Gutes**.

Es gilt für alle Güter das **Gesetz des schließlich abnehmenden Grenznutzens**. Damit ist ab einem x_i^* der Grenznutzen des i-ten Gutes monoton fallend und ab dort ist die zweite partielle Ableitung nach x_i negativ.

D Nachfragefunktionen

Die Konsumenten werden ihre Nachfrage nach einem bestimmten Gut sowohl am Preis dieses einen Produktes, als auch an den Preisen anderer (vergleichbarer) Produkte orientieren. Wenn die mit $i = 1, ..., n$ numerierten Güter zu den Preisen $p_1, ..., p_n$ angeboten werden, so ist die Nachfrage nach einem dieser Produkte, etwa dem Gut mit der Nummer i, nicht nur eine Funktion des Preises p_i, sondern auch von den anderen Preisen abhängig.

Bezeichnet man den Vektor der Preise mit $(p_1, ..., p_n)$, so wird die Nachfrage nach dem i-ten Gut durch eine **Nachfragefunktion** $N^i(p_1, ..., p_n)$ aller n Preise beschrieben.

$$\frac{dN^i}{dp_2} < 0$$

Jede Preiserhöhung eines Gutes bewirkt nun Änderungen der nachgefragten Mengen. Üblicherweise wird jenes Gut, dessen Preis steigt, weniger nachgefragt: N^i ist - betrachtet als Funktion des Preises p_i - monoton fallend, daher ist $\dfrac{\partial N^i}{\partial p_i}$ negativ.

Die Nachfrage nach den anderen Gütern - diese werden ja relativ gesehen billiger - wird hingegen zunehmen. N^j ist - betrachtet als Funktion von p_i - monoton steigend, $\dfrac{\partial N^j}{\partial p_i}$ ist positiv. Diese partielle Ableitung nennt man die **Grenznachfrage nach Gut j bezogen auf den Preises des i-ten Gutes**.

Der Wert von $\dfrac{\partial N^j}{\partial p_i}$ an einer Stelle $p^0 = (p_1^0, ..., p_n^0)$ gibt dann an, um wieviele Einheiten sich die Nachfrage nach Gut j näherungsweise ändert, wenn der Preis p_i, ausgehend von p_i^0, um eine Einheit steigt.

Um zu beschreiben, wie sich eine Funktion bei Änderung der Argumentwerte verhält, werden die partiellen Ableitungen verwendet. Allerdings gilt auch hier - wie im Fall von Funktionen einer Variablen - daß der Wert dieser Ableitungen von den gewählten Maßeinheiten abhängig ist. Eine maßstabsunabhängige Größe erhält man, indem man wie in Kap. 4.5 die (hier partielle) Ableitung durch den Durchschnittswert dividiert.

Definition 5.3.1 Partielle Elastizitäten
Für eine Funktion $f(x_1, ..., x_n)$ von n Variablen nennt man die Größe

$$\varepsilon_j = \frac{\dfrac{\partial f}{\partial x_j}}{\dfrac{f(x)}{x_j}}$$

partielle Elastizität von f bezüglich x_j, kurz: **partielle Elastizität von x_j**.

Der Wert dieser partiellen Elastizität an einer Stelle $x^0 = (x_1^0, ..., x_n^0)$ gibt an, um wieviel Prozent sich der Funktionswert näherungsweise ändert, wenn, ausgehend vom Argumentvektor x^0, dessen j-te Komponente x_j^0 um ein Prozent erhöht wird.

Insbesondere nennt man bei Nachfragefunktionen

$$\varepsilon_{ii} = p_i \cdot \frac{N^i_{p_i}}{N^i} \quad \text{\textbf{Preiselastizität des i-ten Gutes}}.$$

5.3 Ökonomische Anwendungen

Der Wert der Preiselastizität ε_{ii} an einer Stelle $p^0 = (p_1^0, ..., p_n^0)$ gibt an, um wieviel Prozent sich die Nachfrage nach Gut i näherungsweise verändert, wenn der Preis dieses Gutes um ein Prozent steigt. Die Preiselastizität ist üblicherweise negativ.

Die prozentuale Nachfrageänderung nach Gut i, wenn der Preis eines anderen Gutes, etwa p_j, um ein Prozent steigt, ist gegeben durch

$$\varepsilon_{ij} = p_j \cdot \frac{N_{p_j}^i}{N^i}$$

und heißt **Kreuzpreiselastizität**. Diese ist im allgemeinen positiv.

Bei einer Produktionsfunktion $f(r_1, ..., r_n)$ bezeichnet man $\varepsilon_j = \dfrac{f_{r_j}}{f} \cdot r_j$ als **Produktionselastizität des j-ten Faktors** oder kurz **Faktorelastizität**.

Da Produktionsfunktionen üblicherweise in allen Variablen monoton wachsend sind, ist hier jede Elastizität positiv. Der Wert $\varepsilon_j(r^0) = \varepsilon_j(r_1^0, ..., r_n^0)$ an einer Stelle $r^0 = (r_1^0, ..., r_n^0)$ gibt an, um wieviel Prozent der Output näherungsweise zunimmt, wenn vom j-ten Faktor um ein Prozent mehr eingesetzt wird.

E Substitution von Inputfaktoren bei Produktionsfunktionen

Im Folgenden soll untersucht werden, in welcher Weise und „wie gut" sich bei einem Produktionsprozeß ein Produktionsfaktor durch einen anderen ersetzen (substituieren) läßt, ohne eine Produktionseinbuße zu erleiden.

Die Überlegungen dazu werden im Folgenden mit einer makroökonomischen Produktionsfunktion in den zwei Variablen A (Arbeit) und K (Kapital) durchgeführt, lassen sich aber auf Funktionen von mehr als zwei Variablen sinngemäß erweitern.

Bei einer Produktionsfunktion f(A, K) wird normalerweise ein und derselbe Funktionswert c (hier: der Output) unter Einsatz verschiedener Kombinationen von Faktormengen erzielt werden können. Alle Punkte (A, K), die zum selben Output führen, liegen auf ein und derselben Isoquante von f. Bei einer Produktionsfunktion f(A, K) sagt man statt Isoquante auch **Isoproduktkurve**. Die Isoproduktkurve zum Wert c ist bestimmt durch die Gleichung f(A, K) = c. Man errechnet daraus beispielsweise K als Funktion von A und erhält eine Funktion einer Variablen: $K = K_c(A)$.

Wird nun, ausgehend etwa vom Punkt (A_0, K_0) der Isoproduktkurve ein Teil der Arbeit durch Kapital ersetzt, dann gibt die Ableitung der Funktion $K_c(A)$ nach A, also $\dfrac{d}{dA}K_c(A)$ näherungsweise an, um wieviele Einheiten der Kapitaleinsatz sich - bei gleichbleibendem Output c - ändert, wenn vom Faktor Arbeit eine Einheit mehr eingesetzt wird. Der Absolutbetrag dieser Ableitung gibt also an, wieviel Kapital (in Einheiten) zusätzlich eingesetzt werden muß, um eine Mindereinheit des Faktors Arbeit zu ersetzen, ohne daß sich der Output c ändert.

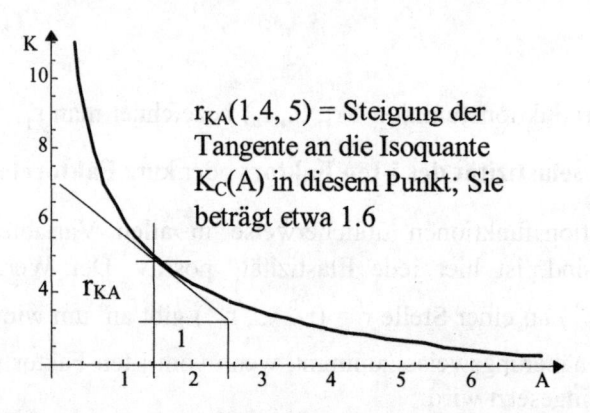

$r_{KA}(1.4, 5)$ = Steigung der Tangente an die Isoquante $K_C(A)$ in diesem Punkt; Sie beträgt etwa 1.6

Abbildung 1: Isoproduktkurve und Grenzrate der Substitution von K für A.

Längs der Isoquante gilt logischerweise $f(A, K) = c$ bzw. $f(A, K_c(A)) = c$, d.h. die Funktion $f(A, K)$, betrachtet als Funktion $f(A, K_c(A))$ nur der einen Variablen A, ist längs dieser Isoquante konstant und daher ist dort die Ableitung nach A gleich Null: $\dfrac{d}{dA} f(A, K_c(A)) = 0$.

Unter Anwendung der erweiterten Kettenregel (Satz 5.2.7) erhält man

$$\dfrac{\partial f}{\partial A} \cdot \dfrac{dA}{dA} + \dfrac{\partial f}{\partial K} \cdot \dfrac{dK}{dA} = 0 \quad \text{und daraus} \quad \dfrac{\partial f}{\partial K} \cdot \dfrac{dK}{dA} = -\dfrac{\partial f}{\partial A} = -f_A.$$

Also ergibt sich für die Steigung der Isoproduktkurve $\dfrac{dK}{dA} = -\dfrac{f_A}{f_K}$.

Ihr Wert an einer Stelle (A_0, K_0) gibt an, um wieviel Einheiten K sich näherungsweise ändert, wenn A um eine Einheit erhöht wird und der gleiche Output c erzielt werden soll. Dieser Wert ist normalerweise negativ. Sein Betrag kann auch interpretiert werden als die zur Aufrechterhaltung des Outputs c benötigte Menge von K, wenn um eine Einheit weniger Arbeit eingesetzt wird.

5.3 Ökonomische Anwendungen

Für eine Produktionsfunktion f(A, K) nennt man den Betrag der Steigu der Tangente an eine Isoquante durch einen Punkt (A, K) die Grenzra der Substitution (von Kapital für Arbeit), bezeichnet mit r_{KA}.

Sie wird berechnet gemäß $r_{KA} = \left|\dfrac{dK}{dA}\right| = \left|\dfrac{f_A}{f_K}\right|$.

Ähnliche Überlegungen können für Funktionen von mehr als zwei Variablen durchgeführt werden und das führt zur folgenden Definition.

Definition 5.3.2 Grenzrate der Substitution
Sei $f(x_1, ..., x_n)$ eine Produktionsfunktion. Dann nennt man den Ausdruck

$r_{ij} = \left|\dfrac{f_{x_j}}{f_{x_i}}\right|$ die **Grenzrate der Substitution von Faktor i für Faktor j**.

Beispiel 1: Gegeben sei die Produktionsfunktion $f(A, K) = A \cdot \sqrt{K} = A \cdot K^{1/2}$
Dann liegen die Punkte $(A_0, K_0) = (3, 4)$ und $(A_1, K_1) = (6, 1)$ beide auf der Isoproduktkurve zu c=6. Man berechnet für beide Faktoren die Grenzprodukte, d. h. die Ableitungen $\dfrac{\partial f}{\partial A} = K^{1/2}$ und $\dfrac{\partial f}{\partial K} = A \cdot \dfrac{1}{2} K^{-1/2}$.

An der Stelle $(A_0, K_0) = (3, 4)$ betragen die Werte der Grenzprodukte $f_A(3, 4) = 2$ und $f_K(3, 4) = \dfrac{3}{4}$ und man erhält $r_{KA}(3, 4) = \dfrac{8}{3}$. Das bedeutet, ausgehend von den Faktoreinsatzmengen (3, 4) benötigt man näherungsweise 8/3 Einheiten Kapital, um eine Einheit Arbeit zu ersetzen.

Für den auf derselben Isoquante liegenden Punkt $(A_1, K_1) = (6, 1)$, d. h. bei einem Faktoreinsatzverhältnis von Kapital zu Arbeit, K:A = 1:6 ergeben sich für die Ableitungen die Werte 1 und 3, die Grenzrate der Substitution beträgt hier 1/3. Eine Mindereinheit Arbeit kann durch eine Drittel Mehreinheit Kapital substituiert werden.

Man erkennt aus diesem Beispiel zweierlei.
Erstens: Die Grenzrate der Substitution ist eine von den gewählten Einheiten abhängige Größe, für ökonomische Vergleiche also nicht unmittelbar brauchbar.
Zweitens: Bei einer Produktionsfunktion von zwei Variablen ist die Grenzrate der Substitution abhängig von den Faktoreinsatzmengen, genauer gesagt vom Verhältnis, in welchem die beiden Faktoren eingesetzt werden.
Zu einem kleinem Faktoreinsatzverhältnis v = K:A = 1:6 ergibt sich mit 1/3 ein kleiner Wert für r_{KA}, zum größeren Quotienten v = K:A = 4:3 erhält man für r_{KA} den größeren Wert 8/3.

Ökonomisch ist dieser Sachverhalt folgendermaßen interpretierbar: Ein Faktor, von dem ohnehin schon wenig eingesetzt wird, läßt sich schwerer - nur durch mehr Einheiten des anderen Faktors - substituieren, als wenn er in größerer Menge eingesetzt wird. Folglich ist $r_{KA}(v)$ eine monoton wachsende Funktion von v. Diese Funktion umkehrbar und $v(r_{KA})$ ist eine ebenfalls monoton wachsende Funktion von r_{KA}.

Nun wird die Änderung des Faktoreinsatzverhältnisses v in Abhängigkeit von der Grenzrate r_{KA} untersucht. Soll diese Änderung prozentual angegeben werden, so ist dazu die Elastizität $\varepsilon_v(r_{KA})$ der Funktion $v(r_{KA})$ heranzuziehen.

Man berechnet gemäß Definition: $\varepsilon_v(r_{KA}) = \varepsilon(r) = \dfrac{dv}{dr} \Big/ \dfrac{v}{r} = \dfrac{dv}{v} \Big/ \dfrac{dr}{r}$.

Dieser Ausdruck kann interpretiert werden als relative Änderung des Faktoreinsatzverhältnisses v dividiert durch die relative Änderung der Grenzrate der Substitution. Diese Größe nennt man Substitutionselastizität. Setzt man für v und $r = r_{KA}$ wieder deren ursprüngliche Ausdrücke ein, so ergibt sich:

Definition 5.3.3 Partielle Substitutionselastizität
(a) Für eine Produktionsfunktion f(A, K) nennt man den Quotienten σ aus der relativen Änderungsrate des Faktoreinsatzverhältnisses, dividiert durch die relative Grenzrate der Substitution von K für A,

$$\sigma = \sigma_{KA} = \dfrac{d\dfrac{K}{A}}{\dfrac{K}{A}} \Big/ \dfrac{d\dfrac{f_A}{f_K}}{\dfrac{f_A}{f_K}}$$

die **Substitutionselastizität (für die Substitution von K für A)**.
(b) Bei einer Produktionsfunktion von mehr als zwei Variablen wird analog, um die Substituierbarkeit des Faktors i durch Faktor j zu beschreiben, die Elastizität σ_{ij} erklärt und **partielle Substitutionselastizität** genannt.

Zur Berechnung von σ_{KA} ergibt sich aus der Definition die Gleichung

$$\sigma_{KA} = \dfrac{f_A \cdot f_K (f_A \cdot A + f_K \cdot K)}{A \cdot K \left(2 f_A \cdot f_K \cdot f_{AK} - f_A^2 \cdot f_{KK} - f_K^2 \cdot f_{AA} \right)}.$$

Einige Eigenschaften der Substitutionselastizität sind in folgendem Satz zusammengefaßt:

5.3 Ökonomische Anwendungen

Satz 5.3.4
(a) σ_{KA} ist von den Maßeinheiten für A und K unabhängig
(b) $\sigma_{AK}(A,K) = \sigma_{KA}(A,K)$.
(c) Sind die Isoproduktkurven konvex, dann ist σ_{AK} positiv.
(d) Die Aussagen aus (a) und (b) gelten sinngemäß auch für partielle Substitutionselastizitäten.

Je größer der Wert von σ, desto flacher ist die Isoproduktkurve, und desto langsamer nimmt die Grenzrate der Substitution zu, wenn K für A substituiert wird. Die Größe von σ zeigt also an, mit welchem Aufwand die gleiche Produktmenge aufrecht erhalten werden kann, wenn man K für A substituiert. Es gibt zwei Grenzfälle. Sind K und A vollkommen substituierbare Faktoren, derart, daß man bei einer Vermehrung von K, die der Abnahme von A proportional ist, dieselbe Produktmenge erhält, dann ist die Isoproduktkurve eine gerade Linie und σ wird unendlich. Wenn K und A überhaupt nicht substituiert werden können und in einem festen Verhältnis gebraucht werden, muß die Zunahme eines der Faktoren über dieses Verhältnis hinaus die Produktmenge unverändert lassen. Die Isoproduktkurve bildet in dem betreffenden Punkt einen rechten Winkel und σ ist gleich Null.

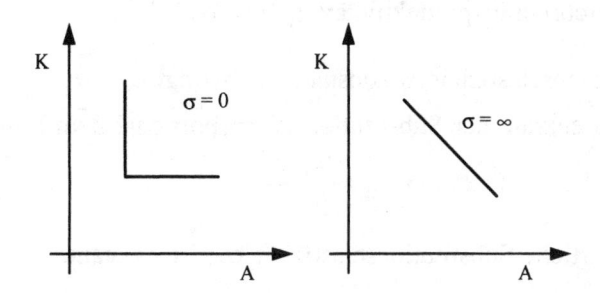

Abbildung 2: Isoquanten von Produktionsfunktionen mit verschiedenen σ-Werten

Beispiel 1, Fortsetzung: Für die Produktionsfunktion $f(A, K) = A \cdot K^{1/2}$ bestimmt man die partiellen Ableitungen $f_A = K^{1/2}$, $f_K = A \cdot \frac{1}{2} K^{-1/2}$, daraus die zweiten Ableitungen $f_{AA} = 0$, $f_{AK} = f_{KA} = \frac{1}{2} \cdot K^{-1/2}$ und $f_{KK} = A \cdot (-\frac{1}{4}) \cdot K^{-3/2}$. Durch Einsetzen in obige Formel ergibt sich, unabhängig von den Werten für A und K, die Substitutionselastizität $\sigma = 1$.

F Spezielle Produktionsfunktionen

In der Literatur finden sich insbesondere zwei spezielle Typen von Produktionsfunktionen.
Durch Multiplikation aller Inputgrößen, wobei jede mit einem ihrem Gewicht entsprechenden Exponenten zu versehen ist, ergibt sich eine Funktion vom Cobb-Douglas-Typ.

Definition 5.3.5 Cobb-Douglas-Produktionsfunktionen
Eine Produktionsfunktion f mit

$$f(r_1, \cdots, r_n) = c \cdot \left(r_1^{\alpha_1} \cdot \ldots \cdot r_n^{\alpha_n} \right)$$

wobei der Multiplikator c und alle Exponenten α_i positiv sind, heißt **Cobb-Douglas-Produktionsfunktion**.

Satz 5.3.6 Eigenschaften von Cobb-Douglas-Produktionsfunktionen

(a) Eine derartige Produktionsfunktion ist homogen vom Grad $\sum_{i=1}^{n} \alpha_i$.

(b) Die Grenzproduktivität des i-ten Faktors ist gerade das α_i-fache seiner Durchschnittsproduktivität: $f_{r_i}(r) = \alpha_i \cdot \dfrac{f(r)}{r_i}$.

(c) Jede Faktorelastizität ist konstant und beträgt $\varepsilon_j = \alpha_j$.

(d) Jede Grenzrate der Substitution ist proportional dem Einsatzverhältnis der beiden Faktoren: $r_{ij} = \dfrac{\alpha_j}{\alpha_i} \cdot \dfrac{r_i}{r_j}$.

(e) Jede partielle Substitutionselastizität σ_{ij} ist konstant.

Beispielhaft soll (c) bewiesen werden: Berechnet man die Faktorelastizität ε_j allgemein, so ergibt sich für eine Cobb-Douglas-Funktion die erste Ableitung nach r_j als $\dfrac{\partial f}{\partial r_j} = \alpha_j \cdot f(r) \cdot r_j^{-1}$ und daraus bleibt, nach Multiplikation mit r_j, Division durch f(r) und Kürzen nur α_j übrig.

Beispiel 1, Fortsetzung: Die Funktion $f(A, K) = A \cdot K^{1/2}$ ist eine Cobb-Douglas-Funktion, damit sind die Faktorelastizitäten genau die beiden Exponenten, $\varepsilon_A = 1$ und $\varepsilon_K = \frac{1}{2}$.

5.3 Ökonomische Anwendungen

Gemäß (d) errechnet man $r_{AK}(6,1) = \dfrac{1/2}{1} \cdot \dfrac{6}{1} = \dfrac{1}{3}$. Dieses Ergebnis wurde schon oben unter Verwendung der allgemeinen Formel für r_{AK} erhalten. Für die Substitutionselastizität erhält man an der Stelle $(A, K) = (1, 1)$ den Wert $\sigma_{AK} = 1$ und wegen (e) ist dieser Wert für alle (A, K) derselbe.

Eine zweite spezielle Produktionsfunktion, bei der im wesentlichen alle Faktoren mit dem gleichen Exponenten versehen und unter Verwendung von Gewichtungskoeffizienten addiert werden, wurde von den vier Ökonomen Arrows, Chenery, Minhas und Solow formuliert und wird demgemäß kurz ACMS - Produktionsfunktion genannt.

Definition 5.3.7 ACMS-Produktionsfunktionen
Eine Produktionsfunktion f, die gegeben ist durch

$$f(r_1, \cdots, r_n) = \left(\beta_1 r_1^{-\rho} + \beta_2 r_2^{-\rho} + \ldots + \beta_n r_n^{-\rho}\right)^{-1/\rho}$$

wobei alle $\beta_i > 0$ und $\rho > -1$, heißt **ACMS-Produktionsfunktion**

Satz 5.3.8 Eigenschaften von ACMS-Produktionsfunktionen
(a) Jede ACMS-Produktionsfunktion ist homogen vom Grad eins.
(b) Die Grenzproduktivität des i-ten Faktors kann gemäß

$$f_{r_i}(r) = \beta_i \cdot \left(\dfrac{f(r)}{r_i}\right)^{\rho+1} \text{ berechnet werden.}$$

(c) Die Faktorelastizität ε_j kann berechnet werden als $\varepsilon_j = \beta_j \cdot \left(\dfrac{f(r)}{r_j}\right)^{\rho}$.

(d) Die Grenzrate der Substitution des Faktors j durch Faktor i erhält man durch: $r_{ij} = \dfrac{\beta_j}{\beta_i} \cdot \left(\dfrac{r_i}{r_j}\right)^{\rho+1}$.

(e) Jede partielle Substitutionselastizität σ_{ij} ist konstant.

Beispiel 2: Die Funktion $f(X, Y) = (3 \cdot \sqrt{X} + 2\sqrt{Y})^2$ ist eine Funktion dieses Typs. Die Faktorelastizitäten errechnen sich als

$$\varepsilon_X = \dfrac{3 \cdot \sqrt{X}}{\left(3\sqrt{X} + 2\sqrt{Y}\right)} \text{ und } \varepsilon_Y = \dfrac{2 \cdot \sqrt{Y}}{\left(3\sqrt{X} + 2\sqrt{Y}\right)}.$$

Insbesondere haben an der Stelle (4, 25) die beiden Elastizitäten die Werte $\varepsilon_X(4, 25) = 0.375$ und $\varepsilon_Y(4, 25) = 0.625$.

Ist eine Produktionsfunktion homogen vom Grad eins und besitzt sie eine konstante Substitutionselastizität, so nennt man sie, abgekürzt für Constant Elasticity of Substitution, eine **CES-Funktion**.

Aufgrund der Eigenschaften (a) und (e) der beiden obigen Sätze ist jede ACMS-Funktion und jede Cobb-Douglas-Funktion mit der Exponentensumme $\sum_{i=1}^{n} \alpha_i = 1$ eine CES-Funktion.

5.4 Übungsaufgaben

1. Untersuchen Sie die Funktion f: $R \times R \to R$ mit
$$f(x,y) = x^2 + y^3 + 3xy$$
auf Stationäre Punkte und lokale Extremstellen.

Lsg.: SP (0, 0) SP und zugleich lokale Minimalstelle (–9/4, 3/2)

2. Betrachtet wird eine Funktion von zwei Variablen
$$f(x,y) = \frac{6y \cdot x^2}{\sqrt{x \cdot y}} - 5x^2$$
   a. Ist diese Funktion homogen, wenn ja, von welchem Grad r?
   b. Bestimmen Sie die beiden ersten partiellen Ableitungen von f.
   c. Bestimmen Sie die näherungsweise Änderung des Funktionswertes zwischen den Stellen $(x, y)^0 = (1, 1)$ und $(x, y)^1 = (1.2, 1.1)$ mit Hilfe des totalen Differentials!

Lsg.: a. r = 2   c. –1

3. Man betrachte die Funktion $f(x, y) = (x)^2 + (y-1)^2$ über dem Definitionsbereich $A = \{(x, y) \mid x \geq 0 \land y \geq 0 \land (10x + 5y \leq 40)\}$
   a. Man bestimme die lokale Minimalstelle und den Minimalwert.
   b. Skizieren Sie die Isoquanten I_c dieser Funktion zu c = 4, und c = 9.
   c. Wo nimmt die Funktion – über ihrem Definitionsbereich! – das globale Maximum an?

Lsg.: a. (0, 1; 0)   c. (0, 8); f_{max} = 49

4. Für die Funktion $f(x,y,z) = 2x^2 + xy^2 + \ln z^2$ bestimme man:
   a. Mit Hilfe des *totalen Differentials* die näherungsweise Änderung des Funktionswertes zwischen den Stellen (1, 2, 1) und (1.3, 2, 1.4) und die exakte Differenz der beiden Funktionswerte.
   b. Mit Hilfe des *Gradienten* die näherungsweise Änderung des Funktionswertes zwischen den in a. angegebenen Stellen sowie jene in Richtung des steilsten Anstiegs an der Stelle (1, 2, 1).

Lsg.: a. df =3.6, $\Delta f \approx 3.253$ b. 6.4, 9.165

5. Eine Firma stellt zwei miteinander konkurrierende Güter A und B her. Bei den Preisen p_A und p_B lauten die Nachfragefunktionen

$$x = N_A(p_A, p_B) = 20 - 2 \cdot p_A + p_B$$
$$y = N_B(p_A, p_B) = 30 + p_A - 3 \cdot p_B$$

Die Herstellungskosten seien $K(x,y) = x + y$. Bei welchen Preisen wird der Reingewinn für die Firma maximal und wie groß ist dieser?

Lsg.: $p_A = 9.5$ $p_B = 8.5$ $G_{max} = 185.75$

6. Eine Nachfragefunktion sei gegeben durch $N(p, p_y) = \sqrt{\dfrac{p + p_y^2}{p}}$.

Darin bezeichnet p den Preis jenes Gutes, dessen Nachfrage durch $N(p, p_y)$ beschrieben wird, p_y den Preis eines konkurrierenden Gutes.
  a. Geben Sie einen sinnvollen Definitionsbereich für $p_y = 1$ an.
  b. Bestimmen Sie die Grenznachfrage des Preises p allgemein sowie für $p = 4$ und $p_y = 1$.
  c. Wie groß ist die Kreuzpreiselastizität für $p = 4$ und $p_y = 1$?

Lsg.: a. $p > 0$ b. -0.028 c. $1/5$

7. Zur Produktionsfunktion $f(A, K) = 2500 \cdot \sqrt[5]{A^2} \cdot (K)^{0.55}$ bestimme man den Homogenitätsgrad, die Grenzrate der Substitution von Kapital K für Arbeit A an der Stelle (1, 5) sowie die Substitutionselastizität an der Stelle (1, 1).

Lsg.: 0.95, 3.63, 1

8. Gegeben sei die makroökonomische Produktionsfunktion

$$f(A, K) = \left(A^{1/2} + 5 \cdot K^{1/2} \right)^2$$

  a. Bestimmen Sie Grenzprodukt und Faktorelastizität des Kapitals K für die Inputfaktorkombination $(A, K) = (3, 4)$
  b. Derzeit werden 9 Einheiten Kapital eingesetzt. Wie viel Arbeit A wird dann benötigt, um einen Output von 400 zu erzielen? Wie lautet die Gleichung der Isoproduktkurve $A = A(K)$ zum Output 400?
  c. Wie viele Einheiten Kapital benötigt man näherungsweise, ausgehend von der Faktorkombination (3, 4), um eine Einheit Arbeit – bei gleich bleibendem Output – ersetzen zu können?

Lsg.: a. $f_K \approx 6.77$ $\varepsilon_K \approx 0.147$ b. 25   c. ≈ 0.231

6 Optimierung
6.1 Lineare Optimierung

Unter Linearer Optimierung versteht man ein mathematisches Verfahren zur exakten Lösung gewisser Probleme, wie sie häufig bei der Organisation und Planung z.B. der Produktion und des Transports auftreten. Um die Art der zu behandelnden Probleme zu illustrieren, wird zunächst als Einführung ein charakteristisches Beispiel betrachtet.

Beispiel 1: Gegeben sei folgendes Problem: Um zwei Güter, beispielsweise Düngemittel G_1 und G_2 herzustellen, benötigt man zwei Rohstoffe, etwa Chemikalien R_1 und R_2 gemäß folgender Tabelle:

Rohstoffmenge/Gut	G_1	G_2
R_1	1	3
R_2	2	1

Man unterliegt aber der Beschränkung, daß die Menge an verwendeten Chemikalien gewisse Lager-Höchstgrenzen nicht überschreiten darf. So darf man maximal 15 Einheiten von R_1 und 20 von R_2 verwenden.

Der Erlös beim Verkauf der Güter G_1 und G_2 sei unabhängig von den angebotenen Mengen $p_1 = 10$ bzw. $p_2 = 12$ Geldeinheiten (GE). Wie sind die vorhandenen Rohstoffmengen optimal einzusetzen, d.h. welche Mengen x_1 bzw. x_2 der Güter G_1 und G_2 sind herzustellen, sodaß der Gesamterlös maximiert wird?

Mathematisch formuliert lautet dieses Problem:

$$\text{maximiere } z = 10x_1 + 12x_2$$
$$\text{bzgl.} \quad x_1 + 3x_2 \leq 15 \quad \text{(Rohstoff 1)}$$
$$\text{und} \quad 2x_1 + x_2 \leq 20 \quad \text{(Rohstoff 2)}$$

Da natürlich nur positive Erzeugungsmengen möglich sind, kommt noch die Nichtnegativitätsforderung hinzu:
$$x_1, x_2 \geq 0 \quad .$$

Das Finden der Lösung ist graphisch möglich, indem man den zulässigen Bereich - also die Menge der Punkte des R^2, die allen Nebenbedingungen genügen - skizziert und jene Isoquante der Zielfunktion sucht, die den größtmöglichen Wert liefert und gleichzeitig den zulässigen Bereich gerade noch berührt.

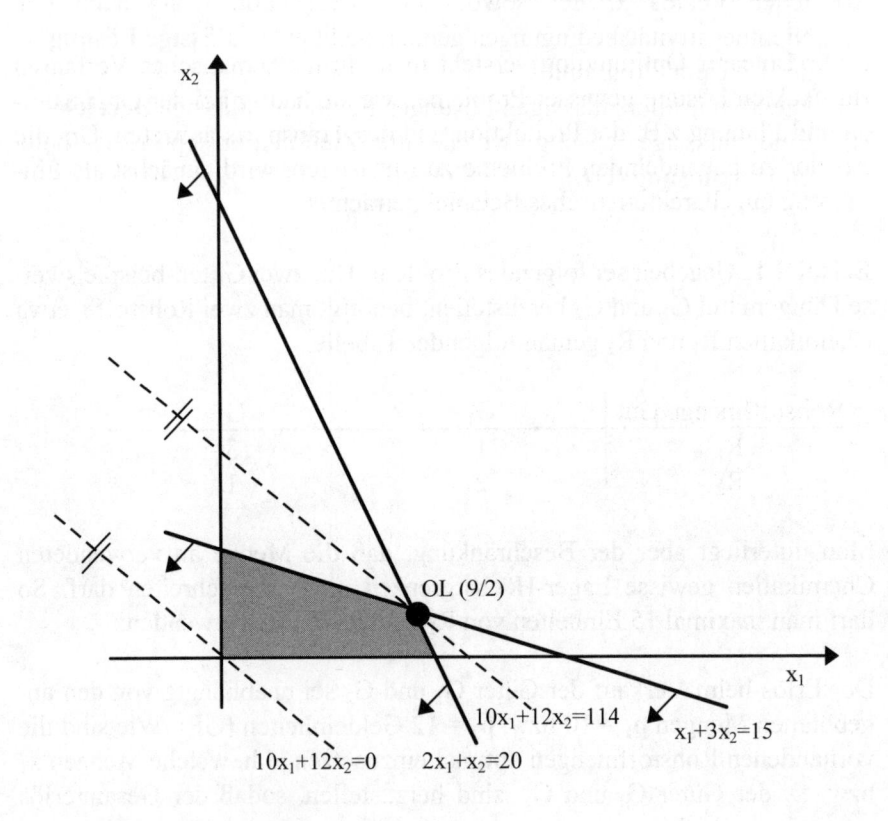

Abbildung 1: Graphische Darstellung von Beispiel 1

Die Optimallösung ist hier: $(x_1, x_2) = (9, 2)$ und der Optimalwert der Zielfunktion ist also $z = 10 \cdot 9 + 12 \cdot 2 = 114$; d.h. der optimale Erlös beträgt bei Einhaltung aller Restriktionen genau 114 GE.

Definition 6.1.1 Sei A eine m × n-Matrix, $b \geq 0$ ein m-dimensionaler Vektor und c ein n-dimensionaler Vektor. Dann heißt das Maximierungsproblem bzw. das Minimierungsproblem

max $\quad z = c^T x$ $\qquad\qquad$ min $\quad z = c^T x$
bzgl. $Ax \leq b$ $\qquad$ bzw. $\qquad$ bzgl. $Ax \leq b$
$\qquad x \geq 0$ $\qquad\qquad\qquad\qquad x \geq 0$

ein **Lineares Programm (LP) in Standardform**.

Für ein LP gelten folgende Bezeichnungen:
(a) Die zu optimierende Funktion $z = c^T x$ heißt die **Zielfunktion**,

6.1 Lineare Optimierung

(b) die Ungleichungen Ax ≤ b heißen **Restriktionen**,
(c) die Ungleichungen x ≥ 0 heißen **Nichtnegativitätsbedingungen**.
(d) Jeder Vektor x, der sowohl den Restriktionen als auch den Nichtnegativitätsbedingungen genügt, heißt eine **zulässige Lösung** des Linearen Programms.
(e) Die Menge aller zulässigen Lösungen heißt der **zulässige Bereich**.
(f) Eine zulässige Lösung, welche die Zielfunktion optimiert, heißt **Optimallösung (OL)**.

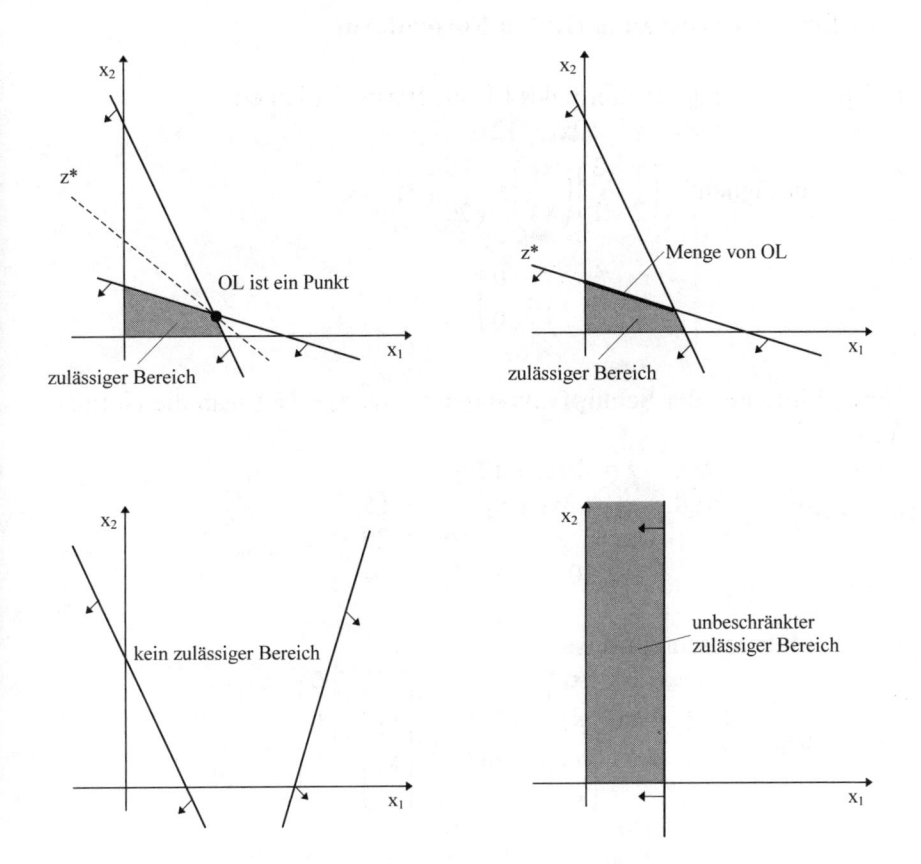

Abbildung 2: Graphische Darstellung charakteristischer Maximierungsprobleme

Bemerkung: Die Ungleichungen des Maximierungsproblems Ax ≤ b können durch Einführen von weiteren Variablen, den sogenannten **Schlupfvariablen**, die nur nicht-negative Werte annehmen, und die für jede Zeile des Ungleichungssystems den Wert der Differenz von rechter und linker Seite, d.h.

$$b_j - \sum_{i=1}^{n} a_{ij}x_i \qquad \text{für } j = 1, 2, \ldots, m$$

angeben, in Gleichungen überführt werden (siehe Beispiel 2).
Zunächst beschäftigen wir uns mit dem LP als Maximierungsproblem.

Definition 6.1.2 Das Maximierungsproblem

$$\begin{aligned}\max \quad &z = c^T x \\ \text{bzgl. } &Ax = b \\ &x \geq 0\end{aligned}$$

heißt **Lineares Programm (LP) in Normalform**.

Beispiel 2: Die Standardform des LP aus Beispiel 1 lautet:

$$\max \quad z = 10x_1 + 12x_2$$

$$\text{bezüglich: } \begin{pmatrix} 1 & 3 \\ 2 & 1 \end{pmatrix} \begin{pmatrix} x_1 \\ x_2 \end{pmatrix} \leq \begin{pmatrix} 15 \\ 20 \end{pmatrix} \; ;$$

$$\begin{pmatrix} x_1 \\ x_2 \end{pmatrix} \geq \begin{pmatrix} 0 \\ 0 \end{pmatrix} \; .$$

Durch Einführen der **Schlupfvariablen** x_3 und x_4 erhält man die Normalform

$$\begin{aligned}\max \quad z = \; &10x_1 + 12x_2 \\ \text{bzgl.} \quad &x_1 + 3x_2 + x_3 \quad\quad = 15 \\ &2x_1 + x_2 \quad\quad + x_4 = 20 \\ &x_i \geq 0 \qquad i = 1, \ldots, 4\end{aligned}$$

bzw. in Matrizenschreibweise

$$\text{bzgl. } \begin{pmatrix} 1 & 3 & 1 & 0 \\ 2 & 1 & 0 & 1 \end{pmatrix} \begin{pmatrix} x_1 \\ x_2 \\ x_3 \\ x_4 \end{pmatrix} = \begin{pmatrix} 15 \\ 20 \end{pmatrix} \; ; \; \begin{pmatrix} x_1 \\ x_2 \\ x_3 \\ x_4 \end{pmatrix} \geq \begin{pmatrix} 0 \\ 0 \\ 0 \\ 0 \end{pmatrix} \; .$$

Definition 6.1.3 Für ein LP in Normalform

$$\begin{aligned}\max \quad &z = c^T x \\ \text{bzgl. } &Ax = b \\ &x \geq 0\end{aligned}$$

heißt eine zu einer Basis $a^{i_1}, \ldots, a^{i_m}$ der Matrix A berechnete spezielle Lösung von $Ax = b$ (vgl. 2.3.1) eine **Basislösung**.

6.1 Lineare Optimierung

Die zugehörigen Variablen $x_{i_1}, x_{i_2} \ldots, x_{i_m}$ heißen **Basisvariable (BV)**; die übrigen Variablen heißen **Nichtbasisvariable**. (Diese haben also den Wert Null).
Sind die Basisvariablen nicht-negativ, also $x_{i_j} \geq 0$ für alle j = 1, ..., m, so heißt die Basislösung **zulässig**.
Da ein Gleichungssystem nur endlich viele Basislösungen besitzt, gibt es auch nur endlich viele zulässige Basislösungen. Sind diese durchnumeriert mit $x^1, \ldots, x^K$, so gilt für jede konvexe Linearkombination

$$\overline{x} = \sum_{j=1}^{K} \lambda_j x^j \quad (\text{mit } \lambda_j \geq 0, \sum_{j=1}^{K} \lambda_j = 1)$$

daß $\overline{x}$ ebenfalls eine zulässige Lösung ist. Umgekehrt läßt sich jede zulässige Lösung ebenfalls als konvexe Linearkombination der Basislösungen darstellen.
Also ist auch die Optimallösung x^0 eines LPs eine konvexe Linearkombination

$$x^0 = \sum_{j=1}^{K} \lambda_j^* x^j$$

der zulässigen Basislösungen. Für den Optimalwert gilt damit

$$c^T x^0 = c^T \cdot \sum \lambda_j^* x^j = \sum \lambda_j^* c^T x^j = \sum \lambda_j^* z^j ,$$

wobei $z^j = c^T x^j$ der Zielfunktionswert der j-ten Basislösung ist.
Da die konvexe Linearkombination reeller Zahlen kleiner oder höchstens gleich dem Maximum dieser Zahlen ist, müssen alle diejenigen Basislösungen, die mit positivem λ_j^* in der Linearkombination berücksichtigt werden, ebenfalls optimal sein. Auf dieser Grundlage also läßt sich der Beweis führen, daß die dazugehörige Basislösung optimal ist.

Folgerung 6.1.4 Existiert eine Optimallösung eines LP, dann existiert auch eine optimale Basislösung mit demselben Zielfunktionswert.

Zum Lösen eines LP genügt es daher, unter allen Basislösungen eine optimale zu suchen. Das im folgenden angegebene Verfahren zur Berechnung einer optimalen Basislösung besteht in einer Folge von elementaren Basistransformationen, wobei darauf geachtet wird, daß - ausgehend von einer zulässigen Basislösung - bei jedem Basisaustausch wieder eine zulässige Basislösung mit einem nicht schlechteren Zielfunktionswert bestimmt wird.
Ein solches Verfahren zur Ermittlung einer optimalen Basislösung ist der **Simplexalgorithmus**.

Um ihn anwenden zu können, benötigt man das LP in der sogenannten kanonischen Form; das ist eine spezielle Darstellung der Normalform.

Definition 6.1.5 Ein Lineares Programm in Normalform
$$\max z = c^T x$$
$$Ax = b$$
$$x \geq 0$$
heißt **Lineares Programm in kanonischer Form**, wenn die Koeffizientenmatrix $A = (A_1, E_{m \times m})$ ist und der Vektor der rechten Seite **nichtnegativ**, also $b \geq 0$ ist. Dabei ist A eine m×n-Matrix, A_1 eine m×(n-m)-Matrix und der Vektor b der rechten Seite ist m-dimensional.

Bemerkung: Hat man ein LP in Standardform gegeben, so erhält man durch Einfügen der Schlupfvariablen automatisch die kanonische Form. Das Lösen dieser Gleichungen entspricht dem Vorgehen bei der elementaren Basistransformation zum Lösen eines LGS, wobei zu beachten ist, daß hier beim Simplexalgorithmus die Auswahl des Pivotelements **nicht beliebig** vorgenommen werden kann, sondern durch Auswahlvorschriften (Regeln zur Bestimmung des **Pivotelements**) fest bestimmt ist.

Satz 6.1.6 Für ein Lineares Programm, das in kanonischer Form gegeben ist, erreicht man mit Hilfe des im folgenden beschriebenen Simplexalgorithmus eine Optimallösung, falls eine solche überhaupt existiert.

Simplexalgorithmus: Gegeben sei ein LP in kanonischer Form. Der zu beschreibende Simplexalgorithmus besteht aus einem Anfangstableau und folgenden Iterationsschritten.

1. Schritt: Erstellen des Ausgangstableaus

Zeile	Basis	c_{BV}	c_1 x_1	...	c_{n-m} x_{n-m}	c_{n-m+1} x_{n-m+1}	...	c_n x_n	b
1	x_{n-m+1}	c_{n-m+1}	a_{11}	...	$a_{1,n-m}$				b_1
.	.	.	.		.		$E_{m \times m}$		.
.	.	.	.		.				.
.	.	.	.		.				.
m	x_n	c_n	a_{m1}	...	$a_{m,n-m}$				b_m
m+1			$y_{m+1,1}$	...	$y_{m+1,n-m}$	0	...	0	z

6.1 Lineare Optimierung

Der Simplexalgorithmus wird solange durchgeführt, bis entweder eine Optimallösung gefunden wurde (vgl. Abb.2 oben) oder festgestellt wurde, daß der zulässige Bereich unbeschränkt ist (vgl. Abb. 2 rechts unten).

Diesem Schema ist die Basislösung für die Basis(variablen) $x_{n-m+i} = b_i$ (i = 1, ... , m) und für die Nichtbasisvariablen $x_j = 0$ (j = 1, ... , n-m) zu entnehmen.
z ist der Zielfunktionswert dieser Basislösung.
Die c_{BV} bezeichnen die Koeffizienten der Basisvariablen (BV).
Die Werte in der (m+1)-ten Zeile $y_{m+1,s}$ heißen **relative Zielfunktionskoeffizienten** und werden gebildet gemäß

$$y_{m+1,s} = \sum_{k=1}^{m} c_{n-m+k}\, a_{ks} - c_s \qquad \text{für alle } s = 1,...,\ n-m$$

d.i. das Skalarprodukt des Vektors der Koeffizienten der Basisvariablen c_{BV} mit dem s-ten Spaltenvektor der Matrix A vermindert um den jeweiligen Zielfunktionskoeffizientenwert c_s.

2. Schritt: Austausch der Basisvariablen, indem (a) die **Pivotspalte**, (b) die **Pivotzeile** nach folgenden Vorschriften ausgewählt werden und somit das **Pivotelement** a_{rs} bestimmt wird:

(a) Bestimme jene **Spalte s**, die von den negativen Zahlen der (m+1)-ten Zeile den größten Betrag enthält:

$$y_{m+1,s} = \min_{k=1,...,n}\{ y_{m+1,k}\}\ .$$

Sind (bereits) alle Werte der letzten Zeile nicht-negativ, also alle

$$y_{m+1,k} \geq 0,$$

dann ist die **Optimallösung** erreicht!   **(Ende 1)**

(b) Bestimme jene **Zeile r**, in der sich das Minimum aller Quotienten der Werte der b-Spalte und der positiven Werte der s-Spalte befindet.

$$\frac{b_r}{a_{rs}} = \min_{k=1,...,m}\left\{\frac{b_k}{a_{ks}}\right\} \qquad \text{wobei } a_{ks} > 0\ .$$

Falls gilt, daß kein Nenner positiv ist, also alle $a_{ks} \leq 0$, so gibt es **keine endliche Optimallösung**, d.h. die Zielfunktion ist über dem zulässigen Bereich unbeschränkt.   **(Ende 2)**

Läßt sich nach dieser Vorschrift ein Pivotelement finden, so ist in einem Iterationsschritt der Austausch der Basisvariablen durchzuführen und für das nächste Tableau sind auch die Werte der relativen Zielfunktionskoeffizientenzeile, also die Werte der m+1-ten Zeile, neu zu berechnen !

Danach ist im neuen Tableau wiederum ein neues Pivotelement zu suchen und der nächste Austauschschritt, analog zum eben Gesagten, durchzuführen, bis schließlich entweder Ende 1 oder Ende 2 des Simplexalgorithmus erreicht ist.

Beispiel 3: Simplexalgorithmus für Beispiel 1.
Das Ausgangstableau in kanonischer Form lautet folgendermaßen:

Zeile	Basis	c_{BV}	10 x_1	12 x_2	0 x_3	0 x_4	b
1	x_3	0	1	3	1	0	15
2	x_4	0	2	1	0	1	20
			-10	-12	0	0	0

Einige Berechnungen, insbes. für die m+1-te Zeile, seien ausführlich dargestellt:

$$z = (0,0)\binom{15}{20} = 0; \quad y_{31} = (0,0)\binom{1}{2} - 10 = -10$$

$$y_{32} = -12, \quad y_{33} = y_{34} = 0 \ .$$

Pivotspalte: kleinster Wert der letzten Zeile ist -12, also x_2 in die Basis.
Quotienten der b-Spalte / Pivotspalte:

1.Zeile: $\dfrac{15}{3} = 5 > 0$ Minimum: 1.Zeile ist Pivotzeile

2.Zeile: $\dfrac{20}{1} = 20 > 0$,

das Pivotelement ist demnach das Element der 1.Zeile und 2.Spalte:

$$a_{12} = 3 \ .$$

Der Austausch liefert das nächste Tableau

Zeile	Basis	c_{BV}	10 x_1	12 x_2	0 x_3	0 x_4	b
1	x_2	12	1/3	1	1/3	0	5
2	x_4	0	5/3	0	-1/3	1	15
			-6	0	4	0	60

Die Optimallösung ist noch nicht erreicht, da sich noch ein negativer Wert, nämlich -6, in der letzten Zeile befindet. Da $5:\dfrac{1}{3} = 15 > 15:\dfrac{5}{3} = 9$ ist, erhält man als nächstes Pivotelement gemäß der Vorschrift 5/3.

6.1 Lineare Optimierung

Ein weiterer Austausch liefert folgendes Tableau:

Zeile	Basis	c_{BV}	x_1	x_2	x_3	x_4	b
1	x_2	12	0	1	2/5	-1/5	2
2	x_1	10	1	0	-1/5	3/5	9
			0	0	14/5	18/5	114

Ein weiterer Tausch ist nicht möglich, da in der relativen Zielfunktionskoeffizientenzeile keine negativen Werte mehr stehen. Die Optimallösung (OL) und somit das Ende 1 ist erreicht. Die Optimallösung lautet:

$$(x_1, x_2, x_3, x_4)^T = (9, 2, 0, 0)^T$$

Die Variablen x_1 und x_2 sind die Basisvariablen; die Variablen x_3 und x_4 sind Nichtbasisvariable. Der Optimalwert der Zielfunktion ist $z^* = 114$.

Eine andere Lösungssituation tritt in folgendem Beispiel auf:

Beispiel 4: max $z = 4x_1 + 2x_2$
bzgl. $x_1 - x_2 \leq 3$
$3x_1 - 2x_2 \leq 6$ $x_i \geq 0$ für $i = 1, 2$

Das Ausgangstableau kann leicht den Angaben entnommen werden:

Zeile	Basis	c_{BV}	4 x_1	2 x_2	0 x_3	0 x_4	b
1	x_3	0	1	-1	1	0	3
2	x_4	0	3	-2	0	1	6
			-4	-2	0	0	0

Das erste Tableau nach einem Austauschschritt lautet:

1	x_3	0	0	-1/3	1	-1/3	1
2	x_1	4	1	-2/3	0	1/3	2
			0	-14/3	0	4/3	8

Die Optimallösung ist noch nicht erreicht ($y_{32} = -14/3 < 0$), aber ein Tausch in dieser Spalte ist nicht möglich, da alle Werte in dieser Spalte negativ sind, also alle $a_{k2} < 0$.
Es gibt keine Optimallösung. Ende 2 ist erreicht, d.h. die Zielfunktion kann auf dem zulässigen Bereich, der unbeschränkt ist, beliebig große Werte annehmen.

Bemerkung: Die Vorschrift (a), nämlich die Wahl der Pivotspalte, garantiert, daß durch den Tausch der Zielfunktionswert zumindest nicht verschlechtert wird.

Die Vorschrift (b), nämlich die Wahl der Pivotzeile, garantiert, daß man nur zulässige Lösungen erhält, also solche, in denen alle Variablen nichtnegativ bleiben.

Andere Formen von Linearen Programmen müssen in die kanonische Form überführt werden, damit der Simplexalgorithmus laut obigem Schema durchgeführt werden kann.

Beispiel 5: Das Minimierungsproblem
$$\min c^T x$$
$$\text{bzgl. } Ax \leq b$$
$$x \geq 0$$
kann durch Multiplikation der Zielfunktion mit (-1) in ein Maximierungsproblem und dann in kanonische Form gebracht werden.
Offensichtlich gilt: $\min -c^T x \Leftrightarrow \max c^T x$.

Zu jedem LP gibt es ein „verwandtes" LP, das sogenannte Duale Programm.

Definition 6.1.7 Die beiden Linearen Programme
I: $\max z = c^T x$ und II: $\min z' = b^T y$
   bzgl. $Ax \leq b$ bzgl. $A^T y \geq c$
   $x \geq 0$ $y \geq 0$

heißen **zueinander dual**. Dabei wird I das Primale Programm und II das entsprechende Duale Programm genannt. Zu jeder Variablen des Primalen Programms gibt es eine Restriktion des Dualen Programms, zu jeder Restriktion vom Primalen Programm eine Variable vom Dualen.

Da das Duale Programm II ja auch ein Lineares Programm ist, kann man dazu wiederum das Duale Programm bilden. Als Duales Programm eines Dualen Programmes ergibt sich wieder das ursprüngliche Primale.

Bemerkung: Betrachtet man I als Primales Programm, dann erfolgt die Bildung des Dualen Programmes folgendermaßen:
Die Zielfunktion von II entsteht aus dem Vektor b von I:
Die Koeffizientenmatrix von II ist die transponierte Koeffizientenmatrix von I. (Die Zeilen von I werden zu den Spalten von II und umgekehrt). Damit ergibt sich entsprechend die neue Dimension der transponierten Matrix.
Aus den Ungleichungen der Form $\leq$ werden in II Ungleichungen von der Form $\geq$.

6.1 Lineare Optimierung

Die Zielfunktion c von I wird zur rechten Seite des Ungleichungssystems in II. Während die Zielfunktion in I zu maximieren ist, ist sie in II zu minimieren.

Beispiel 6:   min $y_1 + 3y_2$

bzgl. $\begin{cases} y_1 - 2y_2 \geq 6 \\ -y_1 + 5y_2 \geq 4 \\ y_1 - y_2 \geq 1 \end{cases}$ mit $y_i \geq 0$ für $i = 1, 2$

Duales LP: max $6x_1 + 4x_2 + x_3$
bzgl. $x_1 - x_2 + x_3 \leq 1$
und $-2x_1 + 5x_2 - x_3 \leq 3$ mit $x_i \geq 0$ für $i = 1, 2, 3$

Beispiel 7: Ein Primales Problem sei gegeben als
$$\max z = 7000\, x_1$$

bzgl. $\begin{cases} 3x_1 \quad\ - x_3 \leq 10 \\ 2x_1 - 2x_2 + x_3 \leq 15 \\ 2x_1 + x_2 + x_3 \leq 30 \end{cases}$

mit $x_1, x_2, x_3 \geq 0$

Das zugehörige Duale Problem lautet:
$$\min z = 10y_1 + 15y_2 + 30y_3$$

bzgl. $\begin{cases} 3y_1 + 2y_2 + 2y_3 \geq 7000 \\ \qquad\ -2y_2 + y_3 \geq 0 \\ -y_1 + y_2 + y_3 \geq 0 \end{cases}$

mit $y_1, y_2, y_3 \geq 0$

Der Zusammenhang zwischen Primalem und Dualem Programm wird durch folgenden Satz beschrieben.

Satz 6.1.8 Dualitätssatz 1

Besitzen sowohl das Maximierungsproblem I als auch das Minimierungsproblem II zulässige Lösungen, so gilt für je zwei zulässige Lösungen:
(a) $c^T x \leq b^T y$;
(b)   es besitzen beide LPs auch Optimallösungen $\bar{x}$ bzw. $\bar{y}$ und ihre Zielfunktionswerte sind gleich, also gilt:
$c^T \bar{x} = b^T \bar{y}$.

Beweisskizze für (a) unter Zuhilfenahme von Def. 6.1.7:
$$c^T x \leq (A^T y)^T x = y^T A x \leq y^T b.$$

Folgerung 6.1.9: Für die beiden zueinander Dualen LPs Maximierungsproblem I und Minimierungsproblem II gilt:
Ist die Zielfunktion eines LP auf dem zulässigen Bereich unbeschränkt, dann besitzt das Duale Programm keine zulässige Lösung.

Bemerkung: Für die LPs I und II gilt also:
Entweder haben beide eine Optimallösung oder keines von beiden.
Man kann die Optimallösung des Dualen Programms aus dem Endtableau für das Primale ablesen, wie man aus dem folgenden Satz entnehmen kann:

Satz 6.1.10 Die Optimallösung des Dualen LP ist dem Endtableau des Primalen LP zu entnehmen gemäß:

$$\overline{y}_k = y_{m+1,n+k} \quad \text{für } k = 1, \ldots, m$$

Das sind genau die Variablen, die im Anfangstableau unter den Einheitsvektoren in der letzten Zeile, der relativen Zielfunktionskoeffizientenzeile, stehen.
Die Zielfunktionswerte für beide Programme, für das PP und für das DP, sind identisch.

Fortsetzung von Beispiel 6:
Das Anfangsschema für das Duale LP ist:

BV	c_{BV}	6 x_1	4 x_2	1 x_3	0 x_4	0 x_5	b
x_4	0	1	-1	1	1	0	1
x_5	0	-2	5	-1	0	1	3
		-6	-4	-1	0	0	0

Nach zwei Austauschschritten ergibt sich das Endtableau:

x_1	6	1	0	4/3	5/3	1/3	8/3
x_2	4	0	1	1/3	2/3	1/3	5/3
		0	0	25/3	38/3	10/3	68/3

Man entnimmt die Lösung des Dualen LP
$(\overline{x}_1, \overline{x}_2, \overline{x}_3)^T = (8/3,\ 5/3,\ 0)^T$,
der Zielfunktionswert z ist 68/3
und die Lösung des Primalen (also des ursprünglichen Minimierungsproblems) ist:

$(\bar{y}_1, \bar{y}_2)^T = (38/3, 10/3)^T$, wobei die (Überschuß-) Variable der dritten Ungleichung den Wert 25/3 annimmt.

Bemerkung: Man entnimmt also die Optimallösung des Dualen Programms aus der letzten Zeile des Endtableaus und jenen Spalten, die zu den Schlupfvariablen des Primalen gehören.

Bemerkung: Man kann ein Minimierungsproblem durch Dualisieren in ein Maximierungsproblem umformen, dieses dann lösen und die Lösung beider Programme, auch des Minimierungsproblems aus dem Endschema ablesen.

Der Zusammenhang zwischen den Optimalwerten der Variablen (inklusive Schlupf- bzw. Überschußvariablen) für zueinander Duale LPs wird beschrieben durch den folgenden Satz.

Satz 6.1.11 Dualitätssatz 2 oder Satz vom Dualen Schlupf
(a) Seien $\bar{x}$ bzw. $\bar{y}$ die Optimallösungen von I bzw. II.
Dann gilt:

$\bar{x}_k > 0 \Rightarrow a_k^T \bar{y} - c_k = 0$ für alle k.

Ist die Basisvariable des PP positiv, dann gilt, daß im DP die Restriktionen genau als Gleichung erfüllt sind. (Schlupfvariable sind Null)

$\bar{y}_l > 0 \Rightarrow \sum_{i=1}^{n} a_{li} x_i - b_l = 0$ für alle l.

Ist die Basisvariable des DP positiv, dann gilt, daß die Restriktionen des PP genau als Gleichung erfüllt werden. (Schlupfvariable sind Null)

(b) Erfüllen Vektoren $\bar{x}, \bar{y}$ die beiden Implikationen von (a), dann sind sie Optimallösungen von I bzw. II.

Beispiel 8: Im obigen Beispiel (Fortsetzung von Bsp. 6) war in der Optimallösung $\bar{x}_1 = 8/3 > 0$, also muß das Skalarprodukt der ersten Spalte von A mit $\bar{y}$ gleich c_1 sein:

$$1 \cdot \frac{38}{3} - 2 \cdot \frac{10}{3} = 6.$$

Das ist offensichtlich richtig.
Andererseits ist, z.B. $a_4^T \bar{y} = \bar{y}_1 = 38/3 > 0$, also muß x_4 gleich Null sein. Da x_4 nicht in der Basis ist, stimmt das.

Bemerkung: Man nennt die beiden Implikationen in Satz 6.1.11 aufgrund von Teil (b) auch die **Optimalitätsbedingungen**.

Hinweise zur Verwendung von Standardsoftware:

Im Tabellenkalkulationsprogramm EXCEL aus dem MS-Office Paket findet man unter dem Menuepunkt "Extras" die Option Solver. Damit lassen sich u.a. auch lineare Programme lösen.

Unter dem link
http://www.bwl.tu-darmstadt.de/bwl3/forsch/projekte/tenor
findet man das kostenlose Programm TENOR mit dem Modul LINO zur Lösung linearer Programme. Die Handhabung ist auch für Anfänger sehr benutzerfreundlich.

Auf der Seite
http://www.lindo.com
wird das kommerzielle Programm LINDO angeboten. Von dort sind auch kostenlose Testversionen mit verringerter Leistung erhältlich.

Unter dem link
http://www.mops.fu-berlin.de
findet man ClipMOPS, ein Zusatzprogramm für EXCEL zur komfortablen Lösung von LPs.

Die Seite
http://www.ilog.com/products/cplex
stellt das kommerzielle Programm CPLEX vor, das derzeit als Industriestandard gilt.

6.2 Optimierung von Funktionen von mehreren reellen Variablen mit Nebenbedingungen

Beispiel 1: Maximiere eine Nutzenfunktion u unter einer Budgetbeschränkung:

$$\max u(x_1, x_2, \ldots, x_n)$$
$$\text{bzgl.} \quad \sum_{i=1}^{n} p_i \cdot x_i = B.$$

Interpretation: Bestimme die Mengeneinheiten x_i der n Güter derart, daß der Nutzen maximiert wird unter der Bedingung, daß das gesamte Budget (B Geldeinheiten) zu gegebenen Preisen p_i der Güter ausgegeben wird.

Beispiel 2:
$$\max u(x_1, x_2) = (x_1 - 12) \cdot (x_2 - 20)$$
$$\text{bzgl.} \quad 4 \cdot x_1 + 2 \cdot x_2 = 60$$

Die Lösung kann man in diesem einfachen Fall durch Einsetzen erhalten. Aus der Nebenbedingung $4 \cdot x_1 + 2 \cdot x_2 = 60$ erhält man $x_2 = 30 - 2x_1$. Dies in die Zielfunktion eingesetzt ergibt

$$\overline{u}(x_1) = u(x_1, 30 - 2x_1) = 2 \cdot (x_1 - 12) \cdot (5 - x_1).$$

Die Maximalstelle dieser Funktion ist bei $x_1 = 8.5$. Dies in die Nebenbedingung eingesetzt, ergibt $x_2 = 13$. Damit ist (8.5, 13) die Optimallösung des Beispiels, und $u(8.5, 13) = 24.5$ ist der Optimalwert.

Satz 6.2.1: Lagrange-Multiplikatoren-Methode (Louis Lagrange 1736-1813). Für das Optimierungsproblem mit n Variablen und m Nebenbedingungen in Gleichungsform

$$\text{Max(Min)} \quad f(x_1, x_2, \ldots, x_n)$$

$$\text{bzgl.} \begin{cases} g^1(x_1, x_2, \ldots, x_n) = c_1 \\ g^2(x_1, x_2, \ldots, x_n) = c_2 \\ \vdots \\ g^m(x_1, x_2, \ldots, x_n) = c_m \end{cases}$$

heißt die folgende Funktion **Lagrangefunktion zu diesem Problem**

$$L(x_1, \ldots, x_n, \lambda_1, \ldots, \lambda_m) = f(x_1, \ldots, x_n) + \sum_{j=1}^{m} \lambda_j \left(c_j - g^j(x_1, \ldots, x_n) \right),$$

Die λ_j für $j = 1, \ldots, m$ heißen **Lagrangemultiplikatoren**.

Ist $x^0 = \left(x_1^0, x_2^0, \ldots, x_n^0\right)$ eine **Lösung des Optimierungsproblems**, dann existiert dazu ein Vektor $\lambda^0 = \left(\lambda_1^0, \lambda_2^0, \ldots, \lambda_m^0\right)$ der Lagrangemultiplikatoren derart, daß der (n+m)-dimensionale Vektor

$$\left(x^0, \lambda^0\right) = \left(x_1^0, x_2^0, \ldots, x_n^0, \lambda_1^0, \lambda_2^0, \ldots, \lambda_m^0\right)$$

ein stationärer Punkt dieser Lagrangefunktion (einer Funktion von n+m Variablen!) - ist.

Bei der praktischen Berechnung bestimmt man zunächst die stationären Punkte $\left(x^k, \lambda^k\right)$ der Lagrangefunktion, dies sind eventuell mehrere, und untersucht anschließend, welcher der Punkte x^k das gesuchte Maximum oder Minimum ist.

Für obiges **Beispiel 2**

$$\max u(x_1, x_2) = (x_1 - 12) \cdot (x_2 - 20)$$
$$\text{bzgl.} \quad 4 \cdot x_1 + 2 \cdot x_2 = 60$$

erhält man die folgende **Lagrangefunktion**

$$L(x_1, x_2, \lambda) = (x_1 - 12) \cdot (x_2 - 20) + \lambda(60 - 4x_1 - 2x_2),$$

sowie deren partiellen Ableitungen

$$L_{x_1}(x_1, x_2, \lambda) = x_2 - 20 - 4\lambda$$
$$L_{x_2}(x_1, x_2, \lambda) = x_1 - 12 - 2\lambda$$
$$L_\lambda(x_1, x_2, \lambda) = 60 - 4x_1 - 2x_2 ,$$

und daraus das Gleichungssystem zur Bestimmung der stationären Punkte

$$\begin{aligned} x_2 \quad &-4\lambda = 20 \\ x_1 \quad &-2\lambda = 12 \\ 4x_1 + 2x_2 \quad &= 60. \end{aligned}$$

Die einzige Lösung dieses Gleichungssystems ist der Vektor

$$\left(x_1^0, x_2^0, \lambda^0\right) = \left(\frac{17}{2}, 13, -\frac{7}{4}\right),$$

d.h. nur der Punkt $\left(x_1^0, x_2^0\right) = \left(\frac{17}{2}, 13\right)$ kann eine Extremalstelle sein. Die Frage, ob tatsächlich ein Maximum oder Minimum vorliegt, wird wieder durch höhere partielle Ableitungen beantwortet. Dazu benötigt man die folgenden Definition.

6.2 Optimierung von Funktionen mit Nebenbedingungen

Definition 6.2.2 Zu der Lagrangefunktion

$$L(x_1,\ldots,x_n,\lambda_1,\ldots,\lambda_m) = f(x_1,\ldots,x_n) + \sum_{j=1}^{m}\lambda_j\left(c_j - g^j(x_1,\ldots,x_n)\right)$$

heißt die $(m+n) \times (m+n)$-Matrix

$$\overline{H} = \left(\begin{array}{ccc|ccc} 0 & \cdots & 0 & g^1_{x_1} & \cdots & g^1_{x_n} \\ \vdots & & \vdots & \vdots & & \vdots \\ 0 & \cdots & 0 & g^m_{x_1} & \cdots & g^m_{x_n} \\ \hline g^1_{x_1} & \cdots & g^m_{x_1} & L_{x_1 x_1} & \cdots & L_{x_1 x_n} \\ \vdots & & \vdots & \vdots & & \vdots \\ g^1_{x_n} & \cdots & g^m_{x_n} & L_{x_n x_1} & \cdots & L_{x_n x_n} \end{array}\right) \begin{array}{l} \bigg\} m \\ \bigg\} n \end{array}$$

$$\underbrace{}_{m} \underbrace{}_{n}$$

umrandete Hessesche Matrix $\overline{H}$. Die $(2m+k)$-ten Hauptabschnittsdeterminanten $\det\left(\overline{H}_{2m+k}\right)$ für $k=1,\ldots,n-m$ dieser Matrix nennt man auch **umrandete Hauptabschnittsdeterminanten**.

Die umrandete Hessesche Matrix zum Beispiel 2 ist

$$\overline{H} = \begin{pmatrix} 0 & 4 & 2 \\ 4 & 0 & 1 \\ 2 & 1 & 0 \end{pmatrix}.$$

Hier ist die Anzahl der Variablen $n = 2$ und die Anzahl der Nebenbedingungen $m = 1$. Die Matrix $\overline{H}$ ist in diesem Beispiel konstant.

Die Vorzeichen bestimmter Hauptabschnittsdeterminanten geben nun Auskunft über das Vorliegen eines Extremums. In Abhängigkeit von der Anzahl m der Nebenbedingungen wird im folgenden Satz eine hinreichende Bedingung für das Vorliegen eines lokalen Extremums angegeben.

Satz 6.2.3 Sei (x^0, λ^0) ein stationärer Punkt der Lagrangefunktion. Dann ist ein Punkt x^0

(a) **Maximalstelle von f unter den gegebenen Nebenbedingungen,**
wenn die Vorzeichen der Hauptabschnittsdeterminanten

$$\det\left(\overline{H}_{2m+k}\right) \quad \text{für} \quad k=1,\ldots,n-m$$

alternierend positiv und negativ sind, beginnend mit dem Vorzeichen $(-1)^{m+1}$.

(b) Minimalstelle von f unter den gegebenen Nebenbedingungen,
wenn alle Hauptabschnittsdeterminanten $\det(\overline{H}_{2m+k})$ für k=1,...,n-m dasselbe Vorzeichen haben, und zwar positiv, falls die Anzahl m der Nebenbedingungen gerade ist, und negativ, wenn m ungerade ist.

Fortsetzung von Beispiel 2: Weil n−m = 1 ist, ist nur (für k = 1) die eine Determinante $\det(\overline{H}_{2m+1}) = \det(\overline{H}_3) = \det(\overline{H}) = 16 > 0$ zu berechnen. Da diese positiv ist, und m = 1 ungerade ist, liegt nach Teil (a) des obigen Satzes an der Stelle $(x_1^0, x_2^0) = (8.5, 13)$ ein Maximum vor.

Beispiel 3: Bestimme die Extrema von
$$f(x, y, z) = x + y + z$$
bzgl. $x^2 + y^2 + z^2 = 3$

Aus der Lagrangefunktion zu diesem Problem
$$L(x, y, z, \lambda) = x + y + z + \lambda \cdot (3 - x^2 - y^2 - z^2),$$
erhält man das Gleichungssystem zur Bestimmung der stationären Punkte
$$L_x = 1 - 2\lambda x = 0$$
$$L_y = 1 - 2\lambda y = 0$$
$$L_z = 1 - 2\lambda z = 0$$
$$L_\lambda = 3 - x^2 - y^2 - z^2 = 0.$$

Es ergeben sich zwei Lösungen des Gleichungssystems, also die beiden stationären Punkte $StP_1 = \left(1, 1, 1; \frac{1}{2}\right)$ und $StP_2 = \left(-1, -1, -1; -\frac{1}{2}\right)$. Die umrandete Hessesche Matrix allgemein ist

$$\overline{H} = \begin{pmatrix} 0 & 2x & 2y & 2z \\ 2x & -2\lambda & 0 & 0 \\ 2y & 0 & -2\lambda & 0 \\ 2z & 0 & 0 & -2\lambda \end{pmatrix}.$$

Die beiden stationären Punkte in die Matrix eingesetzt ergeben

für StP_1: $\begin{pmatrix} 0 & 2 & 2 & 2 \\ 2 & -1 & 0 & 0 \\ 2 & 0 & -1 & 0 \\ 2 & 0 & 0 & -1 \end{pmatrix}$ und StP_2: $\begin{pmatrix} 0 & -2 & -2 & -2 \\ -2 & 1 & 0 & 0 \\ -2 & 0 & 1 & 0 \\ -2 & 0 & 0 & 1 \end{pmatrix}$.

6.2 Optimierung von Funktionen mit Nebenbedingungen

Somit ist, da für StP$_1$ die Determinanten $|\overline{H}_3| = 8$ und $|\overline{H}_4| = -16$ sind, nach Teil (a) des Satzes der Punkt (1,1,1) eine Maximalstelle, und da für StP$_2$ die Determinanten $|\overline{H}_3| = -8$ und $|\overline{H}_4| = -16$ sind, nach Teil (b) des Satzes der Punkt (-1,-1,-1) ist Minimalstelle.

Eine Interpretation des Wertes des Lagrange-Multiplikators λ_j^0 erhält man, wenn man untersucht, welche Wirkung eine Änderung der c_j hat. Betrachtet man die Lagrangefunktion auch als Funktion der c_j

$$L(x_1,...,x_n,\lambda_1,...,\lambda_m,c_1,...,c_m) = f(x_1,...,x_n) + \sum_{j=1}^{m} \lambda_j (c_j - g^j(x_1,...,x_n)),$$

so besitzt sie die partielle Ableitung von L nach c_j im stationären Punkt

$$L_{c_j}(x^0,\lambda^0,c_1,...,c_m) = \lambda_j^0.$$

D.h. λ_j^0 gibt die Änderung der Lagrangefunktion im stationären Punkt an. Da jedoch im stationären Punkt alle Summanden $c_j - g^j(x_1^0,...,x_n^0)$ gleich Null sind, ist $L(x^0,\lambda^0) = f(x^0)$, und somit gilt:

Folgerung 6.2.4 Der Wert λ_j^0 des Lagrangemultiplikators gibt näherungsweise die Änderung des Optimalwertes von f(x) an, wenn c_j um eine Einheit geändert wird.

Beispiel 4: Ökonomische Interpretation des Nutzenmaximierungsproblems der klassischen Haushaltstheorie der Konsumenten für zwei Güter (vgl. Beispiel 1):

max u(x, y)
bzgl. $p_x \cdot x + p_y \cdot y = B$.

Das gesamte Budget von B (Geldeinheiten) soll für den Konsum der Güter zu den gegebenen Preisen p_x, p_y pro Mengeneinheit der Güter verbraucht werden. Nimmt man, wie üblich an, daß die **Nutzenfunktion u positiven Grenznutzen besitzt**, d.h. $u_x > 0$ und $u_y > 0$, dann sind die Isoquanten der Nutzenfunktion u, die auch **Indifferenzkurven** genannt werden, von einer ähnlichen Form, wie sie in Abb. 1 gezeichnet wurden. Die Maximalstelle (x^0, y^0) wird auch **Gleichgewicht** genannt.

Ein stationärer Punkt der Lagrangefunktion zu diesem Problem erfüllt

$L_x = u_x - \lambda p_x = 0$ sowie $L_y = u_y - \lambda p_y = 0$. Damit gilt $\dfrac{u_x}{p_x} = \dfrac{u_y}{p_y} = \lambda^0$,

d.h. **im Gleichgewicht ist für jedes Gut das Verhältnis aus Grenznutzen und Preis gleich**, und zwar gleich dem Wert des Lagrangemultiplikators λ^0. Mit anderen Worten, im Gleichgewicht muß für jedes Gut der Grenznutzen einer zusätzlichen Einheit dieses Gutes bezogen auf die Grenzkosten (Preis) gleich sein. Die ersten partiellen Ableitungen führen auch zu der Gleichung $\dfrac{u_x}{u_y} = \dfrac{p_x}{p_y}$. D.h. im Gleichgewicht gilt: **Verhältnis der Grenznutzen = Verhältnis der Güterpreise.** Außerdem ist nach Folgerung 6.2.4 $L_B(x^0, y^0, \lambda^0) = \lambda^0$, d.h. der Wert λ^0 des Lagrangemultiplikators gibt im Gleichgewicht den **Grenznutzen des Geldes bei Nutzenmaximierung** an.

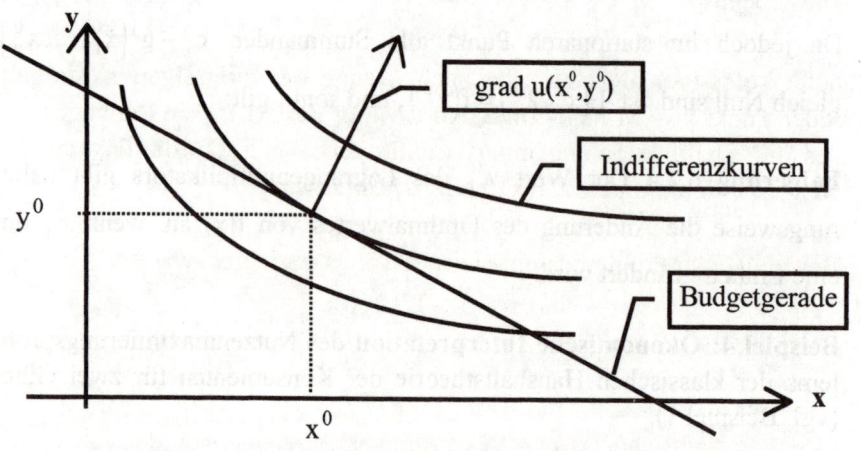

Abbildung 1: Nutzenmaximierungsproblem für zwei Güter

Die Steigung einer Indifferenzkurve ist $-\dfrac{u_x}{u_y}$. Da im Gleichgewicht $\dfrac{u_x}{u_y} = \dfrac{p_x}{p_y}$ ist, besitzt die Indifferenzkurve dort dieselbe Steigung wie die Budgetgerade $y = -\dfrac{p_x}{p_y} \cdot x + \dfrac{B}{p_y}$. Also gilt, die **Budgetgerade ist Tangente zur Indifferenzkurve im Gleichgewicht.**

6.3. Nichtlineare Programme

Definition 6.3.1 Seien f(x) und $g^j(x)$ für $j = 1, \ldots, m$ Funktionen von n Variablen sowie r_j für $j = 1, \ldots, m$ reelle Zahlen, dann heißen die beiden Optimierungsprobleme

$$\max f(x) \qquad\qquad \min f(x)$$
$$\text{bzgl..} \begin{cases} g^j(x) \leq r_j & j=1,\ldots,m \\ x_i \geq 0 & i=1,\ldots,n \end{cases} \qquad \text{bzgl.} \begin{cases} g^j(x) \geq r_j & j=1,\ldots,m \\ x_i \geq 0 & i=1,\ldots,n \end{cases}$$
$$\text{(Maximierungsproblem)} \qquad\qquad \text{(Minimierungsproblem)}$$

nichtlineare Programme (NLP) in Normalform. f(x) heißt die **Zielfunktion**, die Ungleichungen $g^j(x) \leq r_j$ bzw. $g^j(x) \geq r_j$ heißen **Restriktionen** und $x_i \geq 0$ nennt man **Nichtnegativitätsbedingungen**.

$$\text{Die Menge} \quad M = \left\{ x \in R^n \;\middle|\; \begin{array}{ll} g^j(x) \leq r_j \; (g^j(x) \geq r_j) & \text{für } j=1,\ldots,m \\ x_i \geq 0 & \text{für } i=1,\ldots,n \end{array} \right\}$$

heißt **zulässiger Bereich** oder auch **Menge der zulässigen Lösungen**. Jeder Punkt $x \in M$ heißt **zulässige Lösung des NLP**. Ein Punkt $\bar{x} \in M$, der die Zielfunktion maximiert (minimiert), heißt **Optimallösung des NLP**. Der Funktionswert $f(\bar{x})$ heißt **Optimalwert**.

Beispiel 1: Bei Problemen mit nur zwei (n=2) Variablen, wie

$$\max f(x_1, x_2) = 4 \cdot \sqrt{x_1 \cdot x_2}$$
$$\text{bzgl.} \begin{cases} x_1 + 2x_2 \leq 20 \\ x_1 \geq 0, x_2 \geq 0, \end{cases}$$

ist eine graphische Lösung des Problems möglich. Aus der Zeichnung (vgl. Abb. 1) entnimmt man, indem man einige Isoquanten der Zielfunktion f(x) einzeichnet, daß die Optimallösung auf dem Rand des zulässigen Bereiches liegen muß, nämlich auf der Geraden $x_1 = 20 - 2x_2$. Setzt man dies für x_1 in die Zielfunktion ein, so erhält man als zu lösendes Problem $\max 4\sqrt{(20-2x_2) \cdot x_2}$. Da die Wurzelfunktion streng monoton ist, ist die Maximalstelle dieser Funktion an derselben Stelle, an der die Funktion $(20-2x_2) \cdot x_2$ das Maximum besitzt, also an der Stelle $x_2 = 5$. Setzt man diesen Wert in die Geradengleichung ein, so erhält man $x_1 = 20 - 10 = 10$. Da beide Werte nichtnegativ sind, ist $(\bar{x}_1, \bar{x}_2) = (10, 5)$ die Optimallösung des nichtlinearen Programms, und der Optimalwert der Zielfunktion ergibt sich zu $c^* = f(10,5) = 20 \cdot \sqrt{2}$.

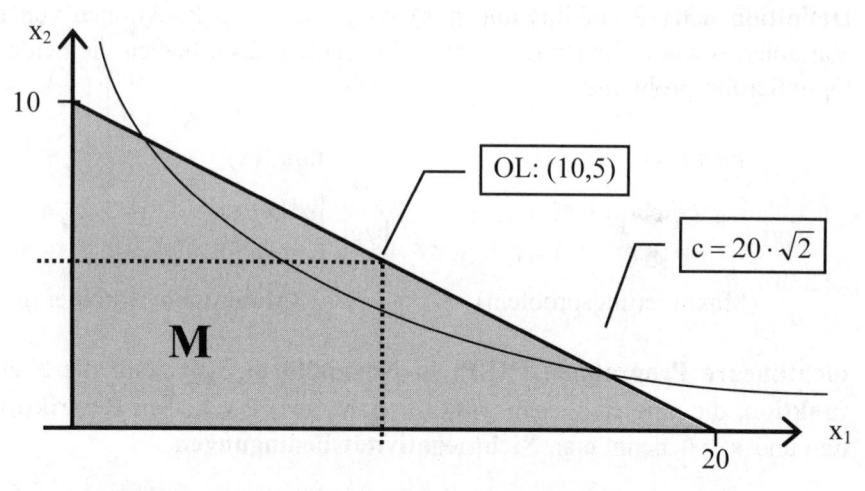

Abbildung 1: Zulässiger Bereich und Isoquanten beim Beispiel 1

Definition 6.3.2 Ein NLP heißt
(a) ein **konvexes Programm**, wenn beim Maximierungsproblem die Zielfunktion **f(x) konkav** ist und alle Funktionen **g^j(x) konvex** sind, bzw. beim Minimierungsproblem die Zielfunktion **f(x) konvex** ist und alle Funktionen **g^j(x) konkav** sind,
(b) ein **quadratisches Programm**, wenn die Zielfunktion eine **quadratische Form** ist und alle Funtionen **g^j(x) linear** sind.

Ein quadratisches Programm kann also in folgender Form allgemein angegeben werden

$$\max \quad x^T C x \qquad\qquad \min \quad x^T C x$$
$$\text{bzgl.} \begin{cases} Ax \leq b \\ x \geq 0, \end{cases} \quad \text{oder} \quad \text{bzgl.} \begin{cases} Ax \geq b \\ x \geq 0, \end{cases}$$

wobei C eine symmetrische n×n Matrix ist, A eine m×n Matrix ist und b ein m-dimensionaler Vektor ist.

Beispiel 2:
$$\max f(x,y,z) = -2x^2 - 3y^2 + 2xy - 4yz$$
$$\text{bzgl.} \begin{cases} x - y \leq 4 \\ x + z \leq 2 \\ x, y, z \geq 0 \end{cases}$$

Dieses nichtlineare Programm ist ein quadratisches Programm, da die beiden Funktionen $g^1(x,y,z) = x - y$ und $g^2(x,y,z) = x + z$ lineare Funktionen sind, und die Zielfunktion

$$f(x,y,z) = -2x^2 - 3y^2 + 2xy - 4yz = (x,y,z)\begin{pmatrix} -2 & 1 & 0 \\ 1 & -3 & -2 \\ 0 & -2 & 0 \end{pmatrix} \cdot \begin{pmatrix} x \\ y \\ z \end{pmatrix}$$

eine quadratische Form ist.
Da lineare Funktionen sowohl konvex als auch konkav sind, hängt es bei quadratischen Programmen nur von der Zielfunktion ab, ob sie auch konvexe Programme sind.

Folgerung 6.3.3 Ein **Quadratisches Programm ist ein konvexes Programm**, wenn die Zielfunktion für das Maximum-Problem konkav (für das Minimum-Problem konvex) ist.

Folgerung 6.3.4 Bei konvexen Programmen ist der zulässige Bereich **M konvex**.

Beweis: $g^j(x)$ konvex $\Rightarrow$ $M_j = \left\{ x \mid g^j(x) \leq r_j \right\}$ ist konvex,

denn für je zwei Punkte $x^1, x^2 \in M_j$ und beliebiges $\lambda \in [0,1]$ ist

$$g^j(\lambda x^1 + (1-\lambda)x^2) \leq \lambda g^j(x^1) + (1-\lambda)g^j(x^2) \leq \lambda r_j + (1-\lambda)r_j = r_j.$$

Also ist der Punkt $\lambda x^1 + (1-\lambda)x^2 \in M_j$, und somit ist M_j konvex.

Ebenso: $g^j(x)$ konkav $\Rightarrow$ $M_j = \left\{ x \mid g^j(x) \geq r_j \right\}$ ist konvex

Damit ist der zulässige Bereich als Durchschnitt von konvexen Mengen

$$M = \bigcap_{j=1}^{m} M_j \cap \left\{ x = (x_1, ..., x_n) \mid x_i \geq 0, i = 1, ... n \right\}$$ ebenfalls konvex.

Definition 6.3.5 Für ein NLP in Normalform mit n Variablen und m Nebenbedingungen heißt die Funktion

$$Z(x_1,...,x_n,\lambda_1,...,\lambda_m) = f(x_1,...,x_n) + \sum_{j=1}^{m} \lambda_j \left(r_j - g^j(x_1,...,x_n) \right)$$

vereinfachte Lagrangefunktion.

Bemerkung: Ist ein NLP nicht in Normalform gegeben, d.h. einige der Ungleichungen in den Restriktionen besitzen die falsche Richtung, so muß es zunächst auf Normalform gebracht werden, indem man diese Restriktionen mit (-1) multipliziert, bevor die vereinfachte Lagrangefunktion aufgestellt werden kann.

Definition 6.3.6 Kuhn-Tucker-Bedingungen

Sei $Z(x,\lambda)$ die Lagrangefunktion eines NLP, so sagt man, ein Punkt $(\overline{x},\overline{\lambda})$ **erfüllt die Kuhn-Tucker-Bedingungen** (KTB), wenn er das folgende System von Gleichungen und Ungleichungen erfüllt.

(a) Für das Maximierungsproblem:

$$\frac{\partial Z}{\partial x_i} \leq 0 \qquad x_i \cdot \frac{\partial Z}{\partial x_i} = 0 \qquad x_i \geq 0 \qquad i=1,\ldots,n$$

$$\frac{\partial Z}{\partial \lambda_j} \geq 0 \qquad \lambda_j \cdot \frac{\partial Z}{\partial \lambda_j} = 0 \qquad \lambda_j \geq 0 \qquad j=1,\ldots,m.$$

(b) Für das Minimierungsproblem:

$$\frac{\partial Z}{\partial x_i} \geq 0 \qquad x_i \cdot \frac{\partial Z}{\partial x_i} = 0 \qquad x_i \geq 0 \qquad i=1,\ldots,n$$

$$\frac{\partial Z}{\partial \lambda_j} \leq 0 \qquad \lambda_j \cdot \frac{\partial Z}{\partial \lambda_j} = 0 \qquad \lambda_j \geq 0 \qquad j=1,\ldots,m.$$

Fortsetzung von Beispiel 1: Das nichtlineare Programm

$$\max f(x_1,x_2) = 4 \cdot \sqrt{x_1 \cdot x_2}$$

$$\text{bzgl.} \begin{cases} x_1 + 2x_2 \leq 20 \\ x_1 \geq 0, x_2 \geq 0 \end{cases}$$

besitzt die vereinfachte Lagrangefunktion

$$Z(x_1,x_2,\lambda) = 4 \cdot \sqrt{x_1 x_2} + \lambda \cdot (20 - x_1 - 2x_2).$$

Die KTB lauten also:

$$Z_{x_1} = \frac{2x_2}{\sqrt{x_1 x_2}} - \lambda \leq 0 \qquad \left(\frac{2x_2}{\sqrt{x_1 x_2}} - \lambda\right) \cdot x_1 = 0 \qquad x_1 \geq 0$$

$$Z_{x_2} = \frac{2x_1}{\sqrt{x_1 x_2}} - 2\lambda \leq 0 \qquad \left(\frac{2x_1}{\sqrt{x_1 x_2}} - 2\lambda\right) \cdot x_2 = 0 \qquad x_2 \geq 0$$

$$Z_\lambda = 20 - x_1 - 2x_2 \geq 0 \qquad \lambda(20 - x_1 - 2x_2) = 0 \qquad \lambda \geq 0.$$

Man rechnet durch Einsetzen nach, daß der Punkt $(\overline{x}_1,\overline{x}_2,\overline{\lambda}) = (10, 5, \sqrt{2})$ die KTB erfüllt.

6.3 Nichtlineare Programme

Allgemein gilt für einen Punkt, der die KTB erfüllt, daß

$$x_i \cdot \frac{\partial Z}{\partial x_i} = 0 \text{ und } \lambda_j \cdot \frac{\partial Z}{\partial \lambda_j} = 0.$$

Da das Produkt von zwei Faktoren nur dann Null ist, wenn mindestens einer der beiden Faktoren gleich Null ist, kann man für das Maximierungsproblem (analog für das Minimierungsproblem) die folgenden Zusammenhänge formulieren.

Folgerung 6.3.7 Erfüllt (x,λ) die KTB für ein Maximierungsproblem, so gilt:

(a) Ist die Variable $x_i > 0$, dann muß die partielle Ableitung $\frac{\partial Z}{\partial x_i} = 0$

sein. Ist hingegen $\frac{\partial Z}{\partial x_i} < 0$, dann muß die Variable $x_i = 0$ sein.

(b) Ist $\lambda_j > 0$, dann muß $\frac{\partial Z}{\partial \lambda_j} = r_j - g^j(x) = 0$ sein, also die Restriktion

exakt erfüllt werden. Ist hingegen $\frac{\partial Z}{\partial \lambda_j} > 0$, dann muß der Lagrangemultiplikator $\lambda_j = 0$ sein.

(c) Der Wert der Lagrangefunktion in diesem Punkt

$$Z(x,\lambda) = f(x) + \underbrace{\sum_{j=1}^{m} \lambda_j (r_j - g^j(x))}_{=0} = f(x)$$

ist gleich dem Wert der Zielfunktion des NLP.

Satz 6.3.8 Ist ein NLP ein **konvexes Programm**, so gilt: Erfüllt $(\bar{x}, \bar{\lambda})$ die KTB, so ist $\bar{x}$ Optimallösung des NLP.

Hat man also einen Punkt $(\bar{x}, \bar{\lambda})$ gefunden, der die KTB erfüllt, so ist $\bar{x}$ Optimallösung des NLP. Erfüllt andererseits kein Punkt die KTB, so kann daraus nicht gefolgert werden, daß keine Optimallösung existiert. Man sagt kurz, die KTB sind hinreichend für konvexe Programme, und meint damit ausführlich, das Erfülltsein der KTB durch $(\bar{x}, \bar{\lambda})$ ist bei konvexen Programmen hinreichend dafür, daß $\bar{x}$ die Optimallösung ist.

Das obige Beispiel 1 ist ein konvexes Programm, also ist $\bar{x} = (10, 5)$ die Optimallösung des Problems.

Satz 6.3.9 Sind bei einem NLP die **Restriktionen linear**, so gilt: ist $\bar{x}$ Optimallösung, so gibt es einen Vektor $\bar{\lambda}$ mit nichtnegativen Komponenten $\bar{\lambda}_1,\ldots,\bar{\lambda}_m$ derart, daß $(\bar{x},\bar{\lambda})$ die KTB erfüllt.

Ist also $\bar{x}$ eine Optimallösung eines NLP mit Restriktionen, die sämtlich linear sind, so muß es einen geeigneten Vektor $\bar{\lambda}$ geben, der zusammen mit $\bar{x}$ die KTB erfüllt. Gibt es jedoch für einen Punkt $\bar{x}$ kein geeignetes $\bar{\lambda}$, mit dem die KTB erfüllen werden können, so ist $\bar{x}$ keine Optimallösung. Man sagt kurz, bei linearen Restriktionen sind die KTB notwendig.

Folgerung 6.3.10 Für ein **konvexes Programm mit linearen Nebenbedingungen** sind die **KTB notwendig und hinreichend**.

Für das obige Beispiel 1 liegen diese Voraussetzungen vor, d.h. zur Optimallösung $\bar{x} = (10, 5)$ muß ein $\bar{\lambda}$ existieren, sodaß $(\bar{x},\bar{\lambda})$ die KTB erfüllt. Der Wert von $\bar{\lambda}$ war $\sqrt{2}$. Andererseits ist der Punkt $\bar{x}$ die einzige Optimallösung, also darf zu keinem anderen Punkt x* ein λ* existieren derart, daß (x*, λ*) den KTB genügt.

In der Wirtschaftstheorie wird das Problem zur Bestimmung eines gewinnmaximalen Produktionsplanes unter Einhaltung von Kapazitätsbeschränkungen allgemein als Standardmaximumproblem der NLP formuliert:

$$\max f(x_1,x_2,\ldots,x_n)$$
$$\text{bzgl.} \begin{cases} g^j(x_1,\ldots x_n) \leq r_j & \text{für } j=1,\ldots,m \\ x_i \geq 0 & \text{für } i=1,\ldots,n \end{cases}$$

Die Variablen und die Funktionen dieses NLP haben dabei folgende Bedeutung. Man bezeichnet den Vektor $(x_1,\ldots,x_n) \in R^n$ als **Produktionsplan**, die Zielfunktion $f(x_1,\ldots,x_n)$ als **Gewinn** bei diesem Produktionsplan und $g^j(x_1,\ldots,x_n)$ als **Verbrauch an der Ressource j** durch diesen Produktionsplan. Für einen Punkt $(\bar{x},\bar{\lambda})$, der die KTB erfüllt, heißt der Lagrangemultiplikator $\bar{\lambda}_j$ **Schattenpreis der j-ten Ressource**, weil (vgl. Folgerung 6.2.4) in diesem Punkt das Maximum um $\bar{\lambda}_j$ steigt, wenn r_j um eine Einheit vergrößert wird. Ein Zukauf von einer Einheit der j-ten Ressource höchstens zum Schattenpreis $\bar{\lambda}_j$ würde den Gesamtgewinn nicht schmälern.

6.3 Nichtlineare Programme

Mit der Folgerung 6.3.7 ergibt sich, ist der **Schattenpreis** $\bar{\lambda}_j$ **positiv**, so wird die **j-te Ressource vollständig ausgeschöpft**. Wird hingegen die j-te Ressource nicht ausgeschöpft, so ist der Schattenpreis $\bar{\lambda}_j = 0$.

Mit den ökonomischen Bezeichnungen der partiellen Ableitungen, $f_{x_i}(x_1,\ldots,x_n)$ als **Grenzgewinn des i-ten Guts** und $g^j_{x_i}(x_1,\ldots,x_n)$ als **Grenzverbrauch des i-ten Guts an der j-ten Ressource**, kann man die Summe $\sum_j \bar{\lambda}_j \cdot g^j_{x_i}(\bar{x})$ die **aggregierten Grenzkosten des i-ten Gutes** nennen, und damit kann man die KTB

$$\frac{\partial Z}{\partial x_i} = f_{x_i}(\bar{x}) - \sum \bar{\lambda}_j \cdot g_{x_i}(\bar{x}) \leq 0$$

wie folgt interpretieren:
Solange der **Grenzgewinn größer** ist als die aggregierten **Grenzkosten**, ist das **Maximum nicht erreicht**. Im Optimum ist der Grenzgewinn kleiner oder gleich den Grenzkosten. Ist der **Grenzgewinn kleiner** als die aggregierten **Grenzkosten**, so wird das i-te **Gut nicht produziert**.

6.4 Übungsaufgaben

1. Ein Betrieb stellt zwei verschiedene Produkte P_1, P_2 unter Verwendung der drei Produktionsfaktoren F_1 Rohmaterial [t], F_2 Maschinen [h] und F_3 Arbeitskräfte [h], die nur beschränkt verfügbar sind, her. Die folgende Tabelle gibt für einen bestimmten Zeitraum den benötigten Faktoreinsatz je hergestellter Einheit von P_1 und P_2 in [t] an sowie den Gewinn [1 000 GE/t] je Einheit. Außerdem werden in der rechten Spalte die verfügbaren Kapazitäten aufgeführt. Gesucht ist jene Kombination der Herstellungsmengen von P_1 und P_2, welche unter den gegebenen Restriktionen (Nebenbedingungen) den Gesamtgewinn maximiert.

Einzelfaktoren	P_1	P_2	Kapazitäten
F_1	9	3	27
F_2	2	1	7
F_3	2	2	12
Gewinn	5	3	

a. Man stelle das LP auf und löse das Beispiel graphisch.
b. Wie ändert sich die Lösung, wenn in obiger Tabelle die letzte Zeile durch die Zeile Gewinn | 2 | 1 | ersetzt wird?
c. Wird bei dem Ungleichungssystem die Ungleichung $2x + y \leq 7$ durch die Beschränkung $2x + y \leq 7.5$ ersetzt, so erhält man als Lösung OL: (1.5, 4.5). Man interpretiere diese Lösung.

Lsg: a. OL: (1;5)   b. OL: Alle Punkte der Strecke von P(1;5) nach Q(2;3)

2. Lösen Sie die folgenden LPs graphisch ($x_1, x_2 \geq 0$) und rechnerisch:

a. max $x_1 + 4x_2$
   bzgl. $x_1 + 2x_2 \leq 8$
          $3x_1 + x_2 \leq 12$
          $x_2 \leq 3$

b. max $x_1 + x_2$
   bzgl. $-3x_1 + 2x_2 \geq 6$
          $2x_1 - 3x_2 \geq 6$

c. max $x_1 - 4x_2$
   bzgl. $-3x_1 + 2x_2 \leq 6$
          $2x_1 - 3x_2 \leq 6$

d. max $x_1 + x_2$
   bzgl. $-3x_1 + 2x_2 \leq 6$
          $2x_1 - 3x_2 \leq 6$

Lösen Sie die Beispiele auch mit Maple (with(simplex)):
```
a)> maximize(x[1]+4*x[2], {x[1]+2*x[2]<=8, 3*x[1]+x[2]<=12,
x[2]<=3}, NONNEGATIVE);   {x[1] = 2, x[2] = 3}
b)>     maximize(x[1]+x[2],    {-3*x[1]+2*x[2]>=6,    2*x[1]-
3*x[2]>=6}, NONNEGATIVE);   {} (ergibt Widerspruch)
c)>     maximize(x[1]-4*x[2],  {-3*x[1]+2*x[2]<=6,    2*x[1]-
3*x[2]<=6}, NONNEGATIVE);   {x[1] = 3, x[2] = 0}
d)>     maximize(x[1]+x[2],    {-3*x[1]+2*x[2]<=6,    2*x[1]-
3*x[2]<=6}, NONNEGATIVE); (unbeschränkt)
```

6.4 Übungsaufgaben

3. Finden Sie notwendige und hinreichende Bedingungen für die Zahlen s und t, sodaß das lineare Programm

$$\max \quad x_1 + x_2$$
$$\text{unter} \quad sx_1 + tx_2 \leq 1$$
$$x_1, x_2 \geq 0$$

a. eine Optimallösung besitzt,
b. keine zulässige Lösung besitzt,
c. unbeschränkt ist.

4. Eine Parkettfabrik hat zwei verschiedene Böden in ihrem Sortiment, Esche und Buche. Je m^2 Eschenparkett erhält das Unternehmen 80.-, für Buche 72.-.
Zur Produktion sind zwei Maschinen A und B notwendig. Diese können pro Stunde die folgende Menge (in m^2) Parkett herstellen:

	Esche	Buche
Maschine A	25	15
Maschine B	38	40

Das Unternehmen besitzt zwei identische Maschinen vom Typ A. Die variablen Kosten für eine Betriebsstunde einer Maschine A betragen GE 85.-, einer Maschine B 152.-. Es wird im Zweischichtenbetrieb (80 Stunden pro Woche) gearbeitet.
Die Materialkosten zur Erzeugung von einem m^2 Eschenparkett betragen 50.-, von Buchenparkett 20.-. Aufgrund längerfristiger Lieferverträge muss vom Lieferanten Holz für mindestens 1000 m^2 Eschenparkett abgenommen werden. Andererseits steht Buchenholz nur für maximal 1500 m^2 zur Verfügung.
Die Böden werden an zwei Großhändler H1 und H2 verkauft. H1 kauft nur Esche und davon höchstens 1500 m^2 pro Woche. Für H2 gibt es nur die Bedingung, daß genau 60 % der abgenommenen Menge Buchenparkett sein muß.

a. Skizzieren Sie den zulässigen Bereich für die Produktionsmengen.
b. Formulieren Sie ein lineares Programm für die Gewinnmaximierung, lösen Sie es graphisch und kontrollieren Sie das Ergebnis mit einem Computerprogramm.
c. Ändert sich die Optimallösung, wenn die Rentabilität (= (Erlös-Kosten)/Kosten) maximiert werden soll?
d. Ändert sich die Lösung, wenn der Umsatz maximiert werden soll?

5. Zeigen Sie graphisch, daß die lineare Optimierungsaufgabe
$$\begin{aligned} \max \quad & 3x_1 + 4x_2 \\ & -x_1 + x_2 \leq 4 \\ & -x_1 + 2x_2 \leq 10 \\ & -x_1 + 4x_2 \geq -4 \end{aligned}$$

mit $x_1, x_2 \geq 0$ eine Lösung besitzt, obwohl die Menge der zulässigen Lösungen nicht beschränkt ist.

6. Gegeben sei folgendes lineare Programm:
$$\begin{aligned} \max \quad & 3x_1 + x_2 + x_3 \\ \text{bzgl.} \quad & 3x_1 + 2x_2 + 2x_3 \leq 10 \\ & -x_1 + 3x_2 - x_3 \leq 13 \\ & - x_2 - x_3 \leq 7 \\ & 2x_1 + x_3 = 2 \ (*) \\ & x_1, x_2 \geq 0 \end{aligned}$$

a. Schreiben sie obiges Programm als ein lineares Programm mit 2 Variablen und 3 Restriktionen an. Hinweis: verwenden Sie die Gleichung (*) um eine Variable zu eliminieren.

b. Bestimmen Sie graphisch den zulässigen Bereich und die Optimallösung des in a. aufgestellten Programms.

c. Welche Probleme ergeben sich, wenn Sie versuchen das ursprüngliche bzw. das in a. vereinfachte Programm mit dem Simplexalgorithmus zu lösen?

```
> with(simplex);
>maximize(3*x[1]+x[2]+x[3],{3*x[1]+2*x[2]+2*x[3]<=10,
-x[1]+3*x[2]-x[3]<=13,-x[2]-x[3]<=7,
2*x[1]+x[3]=2},NONNEGATIVE);{x[2]=7/2,x[3]=0, x[1]=1}
```

7. Gegeben sei $f(x, y) = x^2 + y^2$ und $g(x, y) = x^2 + y^2 - 4x - 2y + 4$. Bestimmen Sie jene Punkte $(x, y) \in \mathbf{R}^2$, an denen relative Extrema der Funktion $f(x, y)$ unter der Nebenbedingung $g(x, y) = 0$ liegen können. Bestätigen Sie das Ergebnis mittels einer Zeichnung!

Lsg.: Lok. Max. $\left(2 + \dfrac{2}{\sqrt{5}}, 1 + \dfrac{1}{\sqrt{5}}\right)$, lok. Min. $\left(2 - \dfrac{2}{\sqrt{5}}, 1 - \dfrac{1}{\sqrt{5}}\right)$

8. Gegeben seien die Funktionen $f(x, y, z) = 2(x^2 - x) - y^2 + 3z^2$ und $g(x, y, z) = x + y + z$. Bestimmen Sie unter der Nebenbedingung $g(x, y, z) = 1$ die lokalen Extremstellen von $f(x, y, z)$.

Lsg.: $S(-1, 3, -1)$ ist lokale Minimalstelle.

6.4 Übungsaufgaben

9. Gegeben seien die Funktionen $f(x, y) = y(9x^2 - 1) + 8x + 14$ und $g(x, y) = x + y$.
   a. Ermitteln Sie stationäre Punkte und lokale Extremstellen von $f(x, y)$.
   b. Bestimmen Sie lokale Extremstellen von $f(x, y)$ unter der Nebenbedingung $g(x, y) = 3$.

Lsg.: a. $SP_1\left(\frac{1}{3}, -\frac{4}{3}\right)$ $SP_2\left(-\frac{1}{3}, \frac{4}{3}\right)$, beide keine lokalen Extremstellen

b. $\left(1 + \frac{2}{\sqrt{3}}, 2 - \frac{2}{\sqrt{3}}\right)$ lok. Max., $\left(1 - \frac{2}{\sqrt{3}}, 2 + \frac{2}{\sqrt{3}}\right)$ lok. Min.

10. Man bestimme die lokalen Extremstellen der Funktion
    $f(x, y, z) = x^2 + z^2 + 2xy$ unter den zwei Nebenbedingungen
    $2x + 2y + z = 24$ und $x + z = 8$.

Lsg.: $S(0, 8, 8)$ ist lokale Minimalstelle.

11. Gegeben sei das Nichtlineare Programm (NLP)
    max $f(x_1, x_2) = 3x_1 + x_2$
    bzgl. $x_1^2 - 10x_1 + x_2^2 \leq 0$
    $x_1 \leq 8$
    $x_1, x_2 \geq 0$
    a. Skizzieren Sie den zulässigen Bereich sowie einige Isoquanten der Zielfunktion!
    b. Bestimmen Sie mit Hilfe der Zeichnung die genaue Optimallösung!
    c. Muß der erhaltene Punkt die Kuhn-Tucker- Bedingungen erfüllen?

Lsg.: b. OL(8, 4)   c. Nein, Die KTB sind hier nur hinreichend.

12. Gegeben sei das NLP
    min $f(x_1, x_2) = x_1^2 + x_2^2 + 2x_1 - 1$
    bzgl. $x_1 \geq 1$
    $x_1 + x_2 \geq 2$
    $x_1, x_2 \geq 0$
    a. Bestimmen Sie graphisch die Lösung des NLP!
    b. Berechnen Sie Optimallösung und Optimalwert der Zielfunktion mit Hilfe der Kuhn-Tucker-Bedingungen.

Lsg.: b. OL(1, 1) mit $\lambda_1 = 2$ und $\lambda_2 = 2$, $f(1, 1) = 3$

13. Ein Unternehmen produziert zwei Produkte 1 und 2 in den Mengen x_1 und x_2 gemäß der Kostenfunktion

$$K(x_1, x_2) = x_1^2 + 3x_2^2 - 3x_1x_2 + 10.$$

Aufgrund vertraglicher Beschränkungen müssen von den Produkten 1 und 2 zusammen genau 33 Einheiten abgesetzt werden.
Bestimmen Sie die gewinnmaximalen Produktionsmengen x_1, x_2, falls
a. die Preise der beiden Güter $p_1 = 3$ bzw. $p_2 = 6$ betragen,
b. die Preis-Absatz-Funktionen für die Produkte 1 und 2
$p_1(x_1, x_2) = 10 - 0.5x_1$ bzw. $p_2(x_1, x_2) = 30 - 0.5x_2$ lauten.

Lsg.: a. $x_1 = 21$, $x_2 = 12$ (mit $\lambda = -3$) b. $x_1 = \dfrac{155}{8}$, $x_2 = \dfrac{109}{8}$

14. Gegeben sei folgendes NLP

$$\max\ f(x_1, x_2) = \sqrt{x_1 \cdot x_2}$$
$$\text{bzgl.}\ 2x_1 + 3x_2 \le 8$$
$$x_1 \le 3$$
$$x_2 \le 4$$
$$x_1, x_2 \ge 0$$

a. Skizzieren Sie den zulässigen Bereich sowie einige Isoquanten der Zielfunktion!
b. Bestimmen Sie mit Hilfe der Zeichnung die genaue Optimallösung!
c. Sind die KTB notwendig oder hinreichend?
d. Man bestimme rechnerisch die Optimallösung!

Lsg.: c. Die KTB sind notwendig und hinreichend. d. OL(2, 4/3)

15. Die VOST-AG soll insgesamt genau 100 Stück eines Produktes herstellen, wobei die Fertigung dieses Auftrages in jeder der drei Betriebsstätten - bei unterschiedlichen Kosten - möglich ist. Wird im Betrieb $i = 1, 2, 3$ die Menge x_i erzeugt, so entstehen die Produktionskosten:
Betrieb 1: $K(x_1) = (1/3)x_1^3 - 2x_1^2 + 11.8x_1 + 500$
Betrieb 2: $K(x_2) = 2x_2^2 - x_2 + 800$
Betrieb 3: $K(x_3) = (1/2)x_3^2 + 300$

a. Stellen Sie die Gesamtkostenfunktion $K(x_1, x_2, x_3)$ auf!
b. Wie ist dieser Auftrag auf die einzelnen Betriebe aufzuteilen, wenn die Gesamtkosten minimiert werden sollen?
c. Bestimmen Sie näherungsweise, um welchen Betrag sich die Kosten erhöhen, wenn das Auftragsvolumen um 1 Stück erhöht wird.

Lsg.: b. 10, 18.2, 71.8   c. 71.8

7 Das Programmpaket Maple 9.5

In diesem Abschnitt wird das Softwarepaket *Maple* in groben Zügen umrissen. Jede/r StudentIn sollte mit Hilfe des vorliegenden Buches zu einem Punkt kommen, an dem er/sie alle Beispiele, die sich im Rahmen der mathematischen Grundausbildung in ökonomischen Studienrichtungen ergeben, zu lösen vermag. Lösungen mittels *Maple* dienen zur Kontrolle von Ergebnissen, wie auch zur Verbesserung des Verständnisses über die Vorgehensweisen. Damit sich der Umfang dieses Abschnittes in Grenzen hält, werden Beispiele aus den bisherigen Kapiteln zur Veranschaulichung der Eingabestrukturen herangezogen. Als Anmerkung sei hinzugefügt, dass die vorliegenden Lösungen zu den Beispielen nur *eine* mögliche Variante sind. Beispielsweise im Bereich der linearen Algebra besitzt *Maple* mehrere Pakete, deren Input jeweils unterschiedlich strukturiert ist. Die vorliegenden Lösungen mögen also manchmal besser, manchmal schlechter als andere mögliche Varianten sein. Es wird hier auf Kürze und Einfachheit Wert gelegt.

7.1 Grundlegendes über das Programmpaket

Maple – zur Zeit der Drucklegung in der Version 9.5 verfügbar – basiert auf hunderten grundlegenden mathematischen Funktionen sowie auf etwa 40 Programmpaketen (beispielsweise *linalg* und *finance*), welche separat geladen und angewendet werden können. Darüberhinaus bietet *Maple* eine komplette eigene Programmiersprache der vierten Generation (ähnlich zu *C* oder *BASIC*), welche die Entwicklung eigener Programme ermöglicht. Rechnungen mittels *Maple* sind sowohl *numerisch* wie auch *symbolisch*. Somit ist *Maple* eine ideale Plattform für eine breite Ausbildung und darüberhinaus für spezielle Anwendungen in allen mathematischen Disziplinen geeignet.

7.2 Lineare Algebra

Auf **Seite 36** des zweiten Kapitels über lineare Algebra haben wir im **Beispiel 9** zwei Matrizen gegeben. Diese zwei Matrizen sollen nun multipliziert werden. Als erstes laden wir das Paket *linalg*:

```
> with(linalg);
```

Der Befehl with() lädt die in der Klammer (in unserem Falle das Paket *linalg*) stehenden Pakete. Mittels des Semicolons ; wird eine Eingabe bzw Berechnung als abgeschlossen deklariert. Das Zeichen > stellt lediglich den Anfang unserer Eingabezeile dar und muss niemals eingeben werden. Nun kann man den Befehl mit *Enter* bestätigen. Es folgt jeweils eine Auflistung der im Paket enthaltenen Funktionen. Mit Hilfe der Eingabe

```
> ?linalg;
```

kommen wir zur Hilfe-Funktion des *linalg*-Paketes. Unter dem Punkt *multiply* wird nun die Funktion erläutert. Wir sehen, dass wir als Erstes die beiden Matrizen eingeben müssen:

```
> A := array( [[0.4,1.2],[0.1,0.2],[1.5,1.0],[2.5,2.5]]);
```

Selbiges mit der zweiten Matrix. Anmerkung: Aus Platzgründen wird auf die Darstellung der Matrix, welche nach der Eingabe retourniert wird, verzichtet. Man sieht aber dadurch sehr schnell, ob der Input korrekt ist.

```
> B := array ( [[5,10,14],[2,3,4]]);
```

Es bleibt zu beachten, dass ein Komma – wie im amerikanischen üblich – als Punkt zu schreiben ist und der Beistrich als *Separator* dient. Leerzeichen werden nicht berücksichtigt, sie dienen zur Vereinfachung der visuellen Erfassung. Die beiden Matrizen sind nun definiert (als A und B) und können nun problemlos mit multiply multipliziert werden.

7.2 Lineare Algebra

> multiply(A,B);

$$\begin{bmatrix} 4.4 & 7.6 & 10.4 \\ 0.9 & 1.6 & 2.2 \\ 9.5 & 18.0 & 25.0 \\ 17.5 & 32.5 & 45.0 \end{bmatrix}$$

Das Beispiel ist somit gelöst und unser Materialbedarf bekannt.

Nun wollen wir die Determinante einer Matrix bestimmen. Dazu betrachten wir das **Beispiel 22** auf **Seite 45**. Um nun aber nicht mit den vorigen Ergebnissen und Matrizen in Konflikt zu kommen, führen wir das Kommando **restart** aus. Dies löscht einerseits die Variablenzuweisungen, macht aber andererseits das abermalige Laden von Paketen nötig. Eine andere Lösung wäre das Speichern unseres bisherigen *Worksheets* als .mws-Format oder der Export als .htm(l)-, .tex- oder .txt-Dokument und das Öffnen eines neuen *Worksheets*. Wir entscheiden uns vorerst für die **restart**-Variante:

> restart;
> with(linalg);
> A := array([[1,4,0],[2,0,3],[1,2,1]]);

Somit ist die Matrix aus Beispiel 22 an die Variable A gebunden und wird vom System als solche verstanden. In der Hilfe-Funktion zum *linalg*-Paket finden wir eine Funktion **det**, welche die Determinante einer Matrix berechnet:

> det(A);

$$-2$$

Das Ergebnis ist der Wert 2.

Eine weitere, häufig benötigte Funktion der linearen Algebra ist die Inverse einer Matrix. Im Rahmen des *linalg*-Paketes wird diese mit dem Befehl **inverse** berechnet. Angewandt auf die **Aufgabe 7** auf **Seite 64** sieht der Input folgendermaßen aus:

> inverse(array([[1,-1,1],[0,2,1],[1,1,1]]));

$$\begin{bmatrix} -1/2 & -1 & 3/2 \\ -1/2 & 0 & 1/2 \\ 1 & 1 & -1 \end{bmatrix}$$

Zur Verkürzung der Prozedur wurde nicht wie zuvor eine Matrix definiert und einer Variablen zugewiesen, sondern einfach die Matrix per **array** eingegeben und mit **invert** invertiert.

7.3 Lineare Gleichungssysteme

Lineare Gleichungssysteme der Form $Ax = b$ können mit Hilfe des *linalg*-Paketes und dem *command* **linsolv** gelöst werden. Zur Abwechslung wollen wir aber einen Blick auf das Paket *Student[LinearAlgebra]* werfen. Dies wird uns veranschaulichen, dass Inputs nicht für jedes Paket ident sind.

Mit ?Student[LinearAlgebra] kann wiederum die Hilfe-Funktion bezüglich des Paketes aufgerufen werden. Wir sehen, dass die Definition einer Matrix (und als solche wollen wir die linke Seite des Gleichungssystems zur Lösung darstellen) in *Student[LinearAlgebra]* anders vorgenommen wird. Angewandt auf **Beispiel 11** auf **Seite 67** lautet der Input folgendermassen:

> A:=<<0,-1,1,2>|<1,1,2,1>|<1,1,3,3>|<1,3,1,-1>|<3,5,7,5>>;

Weiters müssen wir noch den Vektor b definieren:

> b:=<<1,-1,5,7>>;

Der Befehl **LinearSolve** liefert uns das Endergebnis:

> LinearSolve(A,b);

7.4 Lineare Optimierung

$$\begin{bmatrix} 2 + 2\_t0_{2,1} + 2\_t0_{1,1} \\ 0 \\ 1 - \_t0_{2,1} - 3\_t0_{1,1} \\ \_t0_{2,1} \\ \_t0_{1,1} \end{bmatrix}$$

Das Ergebnis ist die allgemeine Lösung des *LGS* mit den freien Parametern und muss so interpretiert werden, dass $\_t0_{1,1}$ und $\_t0_{2,1}$ zwei beliebige Werte sind. Setzt man diese Werte gleich Null, ergibt sich eine spezielle Lösung des *LGS*, d.h. $x_1 = 2$, $x_2 = 0$, $x_3 = 1$, $x_4 = 0$ und $x_5 = 0$.

7.4 Lineare Optimierung

Maple bietet mit dem Paket *Simplex* einen komfortablen Befehlssatz für die Lösung von linearen Optimierungsaufgaben mittels Simplex-Verfahren. Betrachten wir **Beispiel 7** auf **Seite 233**. Gegeben sei ein Primales Problem, gefragt ist nach dem Dualen Problem. Wir sehen mit Hilfe der Help-Funktion, dass duale Probleme mittels `dual` definiert werden:

```
> dual(7000*x,{3*x-1*z<=10,2*x-2*y+z<=15,2*x+y+z<=30},y);
```

$$10\,y1 + 15\,y2 + 30\,y3, \{7000 \leq 3\,y1 + 2\,y2 + 2\,y3,$$
$$0 \leq -2\,y2 + y3, 0 \leq -y1 + y2 + y3\}$$

Wir sehen, dass der erste Term vor der geschwungenen Klammer die jeweilige Zielfunktion ist und zwischen den geschwungenen Klammern die Restriktionen des Optimierungsproblems stehen. Man bemerke, dass – wie auf Seite 233 beschrieben – aus dem primalen Maximierungs- ein duales Minimierungsproblem entsteht. Interessehalber wollen wir das Maximierungsproblem lösen:

> maximize(7000*x,{3*x-1*z<=10,2*x-2*y+z<=15,2*x+y+z<=30});

$$\{z = 11,\ x = 7,\ y = 5\}$$

Anmerkung: In unserem Beispiel wurden zur Vereinfachung der Schreibweise x_2 durch y und x_3 durch z ersetzt. Will man die ursprüngliche Notation beibehalten, kann man x_2 in *Maple* mit x[2] und x_3 mit x[3] eingeben.

Dass *Maple* viel mehr ist als nur ein *command-line*-Prozessor, beweisen die vielzähligen *Tutoren*, welche beispielsweise graphische Darstellungen erleichtern:

Unter *Tools* → *Tutors* → *Precalculus* → *Linear Inequalities* können die Restriktionen eingegeben werden. Als Ausgabe liefert *Maple* den zulässigen Bereich:

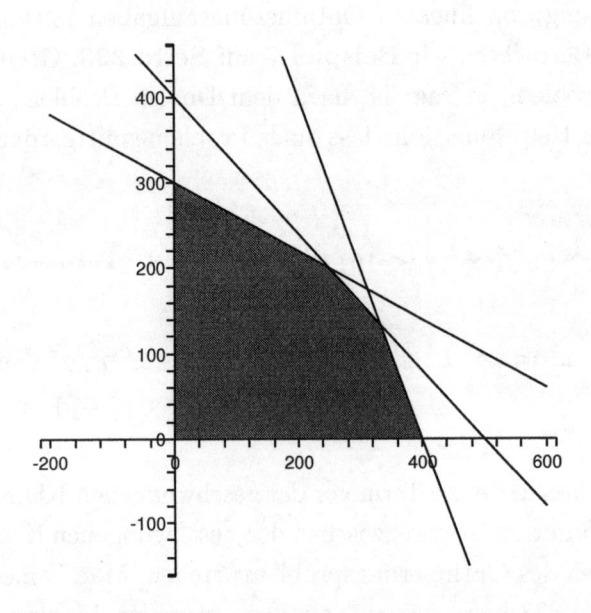

7.5 Finanzmathematik

Die zulässigen Lösungen können sich nur innerhalb bzw. am Rand des dunkel schraffierten Bereiches befinden.

7.5 Finanzmathematik

Finanzmathematik kann mit *Maple* mit Hilfe des Paketes *Finance* abgehandelt werden. Das Paket besteht aus 12 *commands*: amortization, annuity, blackscholes, cashflows, effectiverate, futurevalue, growingannuity, growingperpetuity, levelcoupon, perpetuity, presentvalue, yieldtomaturity. Wie gehabt, wird jedes der *commands* in der Hilfe-Funktion näher wie auch beispielhaft beschrieben.

Im **Beispiel 13** auf **Seite 103** ist der Rentenendwert bzw. Barwert einer Rente gefragt. Als erstes wagen wir uns an den Barwert der Rente (*Annuity*) heran:

```
> with(finance);
> annuity(20000,.06,5);
```

$$84247.27580$$

Mit Hilfe des Barwertes berechnen wir den Endwert der Rente durch das *command* futurevalue (=Aufzinsung des Barwertes).

```
> futurevalue(84247.27580,.06,5);
```

$$1.127418594 \times 10^5$$

Maple bietet auch die Möglichkeit, Rentenbarwerte einer geometrisch fortschreitenden Rente zu berechnen. Wir lösen **Beispiel 17**: die jährlich fällige Rentenzahlung (Laufzeit 5 Jahre) von 20000 soll um 3 Prozent erhöht werden, die Verzinsung beträgt 6 Prozent p.a. Die einfachste Berechnung des Barwertes erfolgt durch das *command* growingannuity:

```
> with(finance);
> growingannuity(20000,.06,.03,5);
```

$$89148.64894$$

Und hieraus errechnet sich wiederum der Endwert:

```
> futurevalue(89148.64894,0.06,5);
```

$$1.193010023 \times 10^5$$

Der Endwert dieser geometrisch fortschreitenden Rente beträgt also 119301 Geldeinheiten.

7.6 Funktionen einer Variablen

Als Grundlage unserer ersten Kurvendiskussion nehmen wir **Beispiel 2** auf **Seite 132**. Gegeben sei die Polynomfunktion $f(x) = x^3 + 9x^2 + 9x - 9$. Um einen ersten Eindruck über die Funktion zu bekommen, öffnen wir unter *Tools* → *Tutors* → *Calculus - Single Variable* → *Curve Analysis* den *Curve-Analysis-Tutor*. Im Eingabefenster geben wir unsere Funktion mit x^3+9*x^2+9*x-9 ein. Anschliessend legen wir den anzuzeigenden Bereich zwischen −8 und 2 fest, um den Verlauf der Kurve verstehen zu können. Mittels des *Tutors* könnte man nun bereits in vorzugebenden Intervallen Maxima und Minima berechnen, vorerst begnügen wir uns aber mit der *Close*-Schaltfäche links unten und der daraus resultierenden Ausgabe der Grafik:

7.6 Funktionen einer Variablen

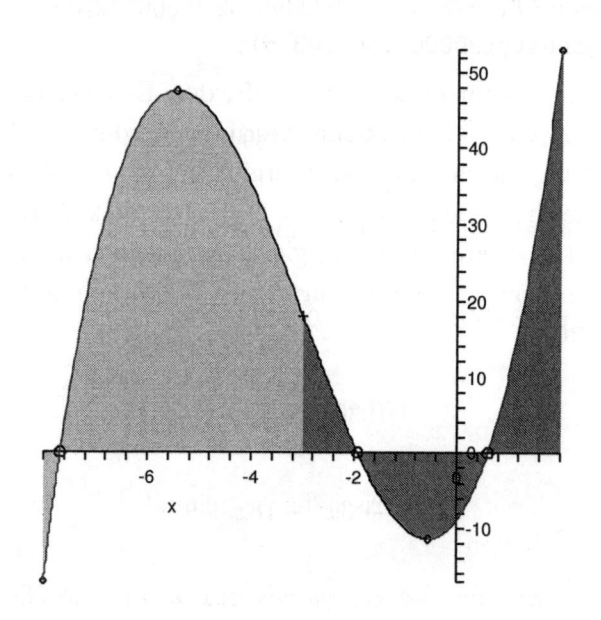

Es ist ersichtlich, dass die Funktion zwischen -8 und -7 eine Nullstelle besitzt. Die Funktionswerte bestimmen wir in *Maple* mit

> evalf(f(-8));

$$-17.$$

> evalf(f(-7));

$$26.$$

Um die Nullstellen exakt zu bestimmen, bedienen wir uns des *commands* solve. Wir setzen die Funktion = 0 und erhalten den bzw die Punkte, wo die Funktionskurve die x-Achse schneidet:

> solve(evalf(x^3+9*x^2+9*x-9)=0);

$$-7.674473357, -1.932398752, 0.6068721090$$

Nun geben wir uns immer noch nicht zufrieden: Es sollen die Hoch- bzw Tiefpunkte sowie die Wendepunkte bestimmt werden. Zur Erinnerung: Erste Ableitung gleich Null setzen ergibt bei einer Polynomfunktion dritten Grades im Falle zweier reeller Lösungen die x-Werte von Hoch- bzw Tiefpunkt, zweite Ableitung gleich Null setzen liefert in diesem Fall den Wendepunkt. Wir erzeugen per Maple die erste Ableitung unserer Funktion:

```
> D(f);
```

$$x \to 3x^2 + 18x + 9$$

und bedienen wir uns des *commands* solve, um die Gleichung mit $f(x) = 0$ aufzulösen:

```
> solve(3*x^2+18*x+9=0);
```

$$-3 + \sqrt{6}, -3 - \sqrt{6}$$

Wie auch bereits in der Grafik ersichtlich, ist bei $-3 - \sqrt{6}$ ein Hochpunkt sowie bei $-3 + \sqrt{6}$ ein Tiefpunkt. Es fehlt noch der Wendepunkt:

```
> D(D(f));
```

$$x \to 6x + 18$$

Die zweite Ableitung wird $= 0$ gesetzt und nach x aufgelöst:

```
> solve(6*x+18=0);
```

$$-3$$

7.6 Funktionen einer Variablen

Wie bereits die symmetrische Lage von Hoch- bzw. Tiefpunkt rechts und links von -3 vermuten lässt, befindet sich dort ein Wendepunkt.

Um kompliziertere Ableitungen mit *Maple* nachvollziehen zu können, bietet das Programm den *DiffTutor*, also einen Tutor, welcher Ableitungen veranschaulicht. Über *Tutors* → *Calculus – Single Variable* → *Differentiation Methods* wird dieser aufgerufen.

Für das **Beispiel 9** auf **Seite 139** ist der *DiffTutor* insofern hilfreich, als dass er sämtliche Ableitungsregeln aufzeigt, die angewendet werden müssen.

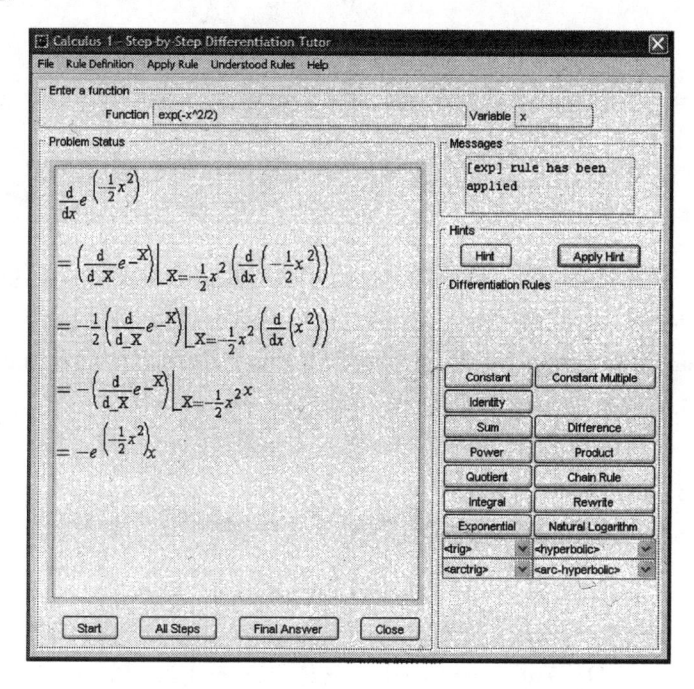

Das selbe Ergebnis wird über die *command-line* mit `D(exp(-.5*x^2));` ermittelt. Um die Hoch- bzw Wendepunkte zu erhalten, verfahren wir wie zuvor:

> `D(exp(-.5*x^2));`

$$x \to -1.0x \; \mathrm{e}^{(-0.5x^2)}$$

```
> D(D(exp(-.5*x^2)));
```

$$x \to -1.0x\ \mathrm{e}^{(-0.5x^2)} + 1.00x^2\ \mathrm{e}^{-0.5x^2}$$

Mit solve setzen wir die beiden Ableitungen gleich Null:

```
> solve(-1.0*exp(-.5*x^2)*x=0);
```

$$0.$$

```
> solve(-1.0*exp(-.5*x^2)+1.00*x^2*exp(-.5*x^2)=0);
```

$$1., -1.$$

Aus der grafischen Darstellung der Funktionskurve sieht man: der Hochpunkt der Funktion liegt im Punkt 0, zwei Wendepunkte bei -1 und 1. Will man nun einen Funktionswert an einer Position berechnet, setzt man für x ein:

```
> evalf(exp(-.5*0.2^2));
```

$$0.9801986733$$

Ähnlich zum *DiffTutor* gibt es den *IntTutor*, welcher Stammfunktionen ermittelt und die Zwischenschritte aufschlüsselt. Aufgerufen wird dieser unter *Tutors* → *Calculus - Single Variable* → *Integration Methods*. An dieser Stelle soll **Beispiel 8** auf **Seite 151** gelöst werden.

7.6 Funktionen einer Variablen

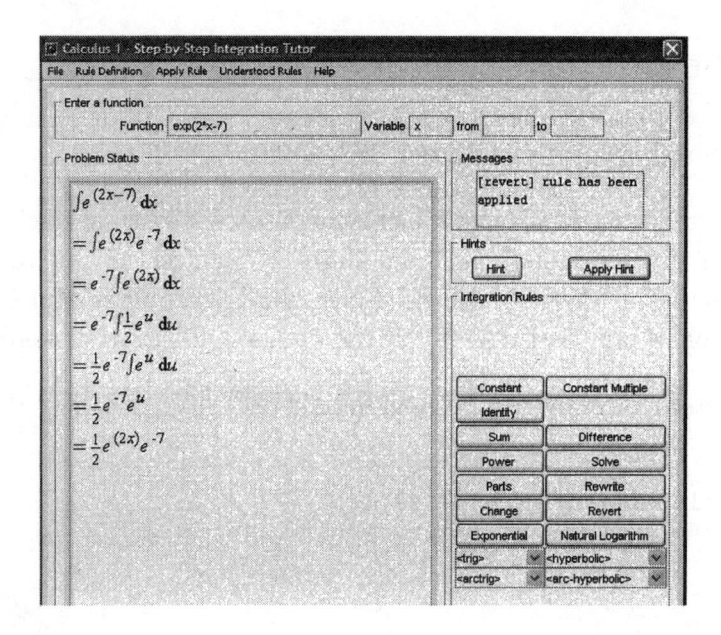

[Screenshot: Calculus 1 - Step-by-Step Integration Tutor]

Alternativ zum *Tutor* wird eine Stammfunktion mit dem *command* int ermittelt.

```
> int(exp(2*x-7),x);
```

$$\frac{1}{2} e^{(2x-7)}$$

Einfachheitshalber definieren wir nun unsere Stammfunktion als F und berechnen den Funktionswert in den Grenzen 3.5 bis 5:

```
> F:= x->1/2*exp(2*x-7);
> F(5)-f(3.5);
```

$$\frac{1}{2} e^3 - .5000000000$$

Da wir aber eine rein numerische Lösung bevorzugen, vereinfachen wir diesen Terminus weiter:

```
> simplify(1/2*exp(3)-.5000000000);
```

9.542768460

Dies genügt uns zur Lösung des Beispiels.

Die Vorteile von *Maple* und seiner symbolischen Rechenfähigkeiten lassen sich gut am **Beispiel 13** auf **Seite 155** aufzeigen. Mit Hilfe des uneigentlichen Integrals soll der Inhalt der Fläche unter dem Funktionsgraphen von $f(x) = \lambda \cdot e^{(-\lambda x)}$ für $f : R_+ \to R$ ermittelt werden.

Als erstes benötigen wir die Stammfunktion:

```
> int(lambda*exp(-lambda*x),x);
```

$$-e^{(-\lambda x)}$$

Wieder definieren wir unsere Stammfunktion auf die Variable F:

```
> F:= x->-exp(-lambda*x);
```

Wir wollen nun unser Integral von Null bis zu einem Wert b als obere Grenze laufen lassen. Da die Kurve durchwegs oberhalb der X-Achse verläuft, wird durch das Integral von 0 bis b tatsächlich ein Flächeninhalt angegeben.

```
> F(b)-F(0);
```

$$-e^{(-\lambda b)} + 1$$

Um Zeit zu sparen, können wir das Integral auch direkt in *Maple* eingeben:

```
> int(lambda*exp(-lambda*x), x = 0 .. b);
```

Nach dem Komma sind die Intervallgrenzen einzugeben, die untere wird von der oberen durch zwei Punkte getrennt.

Nun lassen wir b gegen unendlich laufen, dh. wir bilden den Limes gegen unendlich:

```
> limit((-exp(-lambda*x)+1),x=infinity);
```

$$\lim_{x \to \infty} -e^{-\lambda x} + 1$$

Maple liefert als Output in diesem Falle den Input zurück – ein Zeichen, dass der Input nicht zulässig ist: *Maple* kann mit dem Input nicht richtig umgehen. Betrachten wir den Input genauer: $\lim_{b \to \infty}(1+e^{-\lambda b})$ liefert, falls λ negativ ist, keinen endlichen Grenzwert. Aufgrund dieses Umstandes können wir im Input λ einfach unbeachtet lassen – da unser b gegen unendlich läuft, bewirkt ein positiver Faktor nichts wesentliches. Der Input

```
> limit((-exp(-b)+1),b=infinity);
```

$$1$$

liefert uns folglich den Grenzwert für unsere Funktion im Falle $\lambda \geq 0$.

7.7 Funktionen mehrerer Variablen

Auf **Seite 204** wird in **Beispiel 9** für die Funktion $f(x_1, x_2) = x_1 - x_1^4 - 4x_1x_2 - x_2^2$ die Hesse'sche Matrix berechnet, wobei wir statt (x_1, x_2) die Schreibweise (x, y) wählen. In *Maple* beinhaltet das Paket *linalg* die Funktion `hessian`:

```
> H:=hessian(x-x^4-4*x*y-y^2,[x,y]);
```

$$\begin{bmatrix} -12\,x^2 & -4 \\ -4 & -2 \end{bmatrix}$$

Wie im Beispiel beschrieben, sehen wir, dass die Hessesche Matrix negativ definit sein könnte (die erste Hauptabschnittsdeterminante D_1 ist für alle Argumentatstellen (x, y) negativ). Um dies zu sehen, berechnen wir die Determinante:

```
> det(H);
```

$$24x^2 - 16$$

Man sieht, dass det(H) zwischen den Nullstellen von $24x^2 - 16$ negativ ist und erkennt, dass die Funktion nicht konkav über ganz R^2, wohl aber streng konkav über $\left\langle -\infty, -\sqrt{\frac{2}{3}} \right\rangle \times R$ und $\left\langle +\sqrt{\frac{2}{3}}, \infty \right\rangle \times R$ ist.

Will man die stationären Stellen der Funktion herausfinden, setzt man die partiellen Ableitungen der Funktion gleich Null und löst die Gleichungen nach x und y auf. Der Lösungsweg in *Maple* stellt sich zusammengefasst beispielsweise so dar:

```
> diff(x-x^4-4*x*y-y^2,y);
> solve(-4*x-2*y=0,y);
> y:=-2*x;
> diff(x-x^4-4*x*y-y^2,x);
> evalf(solve(1-4*x^3+8*x=0,x));
```

Weiters setzt man die nun erhaltenen stationären Stellen der Funktion in die Funktion zurück ein und erhält die Funktionswerte:

```
> x[1] := -1.34699;
> x[2] := -0.126000;
> x[3] := 1.47299;
```

7.7 Funktionen mehrerer Variablen

Zusammen mit $y = -2x$ erhält man die drei stationären Stellen und nach Einsetzen in den Funktionsterm $f(x,y)$ die zugehörigen Funktionswerte:

```
> evalf(x[1]-x[1]^4-4*x[1]*y-y^2);
> evalf(x[2]-x[2]^4-4*x[2]*y-y^2);
> evalf(x[3]-x[3]^4-4*x[3]*y-y^2);
```

Zwei der stationären Stellen, $(x_[1], y[1])$ und $(x[3], y[3])$ liegen im Konkavitätsbereich der Funktion, sind also lokale Maximalstellen. An der Stelle $(x[2], y[2])$ ist die Determinante der Hesse'schen Matrix negativ, die Hesse'sche Matrix also indefinit und es liegt keine Extremstelle vor.

Abschließend lässt sich die Funktion als 3-dimensionale Grafik darstellen. Mit Hilfe der Option `axes=frame` wird die Skalierung in die Grafik dargestellt:

```
plot3d(x-x^4-4*x*y-y^2,x=-3..3,y=-3..3,axes=frame);
```

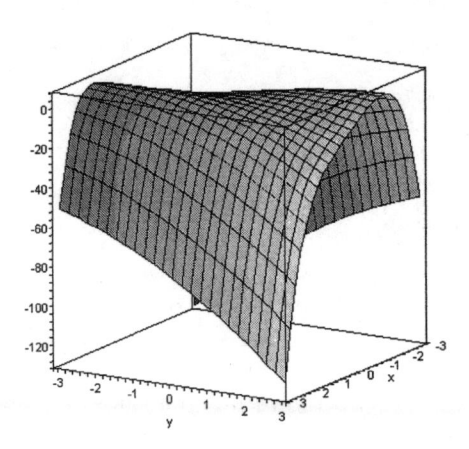

Grafiken in *Maple* können in eine Vielzahl von Formaten – beispielsweise .jpg oder .bmp – exportiert werden.

Mathematische Symbole

Symbole für Kapitel 1.1

A, B	Aussagen
W, F	Wahrheitswerte (wahr, falsch)
$x, y, z, \xi, \eta, \ldots$	Variable
$A(x)$	Aussageform mit einer Variablen
$A(x,y,\ldots)$	Aussageform mit mehreren Variablen
$\sim A$	Negation
$A \wedge B$	Konjunktion
$A \vee B$	Disjunktion
$A \Rightarrow B$	Implikation
$A \Leftrightarrow B$	Äquivalenz

Symbole für Kapitel 1.2
(falls abweichend von Kap. 1.1)

$A, M, \Omega, \ldots$	Mengen
$a, m, \omega, \ldots$	Elemente von Mengen
$a \in A$	a ist Element einer Menge A
$a \notin A$	a ist kein Element einer Menge A
$\mathbf{N}$	Menge der natürlichen Zahlen
$\mathbf{Z}$	Menge der ganzen Zahlen
$\mathbf{Q}$	Menge der rationalen Zahlen
$\mathbf{R}$	Menge der reellen Zahlen
$\mathbf{R}_+$	Menge der nichtnegativen, reellen Zahlen
$\mathbf{R}_{++}$	Menge der positiven, reellen Zahlen
$M_1 \subseteq M_2$	M_1 ist Teilmenge von M_2
$M_2 \supseteq M_1$	M_2 ist Obermenge von M_1
$[r, s]$	abgeschlossenes Intervall
$\langle r, s \rangle$	offenes Intervall
$A \cap B$	Durchschnittsmenge (Durchschnitt) von A und B
$A \cup B$	Vereinigungsmenge (Vereinigung) von A und B
$A \setminus B$	Differenzmenge oder Differenz von A und B
$C_B(A)$	Komplementärmenge oder Komplement von A bezüglich B
$\overline{A}$	Komplementärmenge oder Komplement von A
$\{\}$ oder $\emptyset$	leere Menge

$\bigcup_{i=1} A_i$ Vereinigung der Mengen A_i

$\bigcap_{i=1} A_i$ Durchschnitt der Mengen A_i

|M| Mächtigkeit der Menge M
P(M)   Potenzmenge der Menge M
M*   Zerlegung oder Partition von M
$M_1 \times M_2 \times ... \times M_n$ kartesisches Produkt von $M_1, M_2, ..., M_n$
$(x_1,...,x_n)$ n-Tupel
R^n n-dimensionaler Raum

Symbole für Kapitel 1.3
(falls abweichend von den vorigen Kapiteln)

$R \subseteq M \times M$ Relation oder Beziehung in M
$m_1 R m_2$ m_1 steht zu m_2 in Relation.
$a \prec b$ a vor b
$<_{lex}$ kleiner bezüglich der lexikographischen Ordnung
$[a]_R$ Äquivalenzklasse
$a \preceq b$ b wird gegenüber a präferiert oder als gleichwertig betrachtet
P   Präferenzrelation
I   Indifferenzrelation
SP   Strikte Präferenzrelation

Symbole für Kapitel 2
(falls abweichend von Kapitel 1)

A, B, oder (a_{ij}) Matrizen
$A_{m,n}$ oder $A_{m \times n}$ Matrix mit m Zeilen und n Spalten
a_{ij} Element der i-ten Zeile und j-ten Spalte der Matrix A
a, b, e, .., λ, x, ..   Vektoren oder Skalare
A^T Transponierte von A
E   Einheitsmatrix
O   Nullmatrix
e_i i-ter Einheitsvektor
o   Nullvektor
A: $R^n \to R^m$ Abbildung vom R^n in den R^m

Mathematische Symbole 275

A^{-1}	inverse Matrix von A
$\det(A)$ oder $\|A\|$	Determinante von A
a^i	i-ter Spaltenvektore von A
$r(A)$	Rang der Matrix A
$r(A,b)$	Rang der um die b-Spalte erweiterten Matrix A
$\begin{bmatrix} x \\ u \end{bmatrix} \in R_+^{n+m}$	Produktionsprozeß
x^T	Inputvektor
u^T	Outputvektor
T	Technologie

Symbole für Kapitel 3
(falls abweichend von den vorigen Kapiteln)

$(a_n)_{n \in N}$ oder (a_n).	Folge reeller Zahlen
a_i	i-tes Glied der Folge
$\left(\Delta^1 a_n\right)_{n \in N}$	erste Differenzenfolge
$\left(a_{k_n}\right)_{n \in N}$	Teilfolge von $(a_n)_{n \in N}$.
$\lim (a_n)$	Grenzwert oder limes einer Folge
$S_n \to S$	S ist Grenzwert der Folge (S_n)
e	Eulersche Zahl
$(x_n)_{n \in N}$	Punktfolge
$(x_{i_n})_{n \in N}$	i-te Komponentenfolge
$S_n = \sum_{i=1}^{n} a_i$	Summe $(a_1 + a_2 + ... + a_n)$
$(S_n)_{n \in N}$	Folge der Partialsummen
$S = \sum_{i=0}^{\infty} a_i$	Grenzwert der Folge der Partialsummen
p	Zinsfuß
i	Zinssatz
q	Aufzinsungsfaktor
i_{eff}	effektiver Jahreszinssatz
v	Abzinsungsfaktor
E_n	Endwert einer nachschüssigen Rente
$S_n = \dfrac{q^n - 1}{q - 1}$	nachschüssiger Rentenendwertfaktor
B_n	Barwert einer nachschüssigen Rente

E_v	Endwert einer vorschüssigen Rente
B_v	Barwert einer vorschüssigen Rente
A	Annuität
T_i	i-te Tilgungszahlung
a_n	nachschüssigen Rentenbarwertfaktor
$\Delta^k y_t$	k-te Differenzenfolge von y_t
$G(t, y_t, \Delta y_t,, \cdots, \Delta^n y_t) = 0$	Differenzengleichung n-ter Ordnung

Symbole für Kapitel 4
(falls von den vorigen Kapiteln verschieden)

N(p)	Nachfragefunktion
E(p)	Erlösfunktion
f = (A, B, F)	Funktion f von A nach B mit Graph F
Im(f)	Bildmenge von f
$\lim f(x)$	Grenzert oder Limes der Funktion f
$(f \circ g)(x) = f(g(x))$	zusammengesetzte Funktion von g und f
$f^{-1}: \text{Im}(f) \to R$	Umkehrfunktion von f
id: I $\to$ I	Identische Funktion f
n!	n-Fakultät oder n-Faktorielle
ln	natürlicher Logarithmus
sin	Sinus
cos	Cosinus
$\dfrac{f(x) - f(x_0)}{(x - x_0)}$	Differenzenquotient.
$f'(x)$ oder $\dfrac{df}{dx}(x)$	erste Ableitung von f oder Differentialquotient
$f^{(k)}(x)$	k-te Ableitung von f
S(x)	Stammfunktion von f
$\int f(x)dx$	unbestimmtes Integral von f
$\int_a^b f(x)dx$	bestimmtes Integral von f über dem Intervall [a, b]
$\int_{b_1}^{b_2} \int_{a_1}^{a_2} f(x_1, x_2)\, dx_1\, dx_2$	Doppelintegral von f

Mathematische Symbole

K_f	Fixkosten
K_v	variablen Kosten
$K(x)$	Kostenfunktion
$E(x)$	Erlösfunktion
$G(x)$	Gewinnfunktion
x_{max}	gewinnmaximierende Erzeugungsmenge
$u(x)$	Nutzenfunktion
$\varepsilon_f(x)$	Elastizität der Funktion f
$N(p)$	Nachfragefunktion
$1/\varepsilon(p)$	Preisflexibilität
$G(x, y, y', ..., y^{(n)}) = 0$	Differentialgleichung n-ter Ordnung

Symbole für Kapitel 5
(falls abweichend von den vorigen Kapiteln)

$f: D \to R, \ (x_1, x_2, ..., x_n) \mapsto f(x_1, x_2, ..., x_n)$	reelle Funktion von n reellen Variablen
I_c	Isoquante von f zum Wert c
$D_i(C)$	i-te Hauptabschnittsdeterminante von C
$\dfrac{\partial f}{\partial x_i}$ oder f_{x_i}	erste partielle Ableitung von f nach x_i
grad(f)	Gradient der Funktion f,
$\dfrac{\partial f}{\partial z}(x^0)$	Richtungsableitung von f an der Stelle x^0 in Richtung des Vektors z
Δf	Änderung des Funktionwertes von f
df	totales Differential von f
$\dfrac{\partial^2 f}{\partial x_i \partial x_j}$ oder $f_{x_i x_j}$	zweite (gemischte) partielle Ableitung von f nach x_i und nach x_j
$\dfrac{\partial^2 f}{\partial x_i^2}$	zweite partielle Ableitung von f nach x_i
$H = \left(f_{x_i x_j}\right)$	Hessesche Matrix der Funktion f
$H(x^0)$	Hessesche Matrix an der Stelle x^0
$f(r_1, ..., r_n)$	Produktionsfunktion von n Faktoreinsatzmengen
$N^i(p_1, ..., p_n)$	Nachfragefunktion des i-ten Gutes

$\dfrac{\partial N^j}{\partial p_i}$ — Grenznachfrage nach Gut j bezüglich des Preises des i-ten Gutes

$\varepsilon_j = \dfrac{\frac{\partial f}{\partial x_j}}{\frac{f(x)}{x_j}}$ — partielle Elastizität von f bezüglich x_j

$\varepsilon_{ii} = p_i \cdot \dfrac{N^i_{p_i}}{N^i}$ — Preiselastizität des i-ten Gutes.

$\varepsilon_{ij} = p_j \cdot \dfrac{N^i_{p_j}}{N^i}$ — Kreuzpreiselastizität

$r_{ij} = \left| \dfrac{f_{x_j}}{f_{x_i}} \right|$ — Grenzrate d. Substitution von Faktor i für Faktor j

σ_{ij} — partielle Substitutionselastizität

Symbole für Kapitel 6
(falls abweichend von den vorigen Kapiteln)

LP	Lineares Programm
$a^{i_1}, \ldots, a^{i_m}$	Basislösung
$x_{i_1}, x_{i_2}, \ldots, x_{i_m}$	Basisvariable
$\bar{x}, \bar{y}$	Optimallösung (OL) eines Linearen Programms
z^*	Optimalwert der Zielfunktion eines Linearen Programms
$L(x_1, \ldots, x_n, \lambda_1, \ldots, \lambda_m)$	Lagrangefunktion
λ_j	Lagrangemultiplikatoren.
$\overline{H}$	umrandete Hessesche Matrix
$\det(\overline{H}_{2m+k})$	umrandete Hauptabschnittsdeterminanten
NLP	nichtlineares Programm
$Z(x_1, \ldots, x_n, \lambda_1, \ldots, \lambda_m)$	vereinfachte Lagrangefunktion
KTB	Kuhn-Tucker-Bedingungen

Literaturverzeichnis

Beckmann, M.J.; Künzi, H.P.: Mathematik für Ökonomen - Berlin [u.a.]: Springer, 1999

Beckmann, M.; et al. (Hrsg): Handwörterbuch der mathematischen Wirtschaftswissenschaften - 3 Bde, Wiesbaden: Gabler, 1987

Chiang, A.C.: Fundamental methods of mathematical economics - New York: McGraw-Hill - 3. ed. 1984; 18. [print.], 1996

Dück W. (Hrsg): Mathematik für Ökonomen: Hochschullehrbuch - 3. Aufl., 1989

Erwe, F.: Gewöhnliche Differentialgleichungen - Mannheim [u.a.]: 2., verb. Aufl., 1973.

Hackl, P.; Katzenbeisser, W.: Mathematik für Sozial- und Wirtschaftswissenschaften: Lehrbuch mit Übungsaufgaben - München; Wien: Oldenbourg - 9.Aufl., 2000

Handbook of mathematical economics. - Amsterdam [u.a.]: Elsevier (Handbooks in economics ; 1), 1994

Horst, R.: Mathematik für Ökonomen - München; Wien [u.a.]: Oldenbourg, 2. Aufl., 1989

Karmann, A.: Mathematik für Wirtschaftswissenschaftler: problemorientierte Einführung - München; Wien [u.a.]: Oldenbourg, 5. erweiterte Auflage 2003

Ohse, D.: Mathematik für Wirtschaftswissenschaftler - 3 Bde, München: Vahlen, 1995

Opitz, O.: Mathematik - München; Wien [u.a.]: Oldenbourg, 8. Aufl., 2002

Opitz, O.: Mathematik Übungsbuch für Ökonomen: Aufgaben mit Lösungen - München; Wien [u.a.]: Oldenbourg, 6. Aufl., 2000

Pfuff, F.: Mathematik für Wirtschaftswissenschaftler - 3 Bde, Braunschweig [u.a.]: Vieweg, 1995

Schwarze, J.: Mathematik für Wirtschaftswissenschaftler Band 1, 2 und 3 - Herne, Westfalen [u.a.]: Verl. Neue Wirtschafts-Briefe, 10. Aufl., 1996

Trockel, W.: Ein mathematischer Countdown zur Wirtschaftswissenschaft - Berlin [u.a.]: Springer, 1990.

Index

Ableitung einer Funktion 135
   erste 135
   k-te 135
   zweite 135
   partielle 191
   gemischte partielle 199
Abzinsen (Diskontieren) 99, 100
Abzinsungsfaktor 100
ACMS-Produktionsfunktion 219
Adjunkte 43
Äquivalenz 4
Äquivalenzklasse 24
Äquivalenzprinzip 99
Amoroso-Robinson-Formel 167
Annuität 106
Annuitätenfaktor 107
Allaussage 3
Argumentwert 119, 181
Aufzinsungsfaktor 94
   antizipativer 96
   dekursiver 94
Aussage 1
Aussageform 2
Aussagenlogik 1 ff.
Aussagenverbindung 3
Barwert 100
Basis 49
Basislösung eines LP 226
Basistransformation 55, 59
Basisvariable 226
Basisvektor 53
Bildmenge 119, 181
Bolzano, Satz v. 131
Bolzano-Weierstraß, Satz v. 85
Budgetgerade 242
Cauchy-Konvergenzkriterium 84
CES-Funktion 220
Cobb-Douglas-Produktions-
funktion 218

Cobwebmodell 113
Definitionsbereich 119, 181
Definitionsmenge 119
Determinante 43, 46
   (n-1)-reihige Unter- 43
Differentialgleichung 170 ff.
   allgemeine Lösung einer
   170, 174
   homogene 173
   inhomogene 173
   lineare 1.Ordnung 173
   mit trennbaren Variablen
   171
Differentialquotient 134
Differentiationsregeln 136
   Kettenregel 136
   Produktregel 136
   Quotientenregel 136
Differenz von Funktionen 124
Differenzenfolge 79, 109
   erste 79
   k-te 79
   zweite 79
Differenzengleichung 109 ff.
   allgemeine Lösung einer 112
   homogene 111
   inhomogene 111
   lineare 1.Ordnung 112
Differenzenquotient 134
Differenzmenge 12
disjunkt 13
Disjunktion 4
Diskont 100
   bankmäßiger 100
   bürgerlicher 100
   kaufmännischer 100
Duales Programm 232
Dualitätssatz 233, 234
Durchschnitt von Mengen 12

Durchschnittskosten 158
Elastizität 164
   Einkommens- 164
   Faktor- 164
   Kreuzpreis- 213
   partielle 212
   Preis- 165, 212
   Produktions- 164, 213
Elementare Basistransformation 60 ff.
Erlösfunktion 160
Ertragsgesetz 161, 210
Euler Venn Diagramm 12
Eulersche Zahl 82, 128
Existenzaussage 3
Exponentialfunktion 128
Extremstelle 132, 204
Extremwert 132, 204
Fakultät 128
Fixkosten 158
Folge 97
   alternierende 78
   arithmetische 78
   beschränkte 78
   divergente 81
   endliche 77
   geometrische 78
   Grenzwert einer 81
   Häufungspunkt einer 80
   konvergente 81
   limes einer 81
   limes inferior einer 81
   limes superior einer 81
   (streng) monoton wachsende 77
   (streng) monoton fallende 77
   unendliche 77
Funktion 119 ff., 181 ff.
   beschränkte 120, 181
   differenzierbare 134
   Grenzwert einer 122
   homogene 184
   integrierbare 146
   konkave 202
   konvexe 202
   lineare 186
   links (rechts)seitig stetige 123
   links (rechts)seitiger Grenzwert einer 121
   monoton fallende (wachsende) 120
   partiell differenzierbare 191
   stetige 123, 183
   streng monotone 121
   streng konkave (konvexe) 202
   uneigentlich integrierbare 154
   zweimal stetig partiell differenzierbare 200
Gewinnfunktion 160
Glockenkurve 140
Gradient 193
Graph 119, 181
Grenzerlös 160
Grenzkosten 158, 209
Grenznachfrage 165, 212
Grenzneigung
   zum Konsum 163
   zum Sparen 163
Grenznutzen 162, 211
Grenzprodukt 161, 210
   des Faktors Arbeit 211
   des Faktors Kapital 211
Grenzrate der Substitution 215
Grenzwert 81
   einer Folge 81
   einer Funktion 122
   einer Reihe 88
Güterbündel 181, 209
Halbordnung, natürliche 31
Hauptabschnittsdeterminante 47, 187
   umrandete 239
Hauptsatz der Differential- und Integralrechnung 146

Hessesche Matrix 200
   umrandete 239
Hochpunkt 132
Homogenitätsgrad 184
de l'Hospital, Regel v. 142
Implikation 4
Indifferenzklasse 25
Indifferenzkurve 241
Infimum 24
Input 161
Inputfaktoren 209
Integral 144 ff.
   bestimmtes 146
   Doppel- 157
   n-faches 157
   unbestimmtes 144
   uneigentliches 154
Interner Zinssatz 101, 168
Intervall 11
   abgeschlossenes 11
   beschränktes 11
   halboffenes 11
   offenes 11
   unbeschränktes 11
Inverse Matrix 63
Isoproduktkurve 213
Isoquante 182
i-te Komponentenfolge 84
Kapitalstrom, stetiger 166
Kapitalwert 101
Kartesisches Produkt 15
Kettenregel 136
Komplementärmenge 12
Konjunktion 4
Konsumfunktion 162
Konsumquote 163
Kontradiktion 6
Konvexe Menge 16, 202
Konvexes Programm 243
Kosinus 129
Kostenfunktion 158, 209
Krümmung 138

Kuhn-Tucker-Bedingungen 246
Lagrangefunktion 237
   vereinfachte 245
Lagrangemultiplikatoren 237
Leibniz-Kriterium 92
Linear (un-)abhängig 52
Lineare Optimierung 223 ff.
Lineares Gleichungssystem 56 ff.
   Lösen eines 64
Lineares Programm 225
   in kanonischer Form 227
   in Normalform 226
   in Standardform 225
Linearkombination 49, 185
Logarithmusfunktion 128
Majorante 91
Majoranten- und Minorantenkriterium 91
Matrix 27, 28
   Diagonal- 32
   Dreiecks- 32
   Einheits- 32
   Hessesche 200
   inverse 42
   invertierbare 42
   nichtnegative 49
   Null- 32
   quadratische 32
   symmetrische 30
   transponierte 30
Maximales Element 22
Maximalstelle 132
   globale 132
   lokale 132, 204
Maximum 132, 204
Mengen 9 ff.
   disjunkte 10
   echte Teil- 10
   konvexe 16, 202
   leere 13
   Mächtigkeit von 14

Produkt- 15
Teil- 9
Minimales Element 22
Minimalstelle 132, 204
   globale 132
   lokale 132, 204
Minimum 132, 204
Minorante 91
Mittelwertsatz
   der Differentialrechnung 143
   der Integralrechnung 148
Monatszinsfuß 94
n-dimensionaler Raum 15
n-Tupel 15
Nachfragefunktion 165, 211
Natürlicher Logarithmus 82
Negation 4
Nichtbasisvariable 226
Nichtlineares Programm 243 ff.
   in Normalform 243
Nichtnegativitätsbedingung 224, 243
Nomineller Jahreszinsfuß 96
Nullfolge 81
Nullstelle 126
Nutzenfunktion 162, 211
Obere Schranke 23
Optimallösung 224
Optimierung 223 ff.
Ordnung 20
   Halb- 20
   lexikographische 23
   natürliche Halb- 22
   Prä- bzw. Quasi- 20
   Präferenz- 25
Output 161, 210
Partialsummen 88
Partielle Ableitung 191
Partielle Elastizität 212
Partielle Integration 149
Partielles Differential 197
Pivotelement 229

Pivotspalte 229
Pivotzeile 229
Polstelle 127
Polynomfunktion 126
Potenzmenge 14
Preis-Absatz-Funktion 165
Preisflexibilität 166
Primales Programm 232
Produkt von Funktionen 124
Produkt von Matrizen 36
Produktionsfaktoren 209
Produktionsfunktion 161
   makroökonomische 210
   mikroökonomische 210
Produktionsmatrix 27
Produktionsprozeß 69 effizienter 70
   ineffizienter 70
   pareto-optimaler 70
Produktmenge 15
Produktregel 136
Punktfolge 84
   beschränkte 85
   Grenzpunkt einer 85
   Grenzwert einer 85
   Häufungspunkt einer 85
   konvergente 85
   monotone 85
Quadratische Form 186, 244
   (positiv, negativ) definite 187
   indefinite 187
   semidefinite 187
Quadratisches Programm 244
Quotient von Funktionen 124
Quotientenkriterium 90
Quotientenregel 136
Rang einer Matrix 57
Rationale Funktion 126
Reihe 87
   absolut konvergente 88
   divergente 88

Index 285

(alternierende) geometrische 88
   Grenzwert einer 88
   harmonische 89
   konvergente 88
   Summe einer 87
   unendliche 87
Relation 18 ff.
   Äquivalenz- 21, 24
   Eigenschaften einer 19
   Graph einer 18
   Indifferenz- 25
   Präferenz- 25
Relative Zielfunktionskoeffizienten 229
Rente 102
   Barwert einer 102
   Endwert einer 102
   ewige 104
   geometrisch fortschreitende 104
   nachschüssige 102
   vorschüssige 102
Rentenbarwertfaktor 102
Rentenendwertfaktor 102
Restriktionen 224, 243
Restschuld 107
Richtungsableitung 190, 195
Rolle, Satz v. 143
Sattelpunkt 207
Schattenpreis 249
Schlupfvariable 225
Simplexalgorithmus 228
Sinus 129
Skalar 29
Skalarprodukt von Vektoren 35
Sparquote 163
Stammfunktion 144
Stationärer Punkt 138, 205
Substitutionselastizität 216
Substitutionsregel 150
Summe von Funktionen 124

Supremum 24
Tageszinsfuß 94
Tautologie 6
Technologie 69 ff
   additive 71
   limitationale 72
   linear homogene 71
   lineare 71
Teilfolge 79
Tiefpunkt 132
Tilgung 105
   in gleichen Annuitäten 106
   in gleichen Raten 106
Tilgungsplan 105
Totales Differential 198
Umkehrfunktion 125
Unbestimmte Form 84, 142
Untere Schranke 23
Urbild 119
Variable 2
Vereinigung von Mengen 11
Vektor 29
   Einheits- 32
   Null- 32
   Spalten- 29
   Zeilen- 29
Verzinsung 94
   einfache 94
   Effektiv- 97
   gemischte 95
   nachschüssige (dekursive) 94
   Nominal- 97
   stetige 97
   unterjährige 96
   vorschüssige (antizipative) 95
Wachstumsmodell von Harrod 112
Wahrheitswert 1
Wahrheitswerttabelle 9
Wendepunkt 138
Wendetangente 138

Wertevorrat 119, 181
Winkelfunktionen 129
Wurzelkriterium 90
Zahlenmengen 10
Zerlegung einer Menge 15
Zielfunktion 224
Zielfunktionskoeffizienten 229
Zinsen 94
   per annum 94
Zinseszinsen 94
Zinsfaktor 94
Zinsfuß 94
   Kalkulations- 99
Zinssatz 94
   äquivalenter 97
   interner 101
Zwischenwertsatz 131
Zulässige Lösung 224, 243
Zulässiger Bereich 224, 243
Zusammengesetzte Funktion 124

VWL bei Springer

T. Hens, C. Strub, Universität Zürich
Grundzüge der analytischen Makroökonomie
2004. XVI, 185 S. 76 Abb. Brosch. € 16,95; sFr 29,00
ISBN 3-540-20082-7

S. Wied-Nebbeling, H. Schott, Universität zu Köln
Grundlagen der Mikroökonomik
3., verb. Aufl. 2005. X, 346 S. 136 Abb. Brosch.
€ 23,95; sFr 41,00 ISBN 3-540-22683-4

F. Breyer, Universität Konstanz
Mikroökonomik
Eine Einführung
2004. XII, 211 S. 82 Abb., 1 Tab. Brosch.
€ 16,95; sFr 29,00 ISBN 3-540-21103-9

P. J.J. Welfens, Universität Wuppertal
Grundlagen der Wirtschaftspolitik
2., vollst. überarb. Aufl. 2005. XIII, 698 S. 195 Abb.
25 Tab. Brosch. € 34,95; sFr 59,50 ISBN 3-540-21212-4

H. Lampert, Universität Augsburg;
J. Althammer, Universität Bochum
Lehrbuch der Sozialpolitik
7. überarb. u. vollständig aktualisierte Aufl. 2004.
XXVIII, 533 S. 5 Abb., 12 Übersichten, 41 Tab. Brosch.
€ 29,95; sFr 51,00 ISBN 3-540-20840-2

F. Breyer, Universität Konstanz;
P. S. Zweifel, Universität Zürich;
M. Kifmann, Universität Konstanz
Gesundheitsökonomik
5., überarb. Aufl. 2005. XXXII, 600 S. 60 Abb. Brosch.
€ 36,95; sFr 63,00 ISBN 3-540-22816-0

H. Gischer, Universität Magdeburg;
B. Herz, Universität Bayreuth;
L. Menkhoff, Universität Hannover
Geld, Kredit und Banken
Eine Einführung
2004. XVII, 362 S. 86 Abb., 13 Tab. Brosch.
€ 22,95; sFr 39,50 ISBN 3-540-40701-4

M. Gärtner, M. Lutz, Universität St. Gallen
Makroökonomik flexibler und fester Wechselkurse
3., vollst. überarb. u. erw. Aufl. 2004. XIV, 383 S.
137 Abb. 34 Tab. Brosch. € 27,95; sFr 48,00
ISBN 3-540-40707-3

N. Branger, C. Schlag,
Universität Frankfurt/Main
Zinsderivate
Modelle und Bewertung
2004. XI, 199 S. 33 Abb. Brosch. € 22,95; sFr 39,50
ISBN 3-540-21228-0

H. Bester, FU Berlin
Theorie der Industrieökonomik
3., verb. Aufl. 2004. XII, 268 S. 61 Abb.
Brosch. € 19,95; sFr 34,00
ISBN 3-540-22257-X

springer.de

Springer · Kundenservice
Haberstr. 7 · 69126 Heidelberg
Tel.: (0 62 21) 345 - 0 · Fax: (0 62 21) 345 - 4229
e-mail: SDC-bookorder@springer-sbm.com
Die €-Preise für Bücher sind gültig in Deutschland und enthalten
7% MwSt. Preisänderungen und Irrtümer vorbehalten. · d&p · 011227a

🐎 **Springer**

Druck und Bindung: Strauss GmbH, Mörlenbach